U0133731

中等职业学校教学用书（计算机技术专业）

Windows XP 中文版应用基础

（第 2 版）

魏茂林　主编

電子工業出版社
Publishing House of Electronics Industry
北京·BEIJING

内 容 简 介

本书是全国中等职业学校计算机技术专业的教材，在第 1 版的基础上进行修订。全书根据学生的认知规律及 Windows XP 的特点，循序渐进地介绍了 Windows XP 的基本操作与使用方法。全书共分 10 章，主要内容包括认识 Windows XP 系统、自定义工作环境、文件资源管理、畅游 Internet、使用 Outlook Express 收发邮件、安装软件和硬件、中文输入方法的使用、多媒体软件的使用、网络资源管理与使用、计算机应用管理等。本书每章都给出了相关知识和大量的思考与练习，以加深学生对所学知识的理解和掌握基本操作要领，提高应用能力。

本书不仅可以作为全国中等职业学校计算机技术专业教材，还可以作为各类培训班教学用书和计算机读者自学用书。

本书还配有电子教学参考资料包，包括教学指南、电子教案及习题答案。

未经许可，不得以任何方式复制或抄袭本书之部分或全部内容。
版权所有，侵权必究。

图书在版编目（CIP）数据

Windows XP 中文版应用基础 / 魏茂林主编. —2 版. —北京：电子工业出版社，2010.5
（中等职业学校教学用书·计算机技术专业）
ISBN 978-7-121-10760-3

Ⅰ. ①W… Ⅱ. ①魏… Ⅲ. ①窗口软件，WindowsXP－专业学校－教材 Ⅳ. ①TP316.7

中国版本图书馆 CIP 数据核字（2010）第 074610 号

策划编辑：关雅莉
责任编辑：柴 灿　　文字编辑：张 广
印　　刷：
装　　订：北京京师印务有限公司
出版发行：电子工业出版社
　　　　　北京市海淀区万寿路 173 信箱　邮编　100036
开　　本：787×1 092　1/16　印张：15.5　字数：396.8 千字
印　　次：2012 年 6 月第 6 次印刷
定　　价：26.80 元

凡所购买电子工业出版社图书有缺损问题，请向购买书店调换。若书店售缺，请与本社发行部联系，联系及邮购电话：（010）88254888。

质量投诉请发邮件至 zlts@phei.com.cn，盗版侵权举报请发邮件至 dbqq@phei.com.cn。

服务热线：（010）88258888。

本书根据全国中等职业学校计算机类专业的教学要求编写，在第 1 版的基础上进行修订。Windows XP 操作与使用是计算机技术专业的一门必修的基础课程，是学习其他计算机专业课程的基础。为使中等职业学校计算机专业教学尽快适应计算机技术的发展和社会的需求，教学内容应全面贯彻以服务为宗旨，以就业为导向，以提高质量为重点，突出“做中学、做中教”职教特色。笔者根据这一指导思想编写了本教材。

现代职业教育强调的是学生的学习体验，教学活动应以学生为中心，本教材从强调实用性和操作性的角度，注重学习有关知识、寻找方法，直至解决问题全过程的训练，能够将教师讲授的内容与实际应用情况相结合，易于学生理解与掌握。本次修订在保留原教材特色的基础上，修改了一些不需要学生掌握的内容，增加了当前流行的学习内容，如删除了五笔字型输入法，增加了搜狗拼音输入法的学习，介绍了 QQ 聊天工具的使用等。还突出了以下特点：每章开头给出了学习目标，便于读者更加清楚学习的内容和要求；每章节的开头给出让学生思考的两三个问题，便于教师创设教学情景，让学生在寻求解决问题的思维活动中，掌握知识、发展智力、培养学生自己发现问题和解决问题的能力；每章以例题的形式给出了具体的操作实例，要求明确，步骤清楚；考虑到学习 Windows XP 操作，不仅是基本的操作，还应举一反三，扩大知识量，提高技能，因此每章列举了大量的相关知识内容，如计算机病毒及其防治、WinRAR 压缩软件、百度搜索引擎的使用、MSN、网络日志、搜狗拼音输入法属性设置、ACDSee、千千静听、会声会影、360 安全卫士计算机安全防护软件、Windows 优化大师等。读者学习之后一定能轻巧驾驭 Windows XP 操作。

全书主要内容包括认识 Windows XP 系统、自定义工作环境、文件资源管理、畅游 Internet、使用 Outlook Express 收发邮件、安装软件和硬件、中文输入方法的使用、多媒体软件的使用、网络资源管理与使用、计算机应用管理等。每个章节包括试一试、想一想、提示、相关知识等内容，并给出了大量的思考与练习题，包括填空题、选择题、简答题、操作题等题型，以加深学生对所学知识的理解和掌握基本操作要领，提高应用能力。本书舍弃了大量烦琐的理论知识，侧重于实际操作，在编写过程中力求文字精练、脉络清晰、图表丰富、版式明快。

本书不仅可以作为全国中等职业学校计算机技术专业教材，还可以作为各类培训班教学用书和计算机读者自学用书。

本书由魏茂林主编，参加本书编写的还有顾巍、赵文、刘庆云、姜涛、王彬、周庆华、李洪刚等，全书由中国海洋大学高丙云主审。本书在编写过程中得到了许多同行的大力支持，在此一并表示感谢。

由于作者水平有限，经验不足，书中难免存在不少缺点和错误，由衷希望各学校在实际教学过程中提出宝贵意见。

编　者

2010 年 5 月

目　录

第1章　认识 Windows XP 系统

学习目标

- 了解 Windows 操作系统发展概况
- 能正确启动与退出 Windows XP
- 掌握鼠标的操作方法
- 了解 Windows XP 桌面的构成
- 了解【开始】菜单的功能
- 了解 Windows XP 窗口和对话框的组成及区别
- 了解 Windows XP 菜单的构成

计算机应用已深入到科学、技术、社会的广阔领域，人们已经越来越离不开计算机，计算机已经逐步改变着人们的工作方式和生活方式。目前大部分个人用户正在使用 Windows XP 操作系统。因此，本章是计算机操作与使用的入门，介绍了 Windows XP 操作系统的有关知识与基本操作。

1.1　认识 Windows XP 操作系统

问题与思考

- 检查你的计算机是否已经安装 Windows XP 系统，如何正确地启动和关闭计算机?
- 计算机待机和关闭有什么区别?

1.1.1　了解 Windows XP

Windows XP 是微软公司发布的一款视窗操作系统，它是集 Windows 2000 的安全性、可靠性和管理功能以及 Windows 98 的即插即用功能、简单用户界面和创新支持服务等各种先进功能于一身，是目前个人计算机上比较优秀的 Windows 操作系统。

微软公司把很多以前由第三方提供的软件整合到 Windows XP 操作系统中，这些软件包括防火墙、媒体播放器（Windows Media Player），即时通信软件（Windows Messenger），以及它与 Microsoft Passport 网络服务的紧密结合，这都被很多计算机专家认为是安全风险以及对个人隐私的潜在威胁。这些特性的增加被认为是微软继续其传统的垄断行为的持续。

Windows XP 拥有豪华亮丽的用户图形界面，其视窗标志也改为较清晰亮丽的四色视窗标志。Windows XP 带有用户图形的登陆界面；全新的 XP 亮丽桌面，用户若怀旧以前桌面可以换成传统桌面。

微软公司最初发行了两个版本：专业版（Windows XP Professional）和家庭版（Windows XP Home Edition），于 2005 年又发行了媒体中心版（Media Center Edition）和平板电脑版（Tablet PC Edition）等。目前个人计算机上使用的 Windows 操作系统大多是 Windows XP Professional，它有着更高的安全性，包括可以加密文件和文件夹以保护业务数据的能力；卓越的移动支持，可以脱机工作或远程访问计算机；内置的对高性能多处理器系统的支持等功能。而 Windows XP Home Edition 家庭版是面向家庭用户的版本，主要表现在没有组策略功能；只支持 1 个 CPU 和 1 个显示器（专业版支持 2 个 CPU 和 9 个显示器）；没有远程桌面功能；没有 EFS 文件加密功能；没有 IIS 服务；没有访问控制；不能归为域等。

1.1.2 启动与关闭计算机

1. 启动计算机

启动计算机之前，首先要确保连接计算机的电源和数据线已经连通，要启动的计算机已经安装了 Windows XP 操作系统。打开显示器电源开关，电源指示灯变亮后，再打开主机箱电源开关就开始启动计算机了。

（1）启动计算机时首先显示一组检测信息，包括内存、显卡的检测等。如果只安装了 Windows XP 操作系统，计算机直接启动 Windows XP。如果安装了多个操作系统(如 Windows 2000、Windows XP 等)，则出现一个操作系统选择菜单，用户通过键盘选择 Windows XP Professional，启动 Windows XP 操作系统。

（2）如果计算机中已设置多个用户账户，出现选择用户账户界面，用户选择自己的账户并输入密码后就可以启动计算机。如果选中的用户没有设置密码，系统将直接启动计算机。

（3）在出现欢迎界面后就进入 Windows XP 的主界面，又称为桌面，如图 1-1 所示。

在 Windows XP 启动时，先按住 Shift 键，再启动计算机，这时系统将跳过启动组及注册表中设置的自动运行程序项，快速启动计算机。

2. 关闭计算机

在关闭计算机电源之前，要退出 Windows XP 操作系统，否则可能会破坏一些尚未保存的文件正在运行的程序。退出 Windows XP 的操作步骤如下：

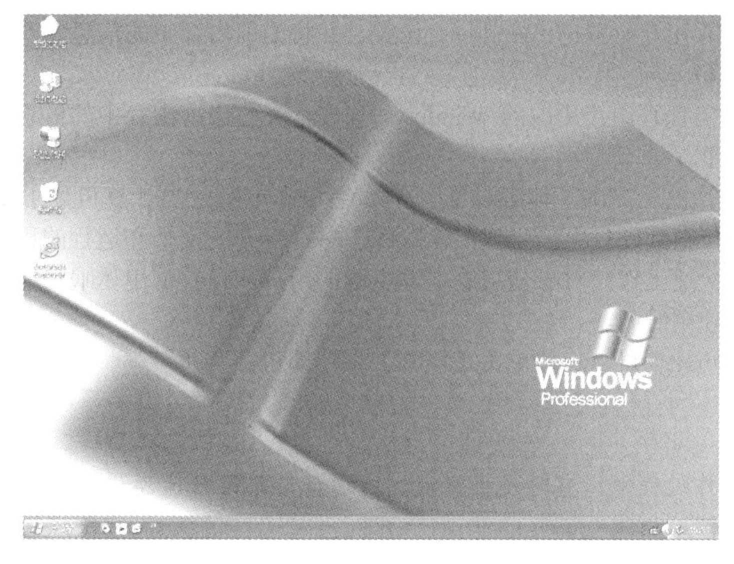

图 1-1　Windows XP Professional 桌面

（1）单击【开始】按钮，在出现如图 1-2 所示的【开始】菜单中单击【关闭计算机】选项按钮。

（2）在出现的如图 1-3 所示的【关闭计算机】对话框中选择一种关闭方式，例如，单击【关闭】按钮后，退出 Windows XP 系统，就可以关闭计算机的主机和显示器的电源。

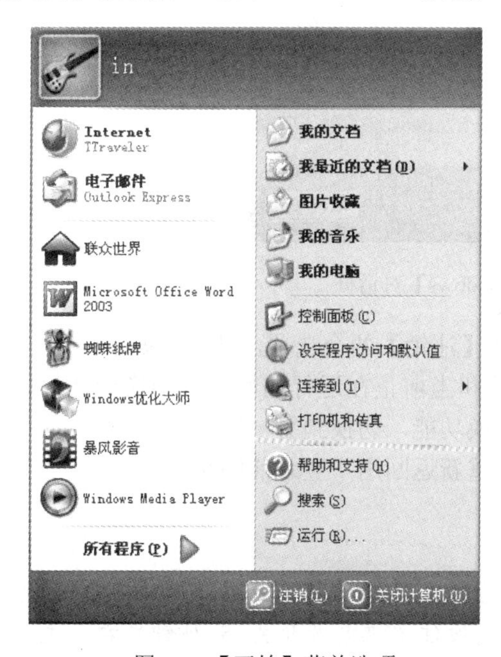

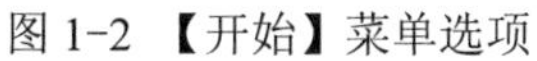
图 1-2 【开始】菜单选项

图 1-3 【关闭计算机】对话框

Windows XP 为用户提供了 3 种关机方式：

- 待机：是将当前处于运行状态的数据保存在内存中，机器只对内存供电，而硬盘、显示器和 CPU 等部件则停止供电。由于数据存储在速度快的内存中，因此进入等待状态和唤醒的速度比较快。

- 关闭：保存用户更改的 Windows 设置，并将当前内存中的信息保存在硬盘中，然后关闭计算机。
- 重新启动：保存用户更改的 Windows 设置，并将当前内存中的信息保存在硬盘中，关闭计算机后重新启动。

现在很多计算机还提供了休眠功能，例如笔记本电脑。当计算机处于休眠状态时，将当前运行的文件保存到硬盘上；当退出休眠状态时，打开的文档和运行的程序恢复到原来的状态，便于用户快速工作。对于使用笔记本电脑的用户，设置使用休眠功能，可以减少电源消耗，延长电池使用时间。

如果不想关闭计算机，直接单击【取消】按钮即可。

提示

在计算机操作过程中，有时发生错误，出现计算机运行速度过慢等现象，这时可以选择重新启动计算机。

如果用户只想注销当前用户，不想关闭计算机，可以单击如图 1-2 所示的【注销】按钮，打开【注销 Windows】对话框，如图 1-4 所示。

图 1-4 【注销 Windows】对话框

【注销 Windows】对话框中【切换用户】和【注销】两个选项，其含义如下：

- 切换用户：计算机自动保存打开的文件和当前正在运行的程序，切换到其他用户使用计算机，需要时可以启用快速用户切换功能，切换到另一用户账户。
- 注销：注销当前用户并退出操作系统，重新返回用户登录前的状态。

提示

在计算机操作过程中，计算机有时对键盘和鼠标操作都无反应，这种现象称为“死机”。这时要关闭计算机需要强行关闭，方法是按住主机电源开关 5 秒钟左右，主机电源关闭。

【例 1】 查看当前计算机系统基本信息，包括计算机安装的操作系统及版本、硬件基本配置情况。

（1）用鼠标右键单击桌面【我的电脑】，从快捷菜单中选择【属性】命令，打开【系统属性】对话框，如图 1-5 所示。从对话框中可以得到操作系统及版本（图中线框中的部分）。

图 1-5 【系统属性】对话框

（2）从图 1-5 中也可以看到基本的硬件信息，如计算机 CPU 的基本型号和计算机系统内存容量的大小。

想一想

1. 除了 Windows XP 操作系统外，你还见到或使用过哪几种操作系统？

2. 检查你使用的计算机上安装的 Windows XP 版本是 SP1(Service Pack 1)、SP2 还是 SP3？你知道它们的区别吗？

1.2　键盘与鼠标的使用

- 你知道计算机键盘上的键分为哪些键区？
- 鼠标的单击和双击有什么区别？

1.2.1　键盘的使用

键盘是计算机操作中最常用的输入设备，每一台计算机都需要键盘。通过键盘操作不但可以输入英文字母、数字、标点符号，还可以输入汉字、除英语外的其他外文字母等，使用键盘上的功能键还可以对计算机进行快速操作。标准的计算机键盘主要由字符键区、功能键区、方向键区和小键盘区组成。表 1-1 列出了键盘各个键区的组成及其作用。

表 1-1 键盘键区组成及其作用

键　　区	作　　用
字符键区	由 26 个英文字母键、横排数组键和一些特殊符号组成，中文输入也使用这个键区
功能键区	由 F1～F12 键、Esc 键等组成，主要用于 Windows 操作和应用程序的快捷键
方向键区	由上、下、左、右的方向键组成，用于调整光标的位置
小键盘区	由数字和加、减、乘、除运算符号等键组成。主要用于单手快速输入数字。通过数组和方向键的转换键，也可以用于移动光标位置，作方向键使用

另外，笔记本电脑键盘与台式机的键盘键区有所不同，但功能基本一样。

1.2.2 鼠标的使用

鼠标是计算机操作中最常用的输入设备，常见的鼠标工作方式有滚轮式和光电式等类型。滚轮式是最常见的鼠标，其在外观方面的最大特点是在底部的凹槽中有一个起定位作用从而使光标移动的滚轮。光电鼠标没有机械鼠标必须使用的鼠标滚球，它使用的是光眼技术，光电感应装置每秒发射和接收信号，实现精准、快速的定位和指令传输。

人们一般习惯用右手操作鼠标，在桌面上进行拖动，鼠标在屏幕上的控制显示是一个指针，指针随着鼠标的移动而移动。表 1-2 列出了鼠标的多种操作方法。

表 1-2 鼠标的多种操作方法及含义

操 作 方 法	含　　义
指向	移动鼠标，将指针移到一个对象上，例如，指向文件名或文件夹图标
单击	指向屏幕上的一个对象，然后按下鼠标左键并快速放开。一般用于选择一个对象
右击	指向屏幕上的一个对象，然后按下鼠标右键并快速放开。右击操作可以在屏幕上弹出一个快捷菜单
双击	指向屏幕上的一个对象，然后快速连续按下鼠标左键两次。双击操作可以在屏幕上打开一个对话框或运行一个应用程序等
拖动	指向屏幕上的一个对象，按住鼠标左键的同时移动鼠标到另一个位置放开。拖动操作可以选择、移动并复制文件或对象等
滚动	使用鼠标中间滚轮，在窗口中上下位置移动，相当于移动窗口中的垂直滚动条

提示

鼠标的左右键功能可以相互转换，以适应左右手操作；同时还可以设置指针的形状、移动和双击的速度等，这都需要通过【控制面板】的【鼠标】选项进行设置。

试一试

1. 观察你使用的计算机鼠标是滚轮式还是光电式？

2. 启动计算机后，选择计算机屏幕（又称桌面）上的一个图标，例如，【我的文档】图标。使用鼠标分别进行指向、拖动、单击、右击、双击操作，将观察到的操作结果填在表 1-3 中。

表 1-3　鼠标操作结果

操作对象	操作方法	出现的现象或操作结果
	指向	
	拖动	
	单击	
	右击	
	双击	

相关知识

Win 键的使用

Win 键就是键盘上显示 Windows 标志的按键，位于 Ctrl 键与 Alt 键之间，左右各一个。计算机操作过程中，Win 键可以配合其它键使用：

- Win：显示或隐藏【开始】菜单
- Win+ Break：显示【系统属性】对话框
- Win+ D：显示桌面，重复操作一遍即可返回原来的窗口
- Win+ M：最小化所有窗口
- Win+ Shift + M：还原最小化的窗口
- Win+ E：打开资源管理器
- Win+ F：搜索文件或文件夹
- Ctrl+Win+ F：搜索计算机
- Win+ F1：显示 Windows 帮助信息
- Win+ R：打开【运行】对话框
- Win+ U：打开【辅助工具管理器】
- 注销的快捷键方式为：依次按下 Win 键、U 键和 L 键
- 重新启动的快捷键方式为：依次按下 Win 键、U 键和 R 键

1.3　认识 Windows XP 桌面

问题与思考

- 你知道你使用的计算机桌面可以分为哪几个区域？
- 计算机桌面上各区域有哪些图标组成？各图标主要功能是什么？

1.3.1　Windows XP 桌面

启动 Windows XP 后，用户看到的计算机屏幕显示称为桌面，如图 1-1 所示。桌面是用户进行计算机操作的窗口，用户的所有操作几乎都是根据桌面的显示完成的。桌面主要由图

标、背景和任务栏等组成。桌面图标主要由【我的文档】、【我的电脑】、【网上邻居】、【回收站】、Internet Explorer 浏览器等组成，另外，桌面上也可以放置一些游戏、常用应用程序文件夹及其快捷方式等。背景主要用来美化屏幕，用户可以设置自己喜爱的图片作屏幕背景。桌面底部长条区域是 Windows XP 的任务栏，主要上有【开始】按钮、快速启动工具栏、当前运行的程序、打开的文件夹、语言栏、时钟等。

【例 2】 安装 Windows XP 后，初次操作计算机，桌面上通常只有一个【回收站】图标，要显示【我的电脑】、【我的文档】等图标，需要添加桌面图标。

（1）在桌面空白处右击鼠标，在弹出的快捷菜单中选择【属性】命令，打开【显示属性】对话框。

（2）在【桌面】选项卡中单击【自定义桌面】按钮，打开【桌面项目】对话框。

（3）在【常规】选项卡的【桌面图标】栏，选择要显示图标的复选框，然后关闭对话框。

1.3.2 使用【开始】菜单

任务栏的最左边是【开始】按钮，单击它就可以打开【开始】菜单，如图 1-2 所示，它集中了用户可能用到的各种操作。【开始】菜单中包括用户标识、固定项目列表、常用程序列表、【所有程序】菜单、常用的文件夹与系统命令以及【注销】和【关闭计算机】等。

1. 固定项目列表

固定项目列表位于用户标识的下方，方便用户快速启动应用程序，默认包含有 Internet 和【电子邮件】两个应用程序，用户可以添加自己的应用程序。

2. 常用程序列表

常用程序列表最初只包含 Windows Media Player、MSN Explorer 等项目。当用户使用应用程序时，系统会自动将程序添加到常用程序列表中。系统默认的常用程序列表数为 6 个。

3.【所有程序】菜单

【所有程序】菜单中包含了系统中安装的所有程序。打开【所有程序】菜单，展开菜单项，用户可以选择所要运行的程序，有些菜单项后面带有三角标记，表示它下面还有级联菜单。

4. 常用的文件夹与系统命令

在【开始】菜单的右半部分包括【我的电脑】、【我的文档】、【我最近的文档】、【控制面板】、【搜索】、【运行】等常用的文件夹和系统命令，方便用户快速打开这些文件夹或运行系统命令。其中【我最近的文档】文件夹中存放最近打开的文档列表，用户可以单击列表中的文件名，系统自动加载相应的应用程序来打开该文档。

打开【开始】菜单，单击【运行】按钮，打开【运行】对话框。在该对话框中键入所要打开项目的路径，包括程序、文件夹、文档、Internet 资源的名称，例如，输入 cmd 命令，将打开命令操作窗口，如图 1-6 所示，或单击【浏览】按钮来查找要运行的项目。

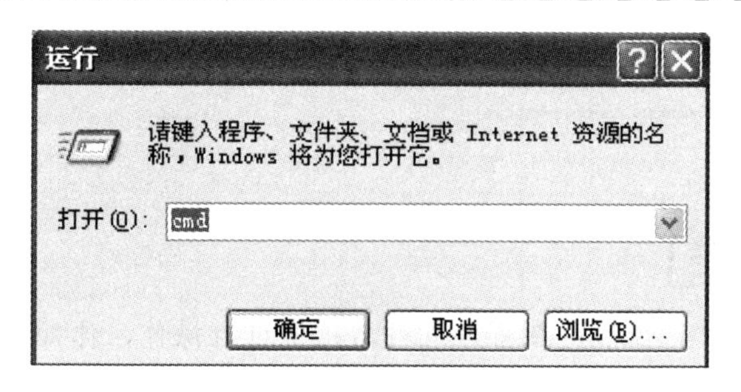

图 1-6 【运行】对话框

提示

用户可以自定义【开始】菜单或使用经典的 Windows【开始】菜单。右击【开始】按钮，从弹出的快捷菜单中选择【属性】选项，从打开的【任务栏和「开始」菜单】对话框中设置【开始】菜单项。

试一试

打开【任务栏和「开始」菜单】对话框，分别选择【「开始」菜单】和【经典「开始」菜单】选项，再单击「开始」按钮，观察打开的【开始】菜单有何区别?

相关知识

常见的 Windows XP 桌面图标

表 1-4 列出了 Windows XP 常见的桌面图标及其含义。

表 1-4　常见的 Windows XP 桌面图标及其含义

桌 面 图 标	含　义
我的文档	它是一个文件夹，是系统默认的用来存放用户文档、图片或其他文件的一块磁盘区域。例如，在使用 Word 应用软件编辑保存用户文件时，系统默认的保存位置是【我的文档】。该文件夹中还包含有【图片收藏】、【我的音乐】、【我的数据源】等系统设置的文件夹。用户可以设置它的共享属性、更改它对应目标文件夹的位置，默认路径是 C:\Documents and Settings\ My Documents
我的电脑	主要用于管理计算机的硬件设备（例如，磁盘驱动器、DVD 驱动器等），可以对计算机系统中的内容进行访问和设置。在【我的电脑】窗口不仅可以查看系统信息、添加/删除程序、更改一个设置，还提供了直接打开【网上邻居】、【我的文档】、【控制面板】窗口的按钮等
网上邻居	网上邻居显示指向共享计算机、打印机和网络上其他资源的快捷方式。网上邻居文件夹还包含指向计算机上的任务和位置的超级链接。这些链接可以帮助用户查看网络连接，将快捷方式添加到网络位置，以及查看网络域中或工作组中的计算机
回收站	用来暂时保存硬盘上被删除的文件或文件夹。回收站主要有还原和清空两种操作。还原操作是将回收站中被删除的项目恢复到原位置，清空回收站操作是将被删除的文件从磁盘上永久删除，文件删除后就不能恢复。从硬盘删除任何项目时，Windows 将该项目放在回收站中而且回收站的图标从空更改为满。Windows 系统为每个分区或硬盘分配一个回收站。如果硬盘已经分区，或者如果计算机中有多个硬盘，则可以为每个回收站指定不同的大小空间
Internet Explorer	使 Internet Explorer 和 Internet 连接，可以搜索或浏览 Web 站点上的信息

1.4 认识窗口与对话框

- 在操作计算机时，往往是在窗口或对话框中进行操作，你知道窗口或对话框由哪些元素组成？
- 在计算机操作时，大多是通过菜单来完成的，你知道 Windows 菜单的种类及其菜单命令的约定吗？

1.4.1 认识 Windows XP 窗口

Windows 以窗口的形式管理各类项目，一个窗口代表着正在执行的一种操作。Windows 中的窗口组成基本相同，一个典型的窗口如图 1-7 所示，由标题栏、菜单栏、工具栏、工作区和状态栏等组成。

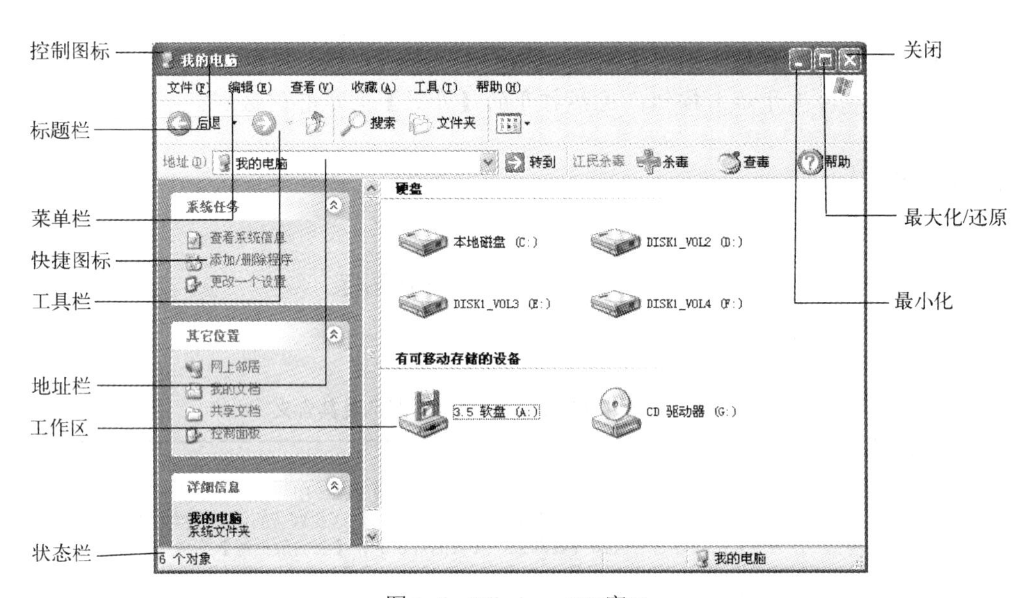

图 1-7　Windows XP 窗口

在计算机操作过程中，有时需要经常调整窗口的大小，而不是简单地最大化或最小化窗口。调整窗口大小的操作步骤如下：

（1）将鼠标指针指向窗口的边框，根据指向位置的不同，鼠标指针会变成如表 1-5 所示的不同形状。

表 1-5　调整窗口大小时鼠标指针的形状及其功能

指针在窗口位置	指 针 形 状	功　　能
上、下边框	↕	沿垂直方向调整窗口
左、右边框	↔	沿水平方向调整窗口

续表

指针在窗口位置	指 针 形 状	功　　能
四个对角		沿对角线方向调整窗口
标题栏		拖动标题栏按任意方向移动窗口

（2）按下鼠标左键，并拖动鼠标至适当的位置，然后放开。当将鼠标移到窗口的边角上，指针变为对角双向箭头时，可对窗口的长和宽同时进行缩放。

（3）单击窗口标题栏并按住鼠标左键，拖动窗口移到任意位置。

相关知识

常见的 Windows XP 窗口

表 1-6 列出了 Windows XP 中常见区域及对象的含义

表 1-6　Windows XP 中常见窗口区域及对象含义

区域及对象	含　　义
控制图标	由一组控制菜单命令组成，通过这些控制菜单命令可以移动窗口、改变窗口大小、最小化/最大化/还原及关闭窗口
标题栏	显示当前窗口所打开的应用程序名、文件夹名及其他对象名称等
菜单栏	由多个下拉菜单组成，每个下拉菜单中又包含了若干个命令或子菜单选项
工具栏	用户常用的命令按钮，每个命令按钮可以完成一个特定的操作
工作区	系统与用户交互的界面，多用于显示操作结果
状态栏	显示当前操作的状态，通过它可以了解当前窗口的有关信息
最小化按钮	单击该按钮，窗口将被最小化为任务栏中的一个图标
最大化/还原按钮	单击该按钮，窗口将以全屏的方式显示。如果窗口被最大化后，单击还原按钮，可以将窗口恢复到原来大小
关闭按钮	单击该按钮，关闭窗口
滚动条	窗口的底部、状态栏之上可能有一个水平滚动条，在工作区的右边有一个垂直滚动条。滚动条是由系统窗口的大小决定的，当窗口的大小不能容纳其中的内容时，窗口中出现滚动条。通过滚动条，可以浏览窗口中的所有内容

1.4.2　认识 Windows XP 对话框

对话框是一种特殊的 Windows 窗口，由标题栏和不同的元素对象组成，用户可以从对话框中获取信息，或系统通过对话框获取用户的信息。对话框可以移动，但不能改变其大小。

对话框标题栏的右上角有两个按钮：一个是【关闭】按钮，单击它可以关闭对话框；另一个是【帮助】按钮，用户可以获得对话框中有关选项的帮助信息。一个典型对话框通常由以下元素对象组成，如图 1-8 所示。

- 命令按钮：单击命令按钮，能够完成该按钮上所显示的命令功能。例如，【修改】、【确定】、【取消】命令按钮等。
- 文本框：可以直接输入数据信息。例如，输入新建文件名称等。

● 列表框：列表框列出所有的选项，供用户选择其中的一组。

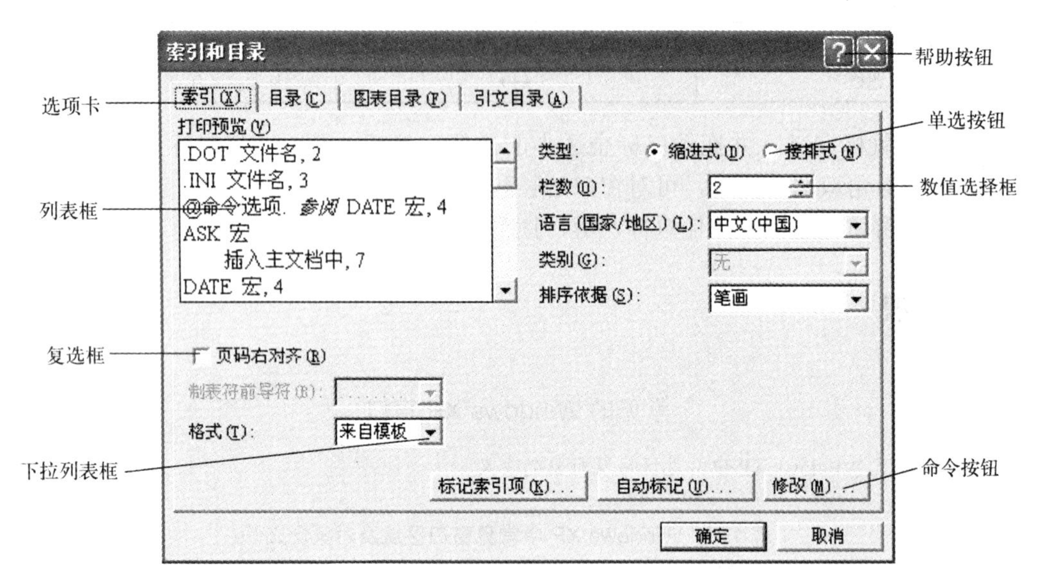

图 1-8　对话框

● 下拉列表框：下拉列表框是一个右侧带有下箭头的单行文本框。单击该箭头，出现一个下拉列表，用户可以从中选择一个选项。
● 单选按钮：单选按钮是一个左侧带有一个圆形的选项按钮，有两个以上的选项排列在一起，它们之间相互排斥，只能选定其中的一个。
● 复选框：复选框是一个左侧带有小方框的选项按钮，用户可以选择其中的一个或多个选项。
● 选项卡：一个选项卡代表一个不同的页面。
● 数值选择框：由一个文本框和一对方向相反的箭头组成，单击向上或向下的箭头可以增加或减少文本框中的数值，也可以直接从键盘上输入数值。
● 帮助按钮：单击【帮助】按钮，这时鼠标指针带有？号，将指针指向对话框中的一个元素对象上单击，系统给出该对象所完成的功能提示信息。

1.4.3　使用菜单

菜单是一些相关命令的集合。在 Windows 系统中，大多数的操作是通过菜单来完成的。菜单中包含的命令称为菜单命令或菜单项，有些菜单项可以直接执行，还有一些菜单项后面有向右的小三角标记，表明这个菜单项包含一个子菜单。Windows 菜单主要有下拉菜单和快捷菜单两种类型。

1．下拉菜单

Windows 中的菜单一般是按实现的功能进行分类或分组。每个菜单都有一个与实现功能相近的菜单名称标题，所有菜单名称的集合组成了一个菜单栏。单击菜单栏中的菜单项，大都会出现一个下拉菜单，如图 1-9 所示。

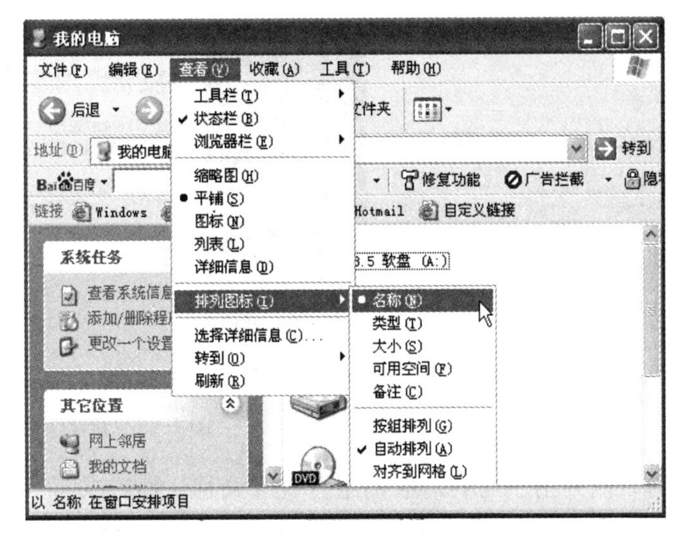

图 1-9　下拉菜单及其子菜单

2. 快捷菜单

桌面上的图标实质上就是打开各种程序和文件的快捷方式，通过单击鼠标右键在屏幕上弹出的菜单称为快捷菜单。快捷菜单中所包含的命令与当前选择的对象有关。因此，右击不同的对象将弹出不同的快捷菜单。例如，右击【我的电脑】窗口中的空白区域，屏幕上会弹出一个快捷菜单，如图 1-10 所示。

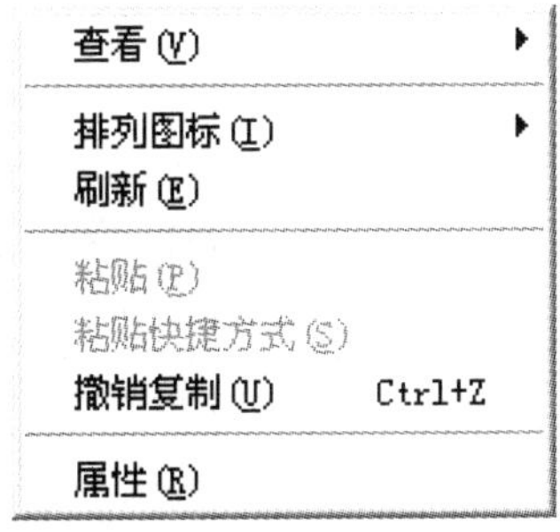

图 1-10　快捷菜单

利用快捷菜单，可以迅速地选择要操作的菜单命令，提高工作效率。

【例 3】 在桌面上创建自己经常使用的程序或文件的图标，这样使用时直接在桌面上双击即可快速启动该项目。

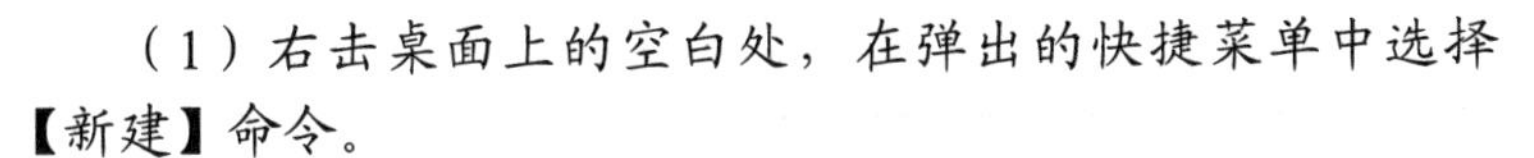

（1）右击桌面上的空白处，在弹出的快捷菜单中选择【新建】命令。

（2）利用【新建】命令下的子菜单，可以创建各种形式的图标，比如文件夹、快捷方式、文本文档等等，如图 1-11 所示。

（3）选择【快捷方式】命令，出现【创建快捷方式】向导如图 1-12 所示，该向导会帮助用户创建本地或网络程序、文件、文件夹、计算机或 Internet 地址的快捷方式，可以手动键入项目的位置，也可以单击【浏览】按钮，在打开的【浏览文件夹】窗口中选择快捷方式的目标，确定后，即可在桌面上建立相应的快捷方式图标。

3. Windows XP 中菜单命令的约定

Windows 菜单命令有多种不同的显示形式，不同的显示形式代表不同的含义。

（1）带有组合键的菜单命令

菜单栏上带有下划线字母，又称为热键，表示在键盘上按 Alt 键和该字母键可以打开该菜单。例如，在如图 1-9 所示的【查看】菜单项，可以直接按 Alt+V 组合键，打开【查看】菜单。对于其中的【排列图标】菜单项，可以再按 Alt+I 组合键，展开所包含的菜单项。

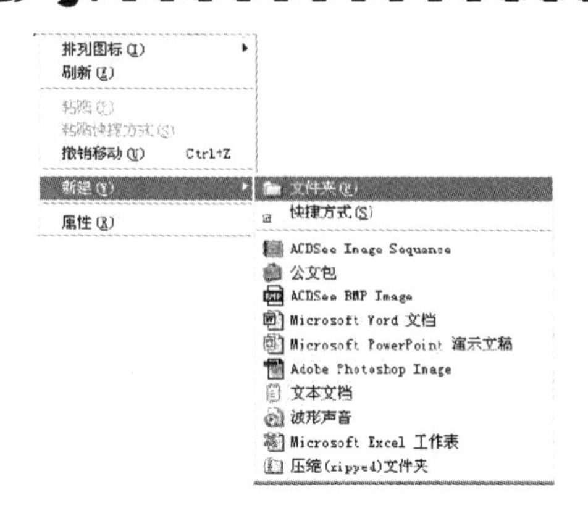

图 1-11 新建图标

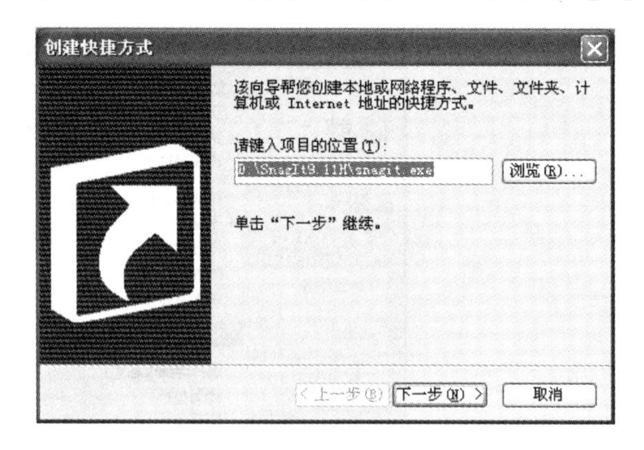

图 1-12 新建快捷方式

有些菜单命令的右侧列出了与其对应的组合键（又称快捷方式），组合键以“Ctrl+字母”来表示，用户可以直接使用该组合键执行菜单命令，如图 1-13 所示。

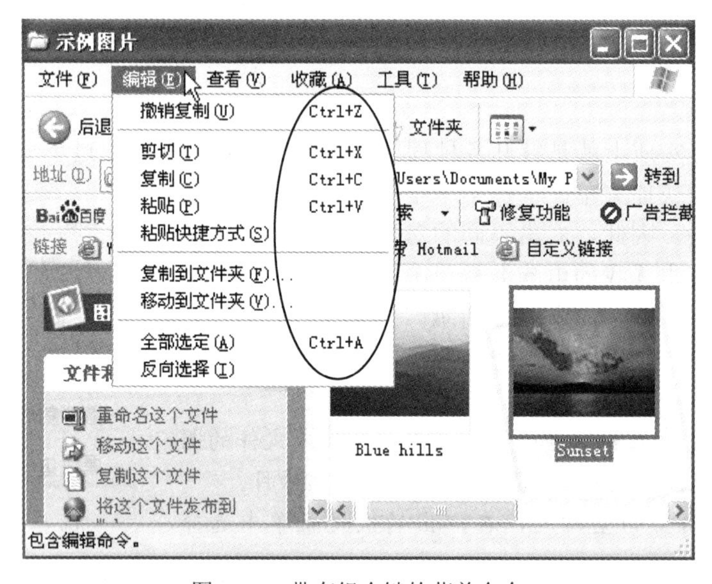

图 1-13 带有组合键的菜单命令

（2）带有右向箭头和省略号的菜单命令

如果菜单命令的右边有一个指向右侧的箭头（三角标记），表示该菜单包含子菜单(下一级菜单)，将鼠标指针指向它将显示子菜单命令。例如，在如图 1-9 所示的【查看】菜单的【排列图标】菜单项含有下一级菜单。

有些菜单命令后带有省略号（…），单击该菜单命令，屏幕弹出一个对话框，要求用户通过该对话框执行该菜单命令。

（3）带有选中标记的菜单命令

在某些菜单命令的左侧带有复选标记“√”或单选标记“●”，表示该菜单当前是激活的。菜单命令中的复选标记表示用户可以同时选择多个这种形式的菜单。单选标记表示用户在菜单项中只能选择一个这种形式的菜单命令。

（4）带有灰色显示的菜单命令

在 Windows 中，如果菜单命令的名称标题呈黑色显示，表示用户可以执行该命令。如果菜单命令的名称标题呈灰色显示，表示该命令在当前选项的情况下是不可用的。例如，在如图 1-10 所示的快捷菜单中的【粘贴】命令呈灰色显示，表示该命令当前不可用。

（5）菜单命令分组

在一个下拉菜单中，有些菜单命令之间被一条分隔线分开，分成几个部分，每一部分中的菜单命令表示具有相同或相近的特性。例如，在如图 1-13 所示【编辑】下拉菜单中被分成四个不同的组成部分。

相关知识

计算机病毒及其防治

计算机病毒(Computer Virus)在《中华人民共和国计算机信息系统安全保护条例》中被明确定义，病毒指“编制或者在计算机程序中插入的破坏计算机功能或者破坏数据，影响计算机使用，并能够自我复制的一组计算机指令或者程序代码”。可以简单理解为利用计算机软件与硬件的缺陷，破坏计算机数据并影响计算机正常工作的一组指令集或程序代码。

不同的计算机病毒有不同的破坏行为，计算机病毒的主要危害有：（1）病毒激发对计算机数据信息的直接破坏作用；（2）占用磁盘空间和对信息的破坏；（3）抢占系统资源；（4）影响计算机运行速度；（5）计算机病毒错误与不可预见的危害；（6）计算机病毒的兼容性对系统运行的影响；（7）计算机病毒给用户造成严重的心理压力。

预防计算机病毒要注意以下事项：

（1）建立良好的安全习惯。对一些来历不明的邮件及附件不要打开，不要上一些不太了解的网站、不要执行从 Internet 下载后未经杀毒处理的软件等，这些必要的习惯会使计算机更安全。

（2）关闭或删除系统中不需要的服务。默认情况下，许多操作系统会安装一些辅助服务，如 FTP 客户端、Telnet 和 Web 服务器。这些服务为攻击者提供了方便，而又对用户没有太大用处，如果删除它们，就能大大减少被攻击的可能性。

（3）经常升级安全补丁。据统计，有 80%的网络病毒是通过系统安全漏洞进行传播的，所以应该定期到微软网站去下载最新的安全补丁，以防范未然。

（4）使用复杂的密码。有许多网络病毒就是通过猜测简单密码的方式攻击系统的，因此使用复杂的密码，将会大大提高计算机的安全系数。

（5）迅速隔离受感染的计算机。当计算机发现病毒或异常时应立刻断网，以防止计算机受到更多的感染，或者成为传播源，再次感染其它计算机。

（6）了解一些病毒知识。可以及时发现新病毒并采取相应措施，在关键时刻使自己的计算机免受病毒破坏。如果能了解一些注册表知识，就可以定期看一看注册表的自启动项是否有可疑键值；如果了解一些内存知识，就可以经常看看内存中是否有可疑程序。

（7）安装专业的杀毒软件进行全面监控。在病毒日益增多的今天，使用杀毒软件进行防毒，是越来越经济的选择，不过用户在安装了反病毒软件之后，应该经常进行升级、将一些主要监控经常打开(如邮件监控)、内存监控等、遇到问题要上报， 这样才能真正保障计算机的安全。

（8）安装个人防火墙软件预防黑客攻击。由于网络的发展，用户电脑面临的黑客攻击问题也越来越严重，许多网络病毒都采用了黑客的方法来攻击用户电脑，因此，用户还应该安装个人防火墙软件，将安全级别设为中、高级，这样才能有效地防止网络上的黑客攻击。

目前常用的计算机病毒防治软件有瑞星杀毒软件、江民杀毒软件、卡巴斯基杀毒软件、金山毒霸杀毒软件、ESET NOD 32 安全软件、东方微点、费尔托斯特等。每种防治病毒软件各有优缺点，同时要记住：

- 杀毒软件不可能杀掉所有病毒；
- 杀毒软件能查到的病毒，不一定能杀掉；
- 一台电脑每个操作系统下不能同时安装两套或两套以上的杀毒软件（除非是兼容的，有部分同公司生产的杀毒软件）。

杀毒软件是永远滞后于计算机病毒的！所以，除了及时更新升级软件版本和定期扫描的同时，还要注意充实自己的计算机安全以及网络安全知识，做到不随意打开陌生的文件或者不安全的网页，不浏览不健康的站点，注意更新自己的隐私密码等等。这样才能更好地维护好自己的电脑以及网络安全！

思考与练习

一、填空题

1．Windows XP 为用户提供了________、________和________三种关机方式。

2．Windows XP 为用户提供了________和________两种注销方式。

3．Windows XP 常见桌面图标有【我的文档】、________、________、________和________等。

4．Windows XP 中的窗口一般由________、________、________、________和________等组成。

5．桌面上的图标实际就是某个应用程序的快捷方式，如果要启动该程序，只需________该图标即可。

6．右击桌面空白处打开快捷菜单，该菜单共分________组，____________菜单包含子菜单，____________菜单命令在当前情况下不可用。

7．Windows XP 中，名字前带有______记号的菜单选项表示该项已经选用，在同组的这些选项中，只能有一个且必须有一个被选用。

8．在下拉菜单中，凡是选择了后面带有省略号（...）的命令，都会出现一个_________。

9．在桌面上创建_________，以达到快速访问某个常用项目的目的。

二、选择题

1．Windows XP 的整个显示屏幕称为（　　）。

A．窗口　　B．操作台　　C．工作台　　D．桌面

2．在 Windows XP 中，可以打开【开始】菜单的组合键是（　　）。

A．Ctrl+O　　B．Ctrl+Esc　　C．Ctrl+空格键　　D．Ctrl+Tab

3．下面打开【我的电脑】的操作是（　　）。

A．用左键单击　　B．用左键双击　　C．用右键单击　　D．用右键双击

4．在 Windows XP 中，能弹出对话框的操作是（　　）。

A．选择了带省略号的菜单项

B．选择了带向右三角形箭头的菜单项

C．选择了颜色变灰的菜单项

D．运行了与对话框对应的应用程序

5. 在 Windows XP 窗口的菜单项中，有些菜单项前面有“√”，它表示（　　）。

A. 如果用户选择了此命令，则会弹出下一级菜单

B. 如果用户选择了此命令，则会弹出一个对话框

C. 该菜单项当前正在被使用

D. 该菜单项不能被使用

6. 在 Windows XP 窗口的菜单项中，有些菜单项呈灰色显示，它表示（　　）。

A. 该菜单项已经被使用过　　B. 该菜单项已经被删除

C. 该菜单项正在被使用　　D. 该菜单项当前不能被使用

7. 在 Windows XP 中随时能得到帮助信息的快捷键是（　　）。

A. Ctrl+F1　　B. Shift+F1　　C. F3　　D. F1

8. 在桌面上要移动 Windows 窗口，可以用鼠标指针拖动该窗口的（　　）。

A. 标题栏　　B. 边框　　C. 滚动条　　D. 控制菜单框

9. 在 Windows XP 操作系统中，单击当前窗口的最小化按钮后，该窗口将（　　）。

A. 消失　　B. 被关闭　　C. 缩小为图标　　D. 不会变化

10. 窗口被最大化后如果要调整窗口的大小，正确的操作是（　　）。

A. 用鼠标拖动窗口的边框线

B. 单击【还原】按钮，再用鼠标拖动边框线

C. 单击【最小化】按钮，再用鼠标拖动边框线

D. 用鼠标拖动窗口的四角

11. 在 Windows XP 中，应用程序窗口和文档窗口的控制菜单图标位于窗口的（　　）。

A. 左上角　　B. 右上角　　C. 左下角　　D. 右下角

12. 在 Windows XP 中，单击控制菜单图标，其结果是（　　）。

A. 打开控制菜单　　B. 关闭窗口　　C. 移动窗口　　D. 最大化窗口

13. 把 Windows XP 的窗口和对话框作一比较，窗口可以移动和改变大小，而对话框（　　）。

A. 既不能移动也不能改变大小　　B. 仅可以移动，不能改变大小

C. 仅可以改变大小，不能移动　　D. 既能改变大小，也能移动。

14. 在 Windows XP 中，当一个窗口已经最大化后，下列叙述中错误的是（　　）。

A. 该窗口可以被关闭　　B. 该窗口可以移动

C. 该窗口可以最小化　　D. 该窗口可以还原

三、简答题

1. 关闭计算机和使计算机处于待机状态，有什么不同？

2. 注销计算机用户和切换计算机用户有什么不同？

3. 鼠标有哪几种操作方法？

4. 【开始】菜单由哪几部分组成？

5. 打开【我的电脑】窗口，双击窗口的标题栏，窗口的大小会有怎样的变化？

6. Windows XP 窗口主要由哪些部分组成？

7. 在一些菜单命令中，有些命令是深色，有些命令是暗灰色，有些命令后面还跟有字母或组合键，它们分别表示什么含义？

8. 试比较窗口和对话框的组成，有哪些异同点？

四、操作题

1．分别选择【待机】、【关闭】和【重新启动】，观察三者操作有什么不同。

2．双击桌面上的【我的文档】图标，观察打开的窗口，指出窗口的各组成部分名称，然后分别单击窗口右上角的、和按钮，观察窗口发生怎样的变化。

3．通过 Windows XP 桌面，打开【我的电脑】窗口，并完成移动窗口、改变窗口大小、排列窗口（打开多个窗口）、最大化、最小化、关闭窗口等操作。

4．在【我的电脑】窗口，观察【查看】菜单中哪些菜单能打开对话框？哪些菜单含有下一级菜单？

5．双击桌面【我的电脑】图标，打开【我的电脑】窗口，分别浏览【文件】菜单和【编辑】菜单，观察所包含的菜单命令。

第 2 章　自定义工作环境

学习目标

- 能设置桌面主题、背景、屏保、分辨率等个性化的桌面
- 能自定义【开始】菜单项目
- 能够设置任务栏项目
- 能够添加和删除输入法
- 能设置鼠标键的快慢、指针形状等

Windows XP 为用户提供了一种默认的标准配置，如桌面、开始菜单、任务栏等。如用户不习惯使用系统默认的配置，可以根据自己的需要和爱好自定义工作环境。

2.1　美化桌面

问题与思考

- 你想把你喜欢的图片或自己的照片设置为桌面背景吗？
- 为什么有的计算机桌面图标显示的比较大而模糊、而有的计算机桌面图标显示的较小而比较清晰？

Windows XP 个性化的桌面不仅能够使用户操作简洁、方便，提高工作效率，还能体现用户的个性。

在桌面的空白处右击鼠标，单击快捷菜单中的【属性】命令按钮，打开【显示 属性】对话框，如图 2-1 所示。

在【显示 属性】对话框中，可以对桌面的主题、背景、屏幕保护程序、外观、屏幕的分辨率及颜色进行设置。

2.1.1　设置桌面主题和背景

桌面主题是指系统为用户提供的桌面配置方案，包括图标、字体、颜色、声音事件及其他窗口元素，它使用户的桌面具有统一和与众不同的外观。用户可以切换主题、创建自己的主题或者恢复传统的 Windows 经典外观作为主题。

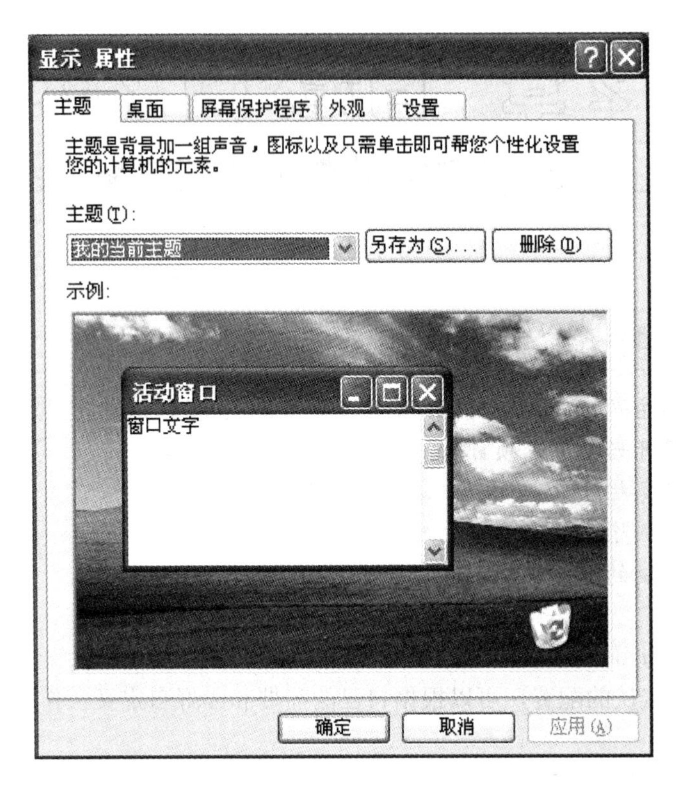

图 2-1 【显示 属性】对话框

1. 设置桌面主题

在【显示 属性】对话框（如图 2-1 所示）的【主题】选项卡中，在【主题】下拉列表中，选择一个主题，如选择【Windows 经典】作为主题，其效果在【示例】框中预览。单击【应用】按钮，则使用所选择的主题为当前桌面主题。

2. 设置桌面背景

用户如果不喜欢 Windows XP 默认的桌面背景，可以将自己喜欢的图片作为桌面背景。

【例 1】 将自己的一幅照片设置为桌面背景。

（1）打开【桌面】选项卡，单击【浏览】按钮，打开【浏览】对话框，选择一幅自己的照片，如图 2-2 所示。

（2）在【位置】列表中，选择【居中】、【平铺】或【拉伸】。

- 居中：在桌面中央位置显示一张图片，并保持原来的大小。
- 平铺：将该图片拼接起来，平铺在整个桌面上。
- 拉伸：将该图片拉伸成与桌面一样的大小，显示在桌面上。

图 2-2 【桌面】选项卡

提示

如果选择.htm 文档作为背景图片，【位置】选项不可用。.htm 文档自动拉伸来填充背景。

从【桌面颜色】下拉列表中选择颜色，该颜色用来填充在图片没有使用的空间。

单击【自定义桌面】按钮，从打开的【桌面项目】对话框中可以选择在桌面上要显示的图标（如我的文档、我的电脑、网上邻居、Internet Explorer 等）、更改桌面上的图标、清理桌面上没有使用过的项目。

2.1.2 设置屏幕保护程序和外观

1. 设置屏幕保护程序

如果长时间不用计算机，可以让计算机保持较暗或活动的画面，以避免一个高亮度的图像长时间停留在屏幕的某一位置而对显示器的损害，这时可以启用屏幕保护程序。

启动屏幕保护程序的操作方法是：在【显示 属性】对话框的【屏幕保护程序】选项卡（如图 2-3 所示）中，从【屏幕保护程序】下拉列表中选择一个屏幕保护程序，在屏幕的预览窗口中可以观察其效果。单击【预览】按钮可以观察全屏效果。

- 等待：是指在没有键盘和鼠标输入的时间间隔后启用屏幕保护程序。
- 在恢复时使用密码保护：在启用屏幕保护程序后，如果有键盘或鼠标输入，系统给出要求输入密码，输入当前用户或系统管理员的密码后，系统恢复到正常的工作窗口。这样可以在暂时离开计算机时，防止他人使用该计算机。

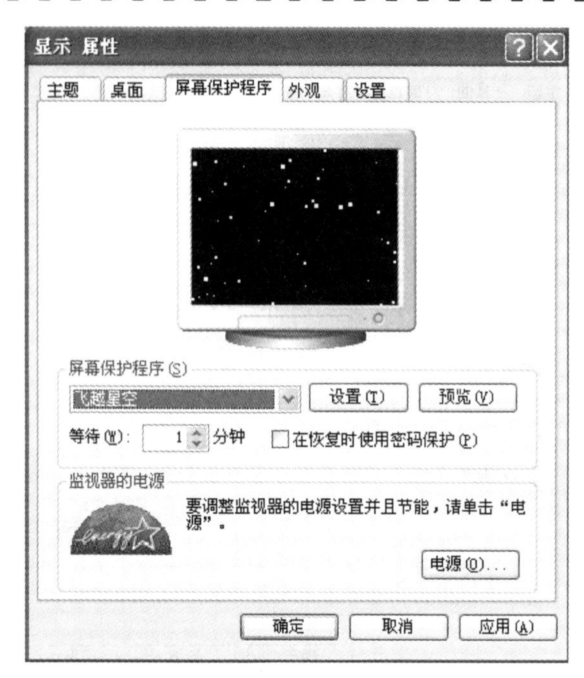

图 2-3 【屏幕保护程序】选项卡

2．设置 Windows 外观效果

Windows 外观是指 Windows 的操作界面，包括窗口、对话框、标题按钮、图标、滚动条、消息框、字体大小及颜色等。用户如果不习惯使用 Windows XP 默认的外观设置，可以自己选择不同的样式和色彩方案。

在【外观】选项卡（如图 2-4 所示）中，可以选择窗口和按钮的样式、色彩方案、字体大小、外观效果等。各选项的含义如下：

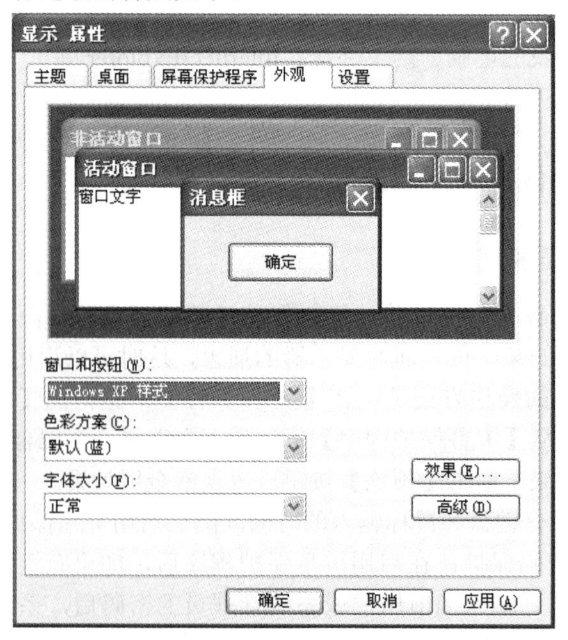

图 2-4 【外观】选项卡

- 窗口和按钮：系统提供了【Windows XP 样式】和【Windows 经典样式】供用户选择。
- 色彩方案：选择【Windows XP 样式】选项后，从该下拉列表中可以选择【橄榄绿】、【默认(蓝)】和【银色】3 个选项。
- 字体大小：选择【Windows XP 样式】选项后，从该下拉列表中可以选择【正常】、【大字体】和【特大字体】3 种字体选项。
- 效果：单击【效果】按钮，打开如图 2-5 所示的对话框，可以选择菜单、工具栏、图标等对象的效果。
- 高级：单击【高级】按钮，打开如图 2-6 所示的对话框，可以设置 Windows 的相应项目（如标题栏、菜单、滚动条等）和该项目的字体大小、颜色等。

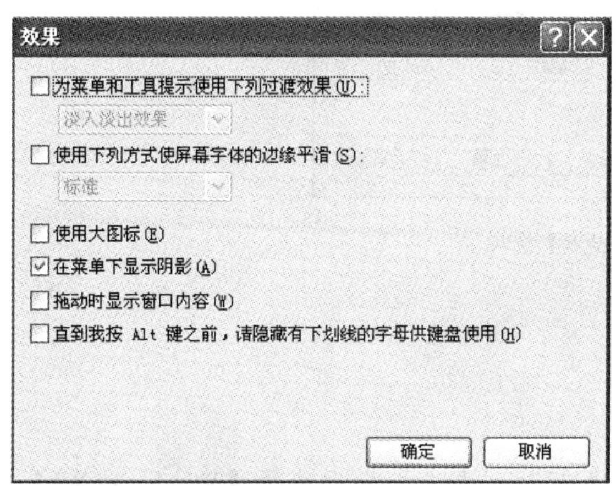

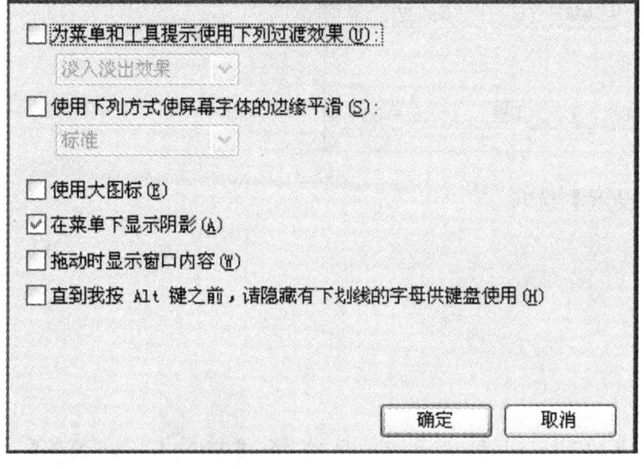

图 2-5 【效果】对话框

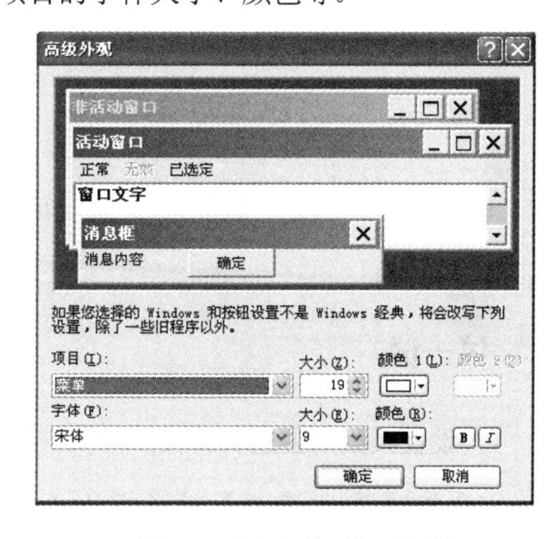

图 2-6 【高级外观】对话框

2.1.3　调整屏幕分辨率和颜色

屏幕分辨率是指屏幕在水平和垂直方向最多能显示的像素点。屏幕分辨率越高，屏幕的像素点越多，可显示的内容就越多，显示的对象就越小。常见的屏幕分辨率有 640×480、800×600、1024×768、1280×960、1280×1024 等。在默认情况下，系统设置的颜色质量是 32 位，有时为了达到更好的效果，需要用户自己调整颜色质量。

在【设置】选项卡（如图 2-7 所示），可以分别设置屏幕分辨率、颜色质量等。部分选项的含义如下：

- 屏幕分辨率：拖动该选项组中的标尺滑块，可以调节屏幕的分辨率。
- 颜色质量：从该下拉列表中选择一种颜色质量。颜色质量的高低取决于硬件配置，一般选择 32 位颜色。
- 高级：单击【高级】按钮，从打开的对话框中可以进行高级的设置，如显卡的类型及驱动程序、显示器的类型及屏幕刷新频率等。

提示

当更改屏幕分辨率改变后，有 15 秒钟的时间来确定该更改。单击【是】，确定该更改，单击【否】或者不进行任何操作即恢复到原来的设置。

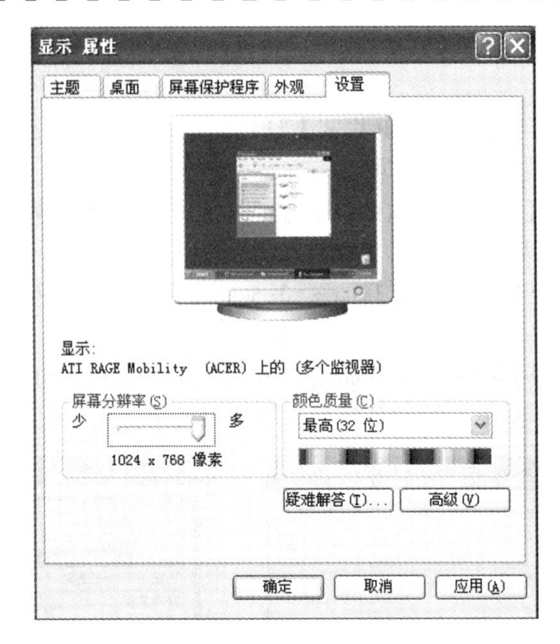

图 2-7 【设置】选项卡

试一试

1. 设置桌面的主题和背景

（1）在【显示 属性】对话框的【主题】下拉列表中，分别选择【Windows XP】和【Windows 经典】作为主题，观察屏幕设置效果。

（2）在【桌面】选项卡中，选择不同的背景文件名，观察预览效果。

（3）在【桌面】选项卡中，找一张照片作为桌面背景。

2. 设置屏幕保护程序和外观

（1）在【屏幕保护程序】选项卡中，选择屏幕保护图形为【飞越星空】、等待时间为 1 分钟，并预览效果。

（2）如果你的计算机已经连接 Internet，从网上下载一个屏保程序。

3. 调整屏幕分辨率和颜色

在【设置】选项卡中，分别改变屏幕分辨率、颜色质量等参数，观察屏幕显示效果。

2.2 自定义【开始】菜单

问题与思考

- 你是喜欢经典【开始】菜单还是个性化的【开始】菜单项？
- 如何设置显示在【开始】菜单上的固定项目？

前面已经介绍了【开始】菜单中包括用户标识、固定项目列表、常用程序列表、【所有程序】菜单、常用的文件夹与系统命令以及【注销】和【关闭计算机】等项目，如图 2-8 所示。

图 2-8 【开始】菜单选项

用户如果要修改开始的样式，使用自定义【开始】菜单或使用经典的 Windows【开始】菜单。右击【开始】按钮，从弹出的快捷菜单中选择【属性】选项，打开【任务栏和「开始」菜单】对话框，选择【「开始」菜单】选项卡，如图 2-9 所示。

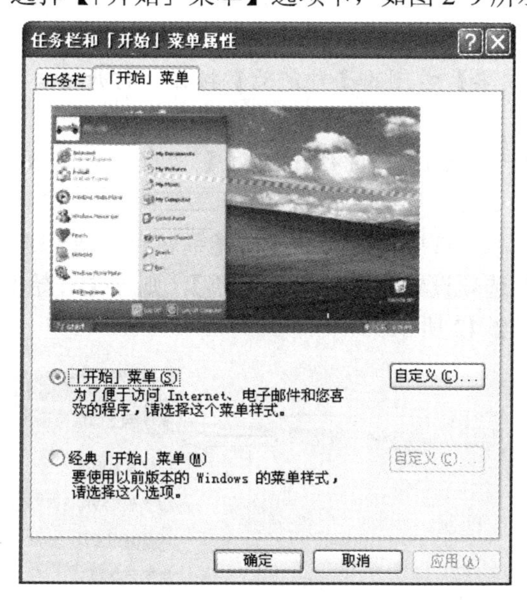

图 2-9 【「开始」菜单】选项卡

Windows XP 默认的【「开始」菜单】与【经典「开始」菜单】显示的方式不一样，但它们的功能是一样的。单击【「开始」菜单】右侧的【自定义】按钮，打开【自定义「开始」菜单】对话框，如图 2-10 所示。在【常规】选项卡中可以设置程序图标大小、【开始】菜单上显示程序列表的数目（0~30）、固定项目列表是否显示 Internet 和收发电子邮件程序 Microsoft Outlook 等。

提示

单击【清除列表】按钮，将删除显示在【开始】菜单中程序列表的快捷方式，但不会从计算机中真正删除。当下次运行某个程序时，其快捷方式又显示在程序列表中。

在【高级】选项卡（如图 2-11 所示）中可以对【开始】菜单、菜单上的项目、最近使用的文档等进行设置。

图 2-10 【常规】选项卡

图 2-11 【高级】选项卡

【例 2】 如果【开始】菜单的项目列表中没有出现【帮助和支持】菜单项，请设置该菜单项为显示状态。

（1）单击【「开始」菜单】右侧的【自定义】按钮，打开【自定义「开始」菜单】对话框(如图 2-10 所示)。

（2）在【高级】选项卡（如图 2-11 所示）的【「开始」菜单项目】列表框中，选中【帮助和支持】复选框，单击【确定】按钮。

（3）单击【开始】菜单，在项目列表中显示【帮助和支持】选项。

如果将【我的电脑】选项设置为【显示为菜单】，则在【开始】菜单中【我的电脑】将会展开一个子菜单，如图 2-12 所示。

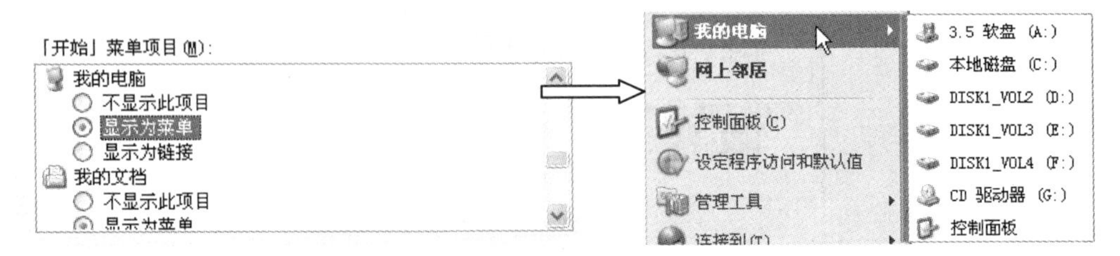

图 2-12 将【我的电脑】设置为显示菜单

如果选中【列出我最近打开的文档】复选框，系统将记忆最近访问的文档，否则将不记忆。单击【清除列表】将清空【我最近的文档】选项中的内容。

提示

在如图 2-9 所示【「开始」菜单】选项卡中，如果选择【经典「开始」菜单】，单击右侧的【自定义】按钮，将打开【自定义经典「开始」菜单】对话框，如图 2-13 所示。用户可以自定义【开始】菜单选项，例如，添加或删除【开始】菜单中的项目列表。

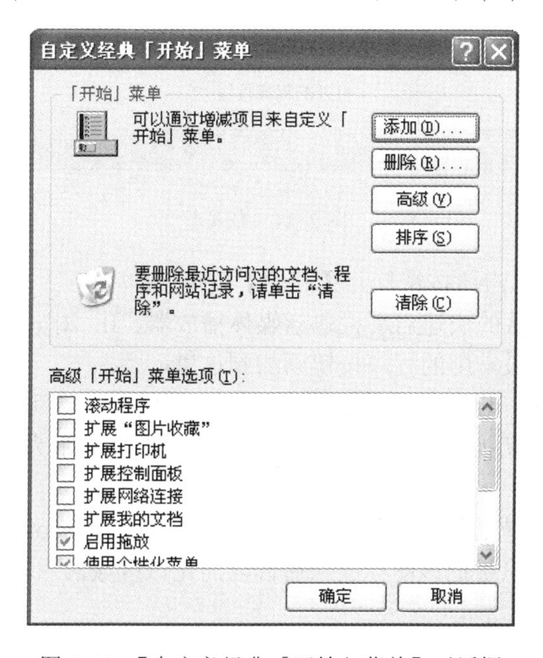

图 2-13 【自定义经典「开始」菜单】对话框

试一试

1. 分别设置【「开始」菜单】和【经典「开始」菜单】，单击【开始】按钮，观察两者有什么不一样。

2. 将【我的文档】选项设置为【显示为菜单】，观察【开始】菜单中【我的文档】的变化。

2.3 自定义任务栏

问题与思考

- 计算机操作时经常需要切换到桌面，你是如何操作的？你操作的方式是否快捷？
- 任务栏中有些长期不用的项目图标，如何隐藏起来？

任务栏包含【开始】按钮，在默认情况下是出现在桌面底部的一个长条区域，是 Windows XP 桌面的一个重要组成部分。通过任务栏，用户可以能够更方便地管理应用程序，使得它们之间能自由切换。

2.3.1 任务栏的组成

任务栏由【开始】按钮、快速启动栏、打开的程序按钮、通知区域组成，如图 2-14 所示。

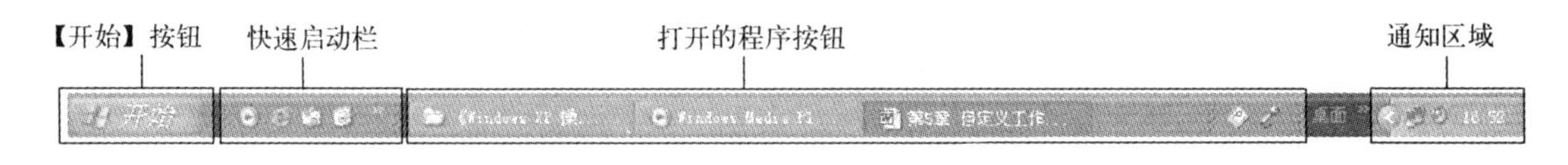

图 2-14 任务栏

- 【开始】按钮：单击该按钮打开【开始】菜单。
- 快速启动栏：默认的快速启动栏包括媒体播放器、IE 浏览器和显示桌面 3 个按钮。用户可以把平时最常用的程序按钮添加到这里。
- 打开的程序按钮：以按钮的形式显示正在运行的程序，可以通过单击任务栏按钮在运行的程序之间切换。最小化的窗口在任务栏上也显示为按钮，而对话框则不显示为按钮。
- 通知区域：该区域通常用来设置和显示系统时间。Windows 在发生某事件时显示通知图标，不久后系统把该图标放入后台以简化该区域。

提示

如果任务栏没有显示快速启动栏，右键单击任务栏上的任意空白区域，指向【工具栏】，然后单击【快速启动】，如图 2-15 所示。

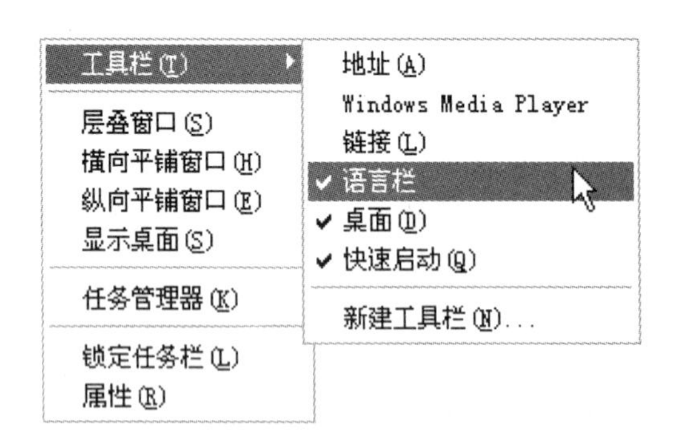

图 2-15 【工具栏】菜单

任务栏除了出现在桌面底部外，可以将其移至桌面的两侧或顶部，甚至隐藏任务栏，还可以调节其高度和位置。将鼠标指针移动到任务栏的边框上，按住左键上下拖动，就可以改变任务栏的高度。按鼠标左键，可以将任务栏拖放到其他位置。当锁定任务栏的位置时，不能将其移至桌面上的其它位置。

提示

除了通过单击任务栏按钮切换应用程序之外，还可以使用快速切换键 Alt+Tab 键来切换。例如，如果同时打开了文件夹、Word 文档、幻灯片 PowerPoint，而在全屏放映幻灯片时看不见任务栏，如果要切换到其他打开的文件夹或运行的程序，使用 Alt+Tab 键来切换非常方便。

2.3.2 定制任务栏

用户通过任务栏的属性对话框可以自定义任务栏。操作方法是右击【开始】按钮，单击【属性】命令按钮，打开【任务栏和「开始」菜单】对话框，选择【任务栏】选项卡，如图 2-16 所示。

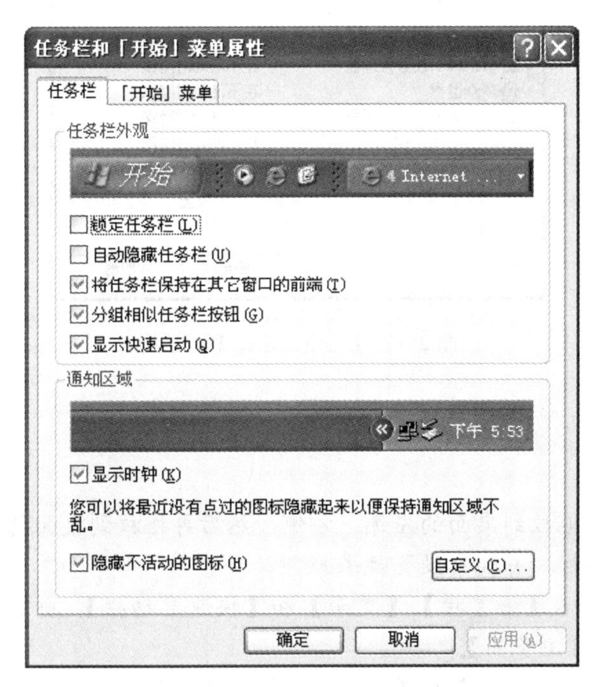

图 2-16 【任务栏】选项卡

各复选框的含义如下：

- 锁定任务栏：用户不能对任务栏属性做任何修改，直到复选框被取消。
- 自动隐藏任务栏：当鼠标离开任务栏之后，任务栏自动隐藏起来。
- 将任务栏保持在其它窗口的前面：在运行其他程序的时候，任务栏总是显示在最前面不被覆盖。
- 分组相似任务栏按钮：当打开的应用程序太多时，系统将对这些应用程序进行分组，相似或相同的应用程序将被分配至一个任务栏按钮，以节约空间。
- 显示快速启动：系统默认和用户自己设置的快速启动按钮都会出现在任务栏里，直接单击就可以快速启动应用程序。
- 显示时钟：显示在任务栏的最右侧。

● 隐藏不活动的图标：不活动的程序图标将被隐藏起来，以简化任务栏。

有时用户希望有些图标总是显示或隐藏在任务栏，如【音量】图标，始终显示在任务栏以便随时调节音量。操作方法是单击【任务栏】选项卡中的【自定义】按钮，打开【自定义通知】对话框，如图 2-17 所示，选择要更改的项目。

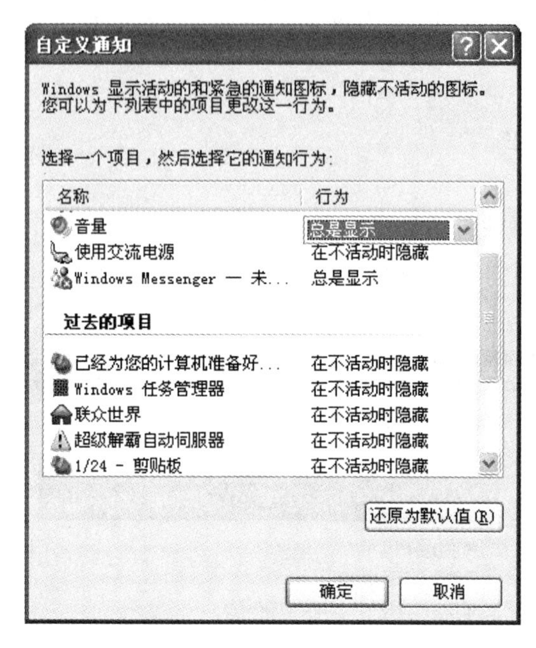

图 2-17 【自定义通知】对话框

试一试

1. 分别将任务栏拖放到桌面的左侧、右侧，然后再拖放到桌面的底部。
2. 自动隐藏任务栏，并观察设置效果。
3. 在任务栏上显示【语言栏】、【桌面】和【快速启动栏】，并在【快速启动栏】中添加【显示桌面】和【IE 浏览器】。
4. 在任务栏上分别添加工具栏【我的文档】和【我的电脑】。

注：在如图 2-15 所示的【工具栏】菜单中，单击【新建工具栏】命令，添加工具栏。

5. 双击任务栏【通知区域】的时钟，打开【时间和日期 属性】对话框，调整日期和时间。

2.4 鼠标的设置

● 你了解不同的鼠标指针形状所代表的含义有什么不同？
● 你知道如何设置鼠标指针在不同工作状态的形状？

由于 Windows 是图形界面的操作系统，在计算机操作过程中，已经离不开鼠标。Windows XP 进一步增强了鼠标的控制功能，如可以配置左右手习惯、双击速度、单击锁定、鼠标指针形状、移动速度等，这些都通过鼠标属性来设置。

2.4.1 设置鼠标键

设置鼠标属性通过【鼠标 属性】对话框来操作。通过【开始】→【控制面板】→【鼠标】图标，打开【鼠标 属性】对话框，如图 2-18 所示。

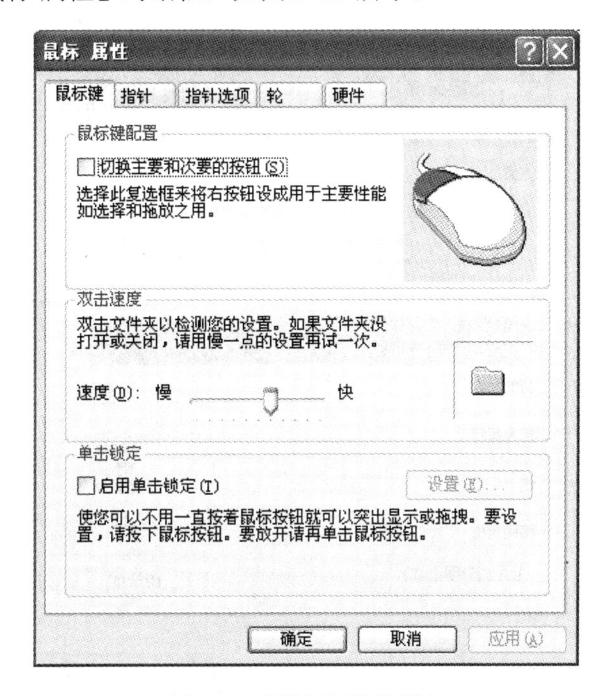

图 2-18 【鼠标键】选项卡

在【鼠标键】选项卡中，可以设置鼠标的左右键、双击速度、单击锁定等。

- 鼠标键配置：在默认的情况下，鼠标左键用于选择、拖放，右键用于打开快捷菜单。对于习惯左手的用户来说，可以互换鼠标左右键的功能，只需选中【切换主要和次要的按钮】复选框，单击【应用】按钮。
- 双击速度：双击速度是指双击时两次单击之间的时间间隔。对于一般的用户来说，双击速度可以采用系统默认的设置，对于个别的用户来说，需要进行设置。因为如果双击时连续两次单击的速度不够快，系统会认为是进行了两次单击操作。设置双击的速度在【鼠标键】选项卡中有一个【双击速度】选项组，其中标尺是用来调整双击速度的。对于刚接触计算机的人来说，可以将鼠标的滑块向左移动，鼠标两次单击的时间间隔会加长。在该选项组的右侧有一个测试区域，可以测试双击的速度。测试时，双击右侧的文件夹，如果双击的速度适中，该文件夹会打开，再次双击就会关闭。
- 单击锁定：启用单击锁定功能后，如果要选择一个区域，在区域的开始位置按住鼠标左键，经过一定的时间间隔后再放开，移动鼠标会看到有些内容已被选中，在选择区域的终止处单击，两次单击之间的内容被选中。例如，用这种方法可以选择文档的一部分，要比拖动选择更便捷。右侧的【设置】按钮用来设置单击和放开鼠标键的锁定时间间隔。

2.4.2 设置鼠标指针形状

鼠标在不同的工作状态下有不同的形状，如在正常情况下，它的形状是一个小箭头，运行某一程序时，它会变成沙漏形状。Windows XP 提供了多种鼠标方案供用户选择。在【指针】选项卡（如图 2-19 所示）中，可以对鼠标指针的形状进行设置。

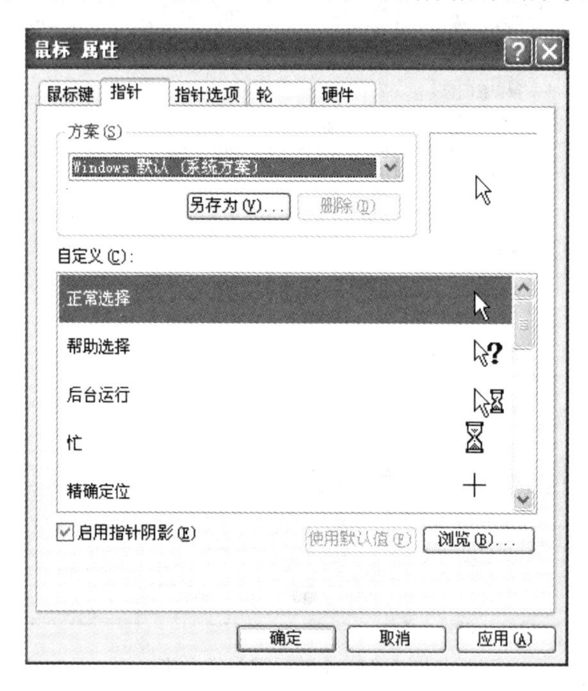

图 2-19 【指针】选项卡

【方案】下拉列表中提供了多种方案供用户选择，选择一种方案后，在【自定义】列表框中就会出现与此方案相对应的各种鼠标指针形状。如果对所选指针方案中的某一指针外观不满意，可以更改这个指针的形状。单击【浏览】按钮，从打开的【浏览】对话框中选择一种鼠标指针形状。单击【指针】选项卡中的【另存为】按钮，可以保存自己选择的鼠标指针形状方案。这样就自定义了一个新的鼠标指针方案。

2.4.3 设置鼠标指针移动速度

鼠标指针速度是指指针在屏幕上移动的反应速度，它将影响指针对鼠标自身移动作出响应的快慢程度。正常情况下，指针在屏幕上移动的速度与鼠标在手中移动的幅度相适应。

打开【指针选项】选项卡，如图 2-20 所示，在【移动】选项组中，拖动滑块可以改变指针的移动速度。选中【提高指针精确度】复选框，可以提高指针在移动时的精确度。

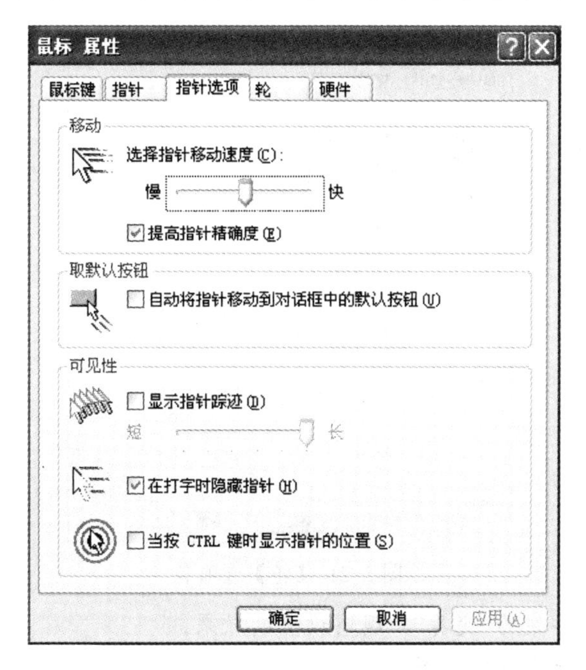

图 2-20 【指针选项】选项卡

其他选项的功能如下：

- 显示指针踪迹：选中该复选框，指针在移动的过程中带有轨迹，拖动标尺滑块可以调整指针轨迹的长短。
- 在打字时隐藏指针：选中该复选框，当打字时指针便会自动隐藏起来。
- 当按 Ctrl 键时显示指针的位置：选中该复选框，当按一下 Ctrl 键，便会出现一个以鼠标指针为圆心的动画圆，这样可以迅速确定鼠标指针的当前位置。

提示

选中【取默认按钮】选项组中的【自动将指针移动到对话框中的默认按钮】，鼠标能自动定位到对话框中的默认按钮，如【确定】或【应用】按钮。

2.4.4 设置鼠标的滚轮

用户在进行文档的编辑或浏览网页时，经常使用鼠标的滚轮来滚动屏幕，快速查看内容。它的功能相当于窗口中的滚动条或滚动按钮。在【轮】选项卡中可以设置滚轮的滚动幅度，如图 2-21 所示。

该选项卡含有【一次滚动下列行数】和【一次滚动一个屏幕】两个单选按钮，一次滚动是指滚动滚轮的一个齿，滚动的行数在 1~100 之间。

试一试

1. 调整鼠标双击的速度，然后双击文件夹测试双击的速度。
2. 在记事本中输入一段文字，启动鼠标锁定，选中部分文字，观察锁定的效果。

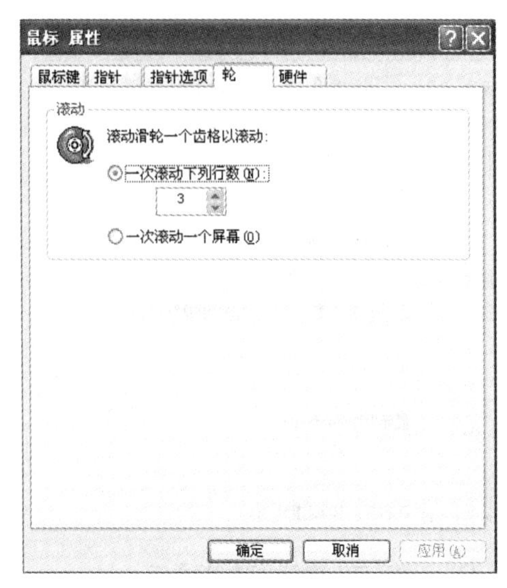

图 2-21 【轮】选项卡

3. 设置鼠标指针方案为“变奏”，观察设置的效果。

4. 你能否自定义一个指针方案？

5. 在【指针选项】选项卡中启用【当按 Ctrl 键时显示指针的位置】，然后观察设置的效果。

6. 分别设置鼠标滚轮的滚动幅度为 4 行和一个屏幕，然后打开一个含有多页的长文档，观察设置的效果。

相关知识

键盘的设置

在 Windows 操作系统中，人们虽然不完全依赖键盘输入，但键盘有鼠标无法替代的功能。如输入文字、收发电子邮件等。了解键盘的属性，设置键盘的工作方式，能大大提高工作效率。

在【控制面板】窗口中双击【键盘】图标，打开【键盘 属性】对话框，如图 2-22 所示。

图 2-22 【键盘 属性】对话框

在【速度】选项卡中有【字符重复】和【光标闪烁频率】两个选项组，选项组里各选项的含义如下：

- 重复延迟：当按住键盘上的某一个键时，系统输入第一个字符和第二个字符之间的间隔。通过调整标尺上的滑块，可以增加或减小重复延迟的时间。
- 重复率：按住键盘上的某一个键时，系统重复输入该字符的速度。通过调整标尺上的滑块，可以增加或减小字符的重复率。在该项标尺下面的文本框中可以按住键盘的某一键，测试重复字符的重复延迟和重复率。
- 光标闪烁频率：在输入字符的位置，光标闪烁的频率。光标闪烁太快，容易引起视觉疲劳。光标闪烁太慢，容易找不到光标的位置。

思考与练习

一、填空题

1．要设置鼠标的双击速度，需要在鼠标的__________选项卡中进行设置。

2．在鼠标属性的__________选项卡中可知“ ”表示______________，“ ”表示____________。

3．在 Windows XP 中，为了弹出【显示 属性】对话框，应用鼠标右键单击桌面空白处，然后在弹出的快捷菜单中选择_________选项。

4．选择一张图片作为 Windows XP 的桌面背景，该图片在桌面的显示位置有_________、_________和_________三种方式。

5．【开始】菜单中包括_________、_________、_________、_________、_________和_________等项目。

6．任务栏主要由_________、_________、_________和_________等组成。

二、选择题

1．Windows XP 中，通过【鼠标属性】对话框，不能调整鼠标器的（　　）。

A．单击速度　　B．双击速度　　C．移动速度　　D．指针轨迹

2．当鼠标光标变成 形状时，通常情况是表示（　　）。

A．正在选择　　B．系统忙　　C．后台运行　　D．选定文字

3．一次滚动鼠标滚轮一个齿的最大行数的是（　　）。

A．20　　B．50　　C．100　　D．任意行

4．下列不属于显示器的外观设置的是（　　）。

A．窗口和按钮　　B．色彩方案　　C．字体大小　　D．分辨率

5．在 Windows XP 中，任务栏（　　）。

A．只能改变位置不能改变大小　　B．只能改变大小不能改变位置

C．既不能改变位置也不能改变大小　　D．既能改变位置也能改变大小

6．在 Windows XP 中随时能得到帮助信息的快捷键是（　　）。

A．Ctrl+F1　　B．Shift+F1　　C．F3　　D．F1

三、简答题

1．设置鼠标的双击速度后，如何测试？

2．设置屏幕保护程序的目的是什么？

3．在自定义【开始】菜单【高级】选项卡中可以设置哪些项目？

4．如何设置在任务栏上出现快速启动栏？

5．锁定任务栏的含义是什么？

四、操作题

1．分别设置鼠标的左右键、双击速度，验证设置效果。

2．设置鼠标指针形状，验证设置效果。

3．设置鼠标指针移动速度，验证设置效果。

4．设置鼠标的滚轮，打开一篇文档验证设置效果。

5．设置桌面主题，分别选择 Windows 经典、Windows XP 等主题，观察设置效果。

6．设置桌面背景，选择一幅图片作为桌面背景，分别设置居中、平铺和拉伸，观察设置效果。

7．设置屏幕保护程序，选择一个屏幕保护程序，在屏幕的预览窗口中观察其效果。

8．调整屏幕分辨率和颜色，将屏幕调整为最高的分辨率和颜色质量。

9．自定义【开始】菜单，然后单击【开始】按钮观察设置效果。

10．在【高级】选项卡对【开始】菜单、菜单上的项目、最近使用的文档进行设置，然后单击【开始】按钮观察设置效果。

11．分别观察任务栏中快速启动栏、打开的程序按钮、通知区域由哪些元素组成。

12．定制任务栏，分别自定义任务：锁定任务栏、自动隐藏任务栏、将任务栏保持在其他窗口的前面、分组相似任务栏按钮、显示快速启动、显示时钟、隐藏不活动的图标等，分别观察设置效果。

第3章 文件资源管理

- 熟悉常见的文件和文件夹图标
- 熟练使用资源管理器对计算机资源进行管理
- 能对文件和文件夹进行创建、复制、删除等操作
- 能建立文件的快捷方式
- 能按名称等方式搜索文件或文件夹
- 能使用工具软件对文件或文件夹进行压缩和解压缩

在计算机操作中，文件和文件夹是用户经常使用的对象，通过文件来管理数据。Windows XP 系统提供了资源管理器，帮助用户能够快速方便地管理和使用文件资源。

3.1 认识文件和文件夹

- 在 Windows 系统中，文件和文件夹名称前的图标为什么不相同？
- 你常见的文件和文件夹图标有哪些？分别代表什么含义？

在计算机文件管理系统中，用户数据和各种信息都是以文件的形式存在的。文件是具有某种相关信息的集合。文件可以是一个应用程序（如写字板、画图程序等），可以是用户自己编辑的文档、数据文件（如使用写字板建立的文本文件等），还可以是一些由图形、图像处理程序建立的图形、图像文件等。

3.1.1 认识文件

在 Windows 操作过程中，常见到如图 3-1 所示的各种类型的文件图标。

图 3-1 常见文件图标

想一想

你还能列举出哪几种不同类型文件的图标？

在 Windows XP 中，文件可以划分为多种类型，如文本文件、程序文件、图像文件、多媒体文件、数据文件等，每一个文件都对应相应的图标。

- 文本文件：文本文件又称为 ASCⅡ文件，由字母和数字组成，其扩展名为.txt。可以通过记事本应用程序直接创建。
- 程序文件：程序文件由可执行的代码组成，其扩展名一般为.com 或.exe。
- 图像文件：Windows 中的图像文件大致上可以分为两大类：一类为位图文件；另一类为矢量类文件。前者以点阵形式描述图形图像，后者是以数学方法描述的一种由几何元素组成的图形图像。位图文件在有足够的文件量的前提下，能真实细腻地反映图片的层次、色彩，缺点是文件体积较大。一般说来，适合描述照片。矢量类图像文件的特点是文件量小，并且任意缩放而不会改变图像质量，适合描述图形。常见的图像文件有 BMP 文件（由 Microsoft Windows 所定义的图像文件格式）、GIF 文件（Graphics Interchange Format 图形交换格式）、TIF（TIFF）文件（Tag Image File Format）、ICO 文件（Icon file 是 Windows 的图标文件格式）、JPG/*.JPEG 文件（Joint Photographic Expert Group 24 位的图像文件格式，也是一种高效率的压缩格式）、PSD 文件（Adobe PhotoShop Document 是 PhotoShop 中使用的一种标准图形文件格式）等。
- 多媒体文件：多媒体文件类型众多，通常指数字形式的声音和视频文件。声音文件最基本的格式是 WAV（波形）格式。视频（电影、动画）文件是将整个视频流中的每一幅图像逐幅记录，信息量大得惊人。AVI 格式文件可以把视频信号和音频信号同时保存在文件中，在播放时，音频和视频同步播放。常见的多媒体文件格式还有：音乐 CD（CD 唱片）、MID 文件（MIDI 文件）、MP3（目前最为流行的多媒体格式之一，它是将 WAV 文件以 MPEG2 的多媒体标准进行压缩，压缩后体积只有原来的 1/15～1/10，而音质基本不变）、RAM 与 RA 文件（网络实时播放文件）、MPG 文件（压缩视频的基本格式）、VCD/DVD 文件（目前最流行、最普及的家用视听设备）等。
- 数据文件：一般是由 Windows 应用程序生成的。例如，由 Microsoft Word 创建的文档、Microsoft Office Access 创建的数据库文件（其扩展名为.mdb）等。

表 3-1 列出了常见的文件扩展名及其图标。

表 3-1　Windows XP 中常见的文件扩展名及其图标

图　标	扩 展 名	文件类型	图　标	扩 展 名	文件类型
	doc	Word 文档文件		xls	Excel 电子表格文件
	html	HTML 文件		txt	文本文件
	bmp	位图文件		avi	视频剪辑文件
	exe	程序文件		ppt	PowerPoint 幻灯片文件
	mdb	Access 数据库文件		dbf	Visual FoxPro 数据表文件

一个文件存储在计算机中都要有一个文件名，文件名一般由名字（前缀）和扩展名（后缀）两部分组成。名字和扩展名之间用“.”分开。例如，文件名“myfile.doc”，其中“myfile”是文件名的前缀，“doc”是后缀，这说明它是一个 Word 文档。Windows XP 支持长文件名，文件名允许达到 255 个字符，可以包括除“/\<>:|*″?”之外的任何字符，并能包括多个空格和多个句点“.”，最后一个句点之后的字符被认为是文件的扩展名。

提示

同一磁盘的同一文件夹内不允许有相同名称的两个或多个文件存在。

通常情况下，在文件夹窗口中显示的文件只包含图标和文件名（不含扩展名）。如果要显示文件的扩展名，单击【文件夹】窗口菜单中的【工具】→【文件夹选项】，在【查看】选项卡中取消【隐藏已知文件类型的扩展名】前的对勾“√”，如图 3-2 所示。关闭【文件夹选项】对话框，在文件夹窗口中列出的文件包含图标、文件名和扩展名。该选项设置前后分别如图 3-3、图 3-4 所示。

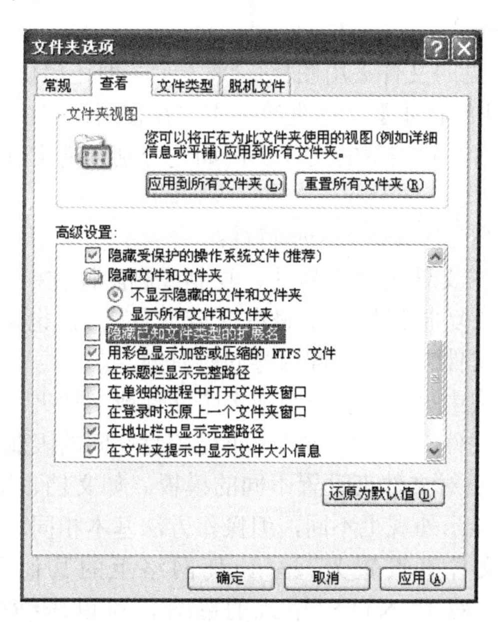

图 3-2　【文件夹选项】对话框

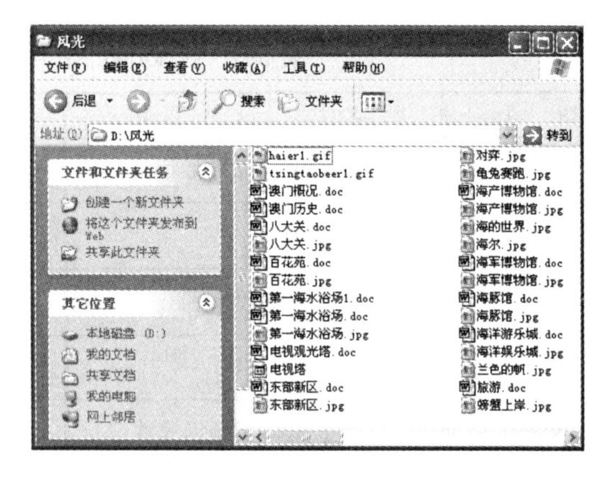

图 3-3 只显示文件名和图标

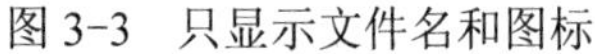

图 3-4 显示文件名、扩展名和图标

3.1.2 认识文件夹

计算机中的文件成千上万，为便于统一管理这些文件，通常对这些文件进行分类和汇总。Windows 中引进了文件夹的概念对文件进行管理。文件夹可以看成是存储文件的容器，以图形界面（图标）呈现给用户。表 3-2 列出了常见的文件夹图标。

表 3-2 Windows XP 中常见的文件夹图标

图　标	文件夹类型	图　标	文件夹类型
	【我的视频】文件夹		【图片收藏】文件夹
	【我的音乐】文件夹		【我的文档】文件夹
	共享文件夹		用户文件夹

在 Windows XP 中常见的文件夹用图标来表示，但还提供了特殊的文件夹，如【我的视频】、【图片收藏】、【我的音乐】文件夹等。用户在使用计算机时，一般要建立自己的一个或多个文件夹，分别存储不同类型的文件。例如，分别创建文件夹【MP3】文件夹、【图片】文件夹等。

Windows 系统中，文件夹具有如下一些特性：

- 移动性。用户可以对文件夹进行移动、复制或删除操作。可以将文件夹从一个磁盘（或文件夹）移动或复制到另一个磁盘（或文件夹），也可以直接删除指定的文件夹，这些操作对该文件夹中的全部内容同时有效。
- 嵌套性。一个文件夹中可以包含一个或多个文件或文件夹。
- 空间任意性。一个文件夹存储空间的大小受磁盘空间的限制。
- 可设置性。用户可以对文件夹设置不同的模板。如文档、图片、音乐等。不同类型的模板在文件夹的显示外观上不同，但操作方法基本相同。
- 共享性。可以将文件夹设置为共享，使网络上的其他用户都能控制和访问其中的文件和数据。对于 NTFS 格式的磁盘，可以压缩或加密其中的文件和文件夹。

提示

在 Windows XP 中文件夹的默认图标样式是，要更改自己喜欢的图标，操作方法如下:

（1）右击要更改图标的文件夹，例如，【MP3】文件夹，选择快捷菜单中的【属性】命令。

（2）在属性对话框中选择【自定义】选项卡，单击【更改图标】按钮，从打开的更改图标对话框的列表框中选择一个图标。

（3）单击【确定】按钮，设置生效。

试一试

请列举出至少 5 种文件或文件夹的图标。

相关知识

【我的文档】文件夹

Windows 为用户在系统中预设了一个特殊的文件夹【我的文档】，以方便用户存放自己的文档，如文档、图片、音乐文件等。【我的文档】文件夹系统默认的目录路径是 C:\ Documents and Settings，用户可以改变它的位置。例如，为安全起见，可以将【我的文档】文件夹定位到 D 驱动器。操作步骤如下:

（1）右击【我的文档】图标，在快捷菜单中选择【属性】命令，打开【我的文档 属性】对话框，如图 3-5 所示。

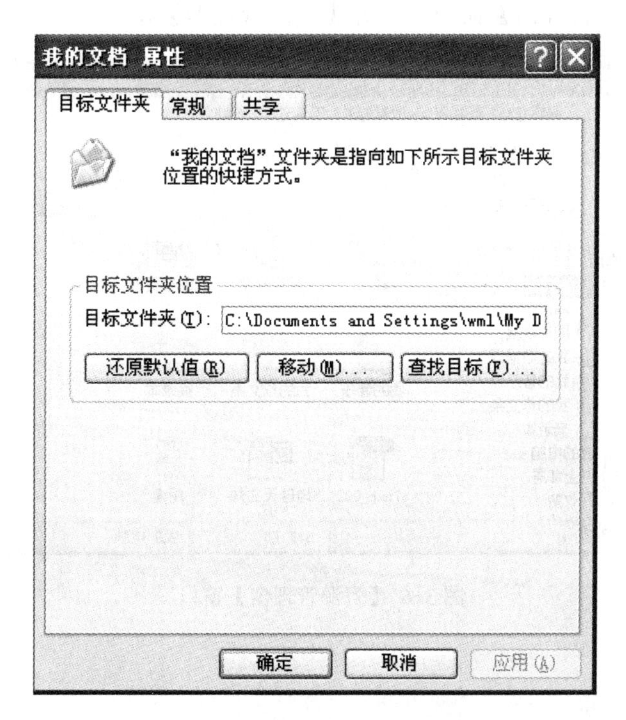

图 3-5 【我的文档 属性】对话框

（2）在【目标文件夹】选项卡的【目标文件夹】文本框中输入新的目录路径。例如，输入 D:\Documents and Settings\My Documents。

（3）单击【移动】按钮。

3.2 资源管理器的使用

- 计算机中的信息资料很多，通过使用什么工具来管理？
- Windows 中的资源管理器能管理计算机中的哪些资源？

资源管理器是 Windows 中的一个重要的管理工具，能同时显示文件夹列表和文件列表，便于用户浏览和查找本地计算机、内部网络以及 Internet 上的资源。使用资源管理器可以创建、复制、移动、发送、删除或重命名文件或文件夹，例如，可以打开要复制或者移动的文件夹，然后将文件拖动到另一个文件夹或驱动器，还可以创建文件或文件夹的快捷方式。

3.2.1 打开资源管理器

打开资源管理器的方法很多，常用的操作方法是单击【开始】→【所有程序】→【附件】→【Windows 资源管理器】命令，打开【资源管理器】窗口，如图 3-6 所示。

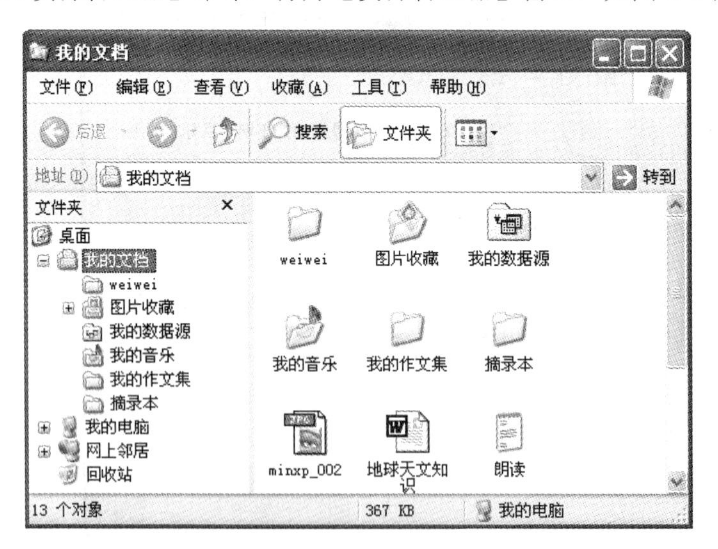

图 3-6 【资源管理器】窗口

右击桌面上【我的电脑】图标或【开始】按钮，从弹出的快捷菜单中，单击【资源管

理器】命令，可以打开【资源管理器】窗口。

3.2.2　使用资源管理器

1. 认识【资源管理器】

【资源管理器】窗口自上而下依次是标题栏、菜单栏、工具栏、地址栏、列表窗口和状态栏等。

在通常情况下，【资源管理器】窗口分为左右两个部分，以树状结构显示计算机上的所有资源，如图 3-6 所示。左侧是文件夹列表窗口，一般是按层次显示所有的文件夹，它包括本地磁盘驱动器和网上邻居的可用资源。右侧是列表窗口，单击左侧窗口中的任何一个文件夹，右侧窗口中就会显示该文件夹所包含的所有项目。这样用户就可以通过浏览窗口找到所需打开的文件夹。

用户可以方便地调整窗口的大小和位置。操作方式是将鼠标指针移到窗口的边框上，当指针变为双向箭头时，按住并拖动鼠标，可以任意改变窗口的大小。拖动标题栏，可以移动整个窗口的位置。

【资源管理器】的左右两个窗口可以通过移动中间的分隔条来调整大小。具体操作方法是将鼠标指针指向分隔条，当指针变为⟷形状时，按住鼠标左键，左右拖动分隔条，从而调整左右窗口的大小。

2. 使用文件夹列表

在【资源管理器】窗口左侧文件夹列表中，大部分图标前面都有一个“+”或“–”符号。

- “+”：表示该文件夹中还含有子文件夹。
- “–”：表示该文件夹是一个被展开的文件夹。

单击“+”号，可以展开该文件夹，显示其所包含的子文件夹，如图 3-6 所示。展开后的文件夹左边的“+”号变为“–”。单击“–”号可折叠文件夹下的子文件夹，这时的“–”变为“+”符号，如图 3-7 所示。

图 3-7　折叠后的文件夹列表

【资源管理器】窗口中文件夹列表的显示是可以控制的。单击文件夹列表框标题栏右侧的 × 图标，则关闭文件夹列表。关闭文件夹列表后，单击【查看】→【浏览器栏】→【文件夹】命令按钮，可以重新显示文件夹列表。

提示

在 Windows 中可以同时打开多个窗口，但某一时刻只有一个窗口是活动的。如果要在不同窗口之间进行切换，除了单击任务栏中各窗口的任务条外，还可以使用 Alt+Tab 键切换。

3．设置文件与文件夹的显示方式

【例 1】 在资源管理器窗口中，打开一个文件夹，分别使用【图标】和【列表】的模式排列显示文件夹内容。

（1）在资源管理器窗口中打开要显示的文件夹。

（2）通过【查看】菜单中【缩略图】、【平铺】、【图标】、【列表】和【详细信息】选项（如图 3-8 所示），可以设置一种文件或文件夹的显示方式。

（3）以【图标】方式和以【列表】方式显示文件及文件夹，分别如图 3-8 和图 3-9 所示。

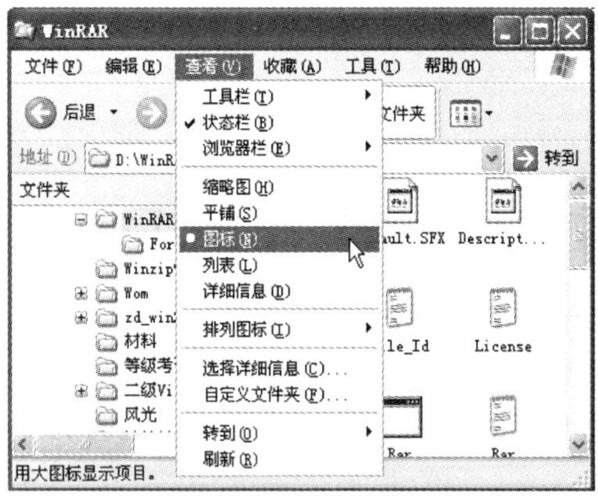

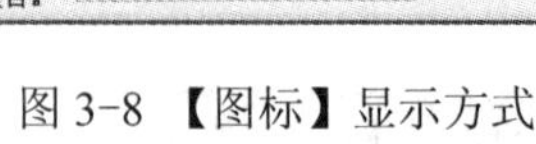
图 3-8 【图标】显示方式

图 3-9 【列表】显示方式

对一般的文件夹而言，有缩略图、平铺、图标、列表和详细信息 5 种查看模式。细心的用户会发现，有时在浏览文件夹时，还有一种【幻灯片】查看模式，这种模式主要用于存放图片的目录，方便用户浏览图片。

但是默认情况下，一般的文件夹不可用这种模式。那如何让普通文件夹也能使用这种模式查看文件呢？很简单，右键单击文件夹，选择【属性】，在弹出的对话框中，选择【自定义】选项卡，根据自己的实际情况，在【用此文件夹类型作为模板】下选择【图片（适合较多的文件）】或【相册（适合较少的文件）】。如果将此模式应用到该文件夹的所有子文件夹中，则选中【把此模板应用到所有子文件夹】。单击资源管理器工具栏上的查看按钮，多了一个幻灯片查看模式。

- 缩略图：该视图将文件夹所包含的图像显示在文件夹图标上，因而可以快速识别该文件夹的内容。例如，如果将图片存储在几个不同文件夹中，通过【缩略图】视图，可以迅速分辨出哪个文件夹包含需要的图片。

- 平铺：该视图以图标显示文件和文件夹。这种图标比【图标】视图中的图标要大，并且将所选的分类信息显示在文件或文件夹名下方。例如，如果将文件按类型分类，则【Microsoft Word 文档】将出现在 Microsoft Word 文档的文件名下方。
- 幻灯片：该视图可在图片文件夹中使用。图片以单行缩略图形式显示。可以通过使用左右箭头按钮滚动图片。单击一幅图片时，该图片显示的图像要比其他图片大。
- 图标：该视图以图标显示文件和文件夹。文件名显示在图标下方，但是不显示分类信息。在这种视图中，可以分组显示文件和文件夹。
- 列表：该视图以文件或文件夹名列表显示文件夹内容，其内容前面为小图标。当文件夹中包含很多文件，并且想在列表中快速查找一个文件名时，这种视图非常有用。在这种视图中可以分类文件和文件夹，但是无法按组排列文件。
- 详细信息：在该视图中，Windows 列出已打开文件夹的内容并提供有关文件的详细信息，包括文件名、类型、大小和修改日期。

如果尽可能多地显示文件和文件夹，可以选择列表方式。如果要更详细地查看文件的信息，如文件大小、类型、建立或修改时间等，可以选择详细信息方式。缩略图方式能比较直观地以图标方式显示文件和文件夹，一般用于显示图像文件夹中的文件，能够快速查看不同的图像文件。

在【资源管理器】窗口的【查看】菜单中还包含有【工具栏】、【状态栏】和【浏览器栏】选项，通过这些选项可以定制资源管理器窗口，其中【工具栏】菜单项中包含有【标准按钮】、【地址栏】、【链接】、【锁定工具栏】和【自定义】选项，如图 3-10 和图 3-11 所示。

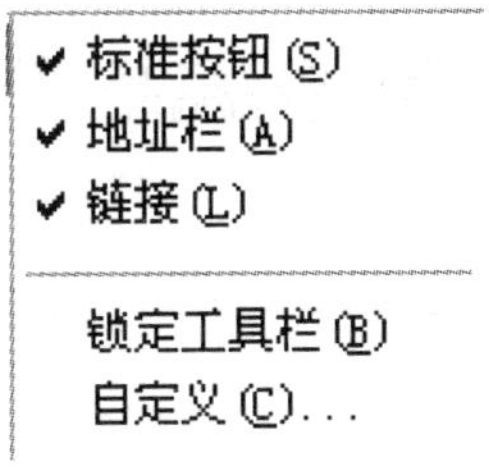

✔ 标准按钮(S)
✔ 地址栏(A)
✔ 链接(L)
锁定工具栏(B)
自定义(C)...

图 3-10 【工具栏】子菜单

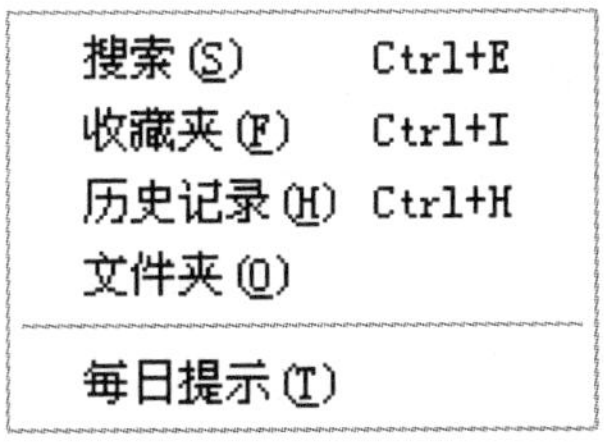

搜索(S)　Ctrl+E
收藏夹(F)　Ctrl+I
历史记录(H)　Ctrl+H
文件夹(O)
每日提示(T)

图 3-11 【浏览器栏】子菜单

- 标准按钮：选择该项显示【标准工具栏】，并在【标准工具栏】中显示【前进】、【后退】、【向上】、【搜索】、【文件夹】和【查看】图标按钮。
- 地址栏：使用地址栏可以直接打开目标文件夹、运行应用程序，也可以通过 IE 浏览器浏览 Internet 站点。
- 链接：选择该项显示【链接】栏，并在【链接】栏中显示【Windows】、【Windows Media】、【免费 Hotmail】和【自定义链接】4 个图标按钮。每个都与一个网页链接，还可以自定义链接目标地址。利用这些超级链接，可以方便地访问常用站点。
- 锁定工具栏：选择该项，用户不能对工具栏进行改动。
- 自定义：选择该项，可以添加或删除工具栏中的工具，也可以将工具按钮上移或下移。

3.2.3 设置文件或文件夹的属性

属性是用来表征文件或文件夹的一些特性。在 Windows XP 系统中，每个文件和文件夹都有其自身的一些信息，包括文件的类型、打开方式、位置、占用空间大小、创建时间、修改时间与访问时间、只读和隐藏等属性。

【例 2】 查看“Mymusic”文件夹的大小、所包含的文件数及其属性。

（1）选定要查看或设置属性的文件或文件夹。例如，选定文件夹“Mymusic”。

（2）单击【文件】菜单中的【属性】命令按钮（或右击鼠标，从弹出的快捷菜单中单击【属性】命令按钮），打开【Mymusic 属性】对话框，如图 3-12 所示。

这时可以查看或设置文件或文件夹的属性。部分选项的含义如下：

- 常规：该选项卡用来标识文件或文件夹的类型、位置、大小、占用空间、包含的文件或文件夹的数量、创建时间、只读、隐藏等。
- 共享：设置网络上的其他用户对该文件夹的各种访问和操作权限。
- 自定义：对于文件，允许用户添加和设置新的属性以描述该文件的有关信息。对于文件夹，允许用户更改在缩略图视图中出现在文件夹上的图片、更改文件夹图片并为文件夹选择新的模板，如图 3-13 所示。

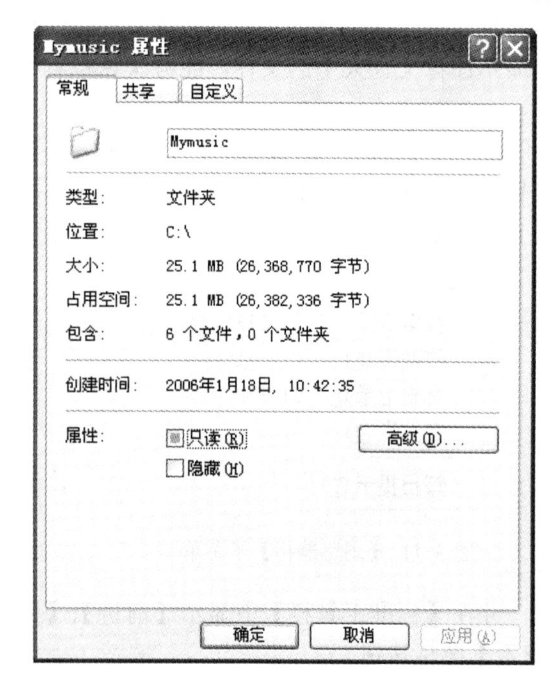

图 3-12 【Mymusic 属性】对话框

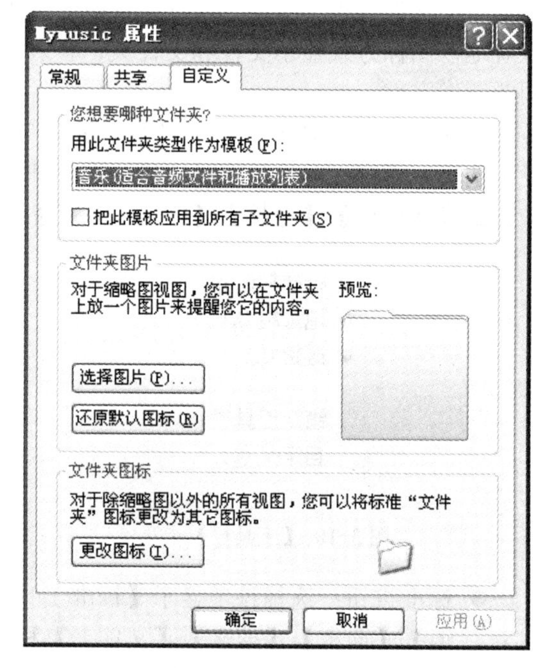

图 3-13 【自定义】选项卡

- 只读：设置该文件或文件夹只能被阅读，不能被修改或删除。
- 隐藏：将该文件夹内的全部内容隐藏起来，如果不知道隐藏后的文件夹名，将无法查看隐藏的内容。
- 根据文件或文件夹的不同，【属性】对话框可能有所不同，用户可以根据不同的【属性】对话框对文件或文件夹的属性进行修改和设置。

提示

要查看隐藏文件，在文件夹窗口的【工具】菜单上单击【文件夹选项】，在【查看】选项卡的【高级设置】中，选中【显示所有文件和文件夹】。

试一试

1. 分别通过【附件】、【我的电脑】图标或【开始】按钮打开【资源管理器】窗口，观察使用这3种方法打开的窗口是否一样？

2. 在【资源管理器】窗口中展开C磁盘驱动器,再分别选择【查看】菜单中的【幻灯片】、【缩略图】、【平铺】、【图标】、【列表】和【详细信息】，观察窗口文件列表的显示方式有何不同？

3. 选择一个文件，例如，选择一个Word文档，查看或设置它的一些属性：

（1）在【常规】选项卡，查看包含的属性，设置【只读】。

（2）在【自定义】选项卡中添加其属性。

（3）在【摘要】选项卡中设置【标题】、【主题】、【作者】、【关键字】等信息。

相关知识

【浏览器栏】子菜单

在【查看】菜单的【浏览器栏】子菜单中包含有【搜索】、【收藏夹】、【媒体】、【历史记录】、【文件夹】、【每日提示】和【讨论】选项，如图3-11所示。各选项的含义如下：

- 搜索：打开【搜索】窗口可以在指定范围内查找文件、文件夹、磁盘启动器或Internet上的项目。
- 收藏夹：可以管理经常使用的站点，便于快速方便地浏览站点。
- 历史记录：在资源管理器窗口的左侧显示用户最近打开过的文件和文件夹。
- 文件夹：在资源管理器窗口的左侧打开【文件夹】窗口。
- 每日提示：在窗口底部打开【您是否知道...】提示信息栏。

3.3　文件和文件夹的管理

问题与思考

- 如何将计算机中用户的文件进行分类管理？这样做有什么好处？
- 你可以对计算机中的文件或文件夹进行哪些操作？

3.3.1　新建文件和文件夹

用户可以创建自己的文件，通过文件夹来分类管理。创建文件可以通过运行应用程序来建立，例如，使用Word创建自己的文档，该文档的扩展名为.doc。使用应用程序建立的文件扩展名一般由系统默认指定，用户也可以不通过运行应用程序而直接建立文件，操作步骤如下：

（1）打开要新建文件的【文件夹】窗口，在窗口的空白处右击，在弹出的快捷菜单中选择要建立的文件类型。也可以单击【文件】菜单中的【新建】命令，选择要建立文件的类型。例如，选择【Microsoft Word 文档】选项，如图 3-14 所示。

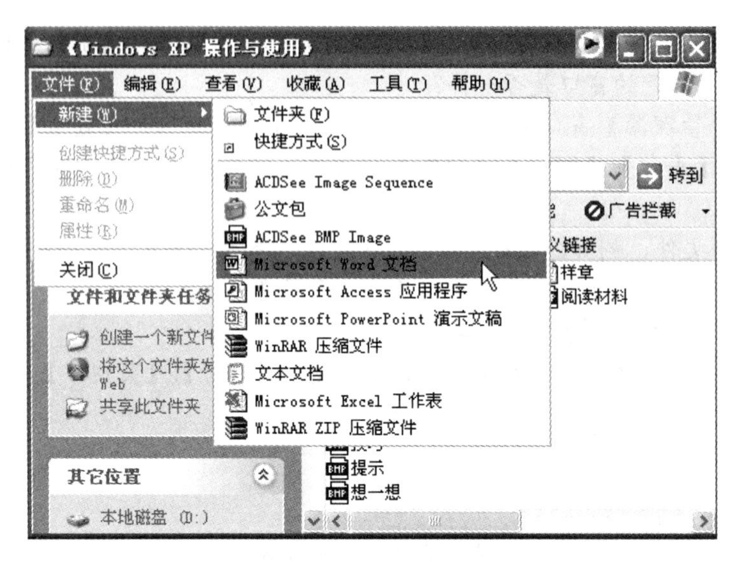

图 3-14 【新建】菜单

（2）此时在窗口中出现一个新建文件名，用户可以重新命名文件名，按 Enter 键确定。

同样的方法，选择【新建】菜单中的【文件夹】命令，可以创建一个文件夹。

Windows 文件名的长度虽然多达 255 个字符，但有些程序不能解释长文件名，不支持长文件名的程序，仅限使用最多 8 个字符，并且文件名不能含有“\/:*?"<>|”等特殊的字符。

用户要打开文件或文件夹，先选中该文件或文件夹，单击【文件】菜单中的【打开】命令按钮，也可以双击文件或文件夹，打开相应的文件或文件夹。如果打开的文件类型已在 Windows XP 中注册过，系统将自动启动相应的应用程序来打开。例如，打开一个 Word 文档时，系统自动启动 Microsoft Word 应用程序。如果打开的文件是可执行的应用程序，系统直接运行该程序。如果打开文件夹，则显示文件夹中的内容。

3.3.2 重命名文件和文件夹

在文件操作过程中，有时需要对文件或文件夹进行重命名。重命名文件或文件夹的操作方法如下：

（1）在【资源管理器】窗口中选定要重命名的文件或文件夹。

（2）单击【文件】菜单中的【重命名】命令按钮，或再一次单击该文件或文件夹名，文件或文件夹名处于编辑状态。

（3）键入文件或文件夹名，然后按 Enter 键确认。

提示

Windows XP 中可以一次对多个文件或文件夹进行重命名。选中多个要重命名的文件或文件夹，重命名其中的一个文件或文件夹名后，例如，输入文件名为 music，其他文件名将依次自动命名为 music(1)、music(2)等。

3.3.3　复制、移动文件和文件夹

如果要将文件制作一个备份，需要进行复制操作。如果要将文件从磁盘的一个位置，移到另一个位置，需要进行移动操作。Windows 中复制和移动文件或文件夹是经常用到的一种操作。

1. 复制文件或文件夹

为了避免计算机中重要数据的损坏或丢失，有时也为了随身携带方便（如使用闪存、移动硬盘），需要对指定的文件或文件夹中的数据进行复制。

复制文件或文件夹的方法很多，使用菜单方式复制文件或文件夹的操作步骤如下：

（1）打开资源管理器，选定要复制的文件或文件夹。

（2）单击【编辑】菜单中的【复制】命令按钮，如图 3-15 所示，然后打开要复制文件或文件夹的目标位置。

（3）单击【编辑】菜单中的【粘贴】命令按钮，完成复制操作。

如果在复制文件或文件夹的目标位置上已经存在同名文件或文件夹，系统自动在复制的文件或文件夹名前加上“复件”两字。

复制操作后的源文件或文件夹不发生任何变化。

2. 移动文件或文件夹

移动文件或文件夹与复制文件或文件夹的操作类似，但结果不同。移动操作是将文件或文件夹移动到目标位置上，同时在原来的位置上删除移动的源文件或文件夹。

移动文件或文件夹的方法很多，使用菜单方式移动文件或文件夹的操作步骤如下：

（1）打开资源管理器，选定要移动的文件或文件夹。

（2）单击【编辑】菜单中的【剪切】命令按钮，然后打开要移动文件或文件夹的目标位置。

（3）单击【编辑】菜单中的【粘贴】命令按钮，完成移动操作。

提示

如果将选定的文件或文件夹复制或移动到其他文件夹中，还有一种简便的操作方法：选中要复制或移动的文件或文件夹，单击【编辑】菜单中的【复制到文件夹】或【移动到文件夹】命令按钮，然后从打开的【复制项目】或【移动项目】对话框中选择要复制或移动的目标文件夹，单击【复制】或【移动】按钮。如果目标文件夹不存在，还可以新建一个文件夹。

3. 发送文件或文件夹

使用发送命令可以将文件或文件夹快速地复制到【我的文档】、【桌面快捷方式】、【邮件接收者】、【软盘】或生成一个【zip 压缩文件夹】。使用菜单方式发送文件或文件夹的操作步骤如下：

（1）打开资源管理器，选定要发送的文件或文件夹。

（2）单击【文件】菜单中的【发送到】命令按钮，从子菜单中选择一项操作，如

图 3-16 所示。

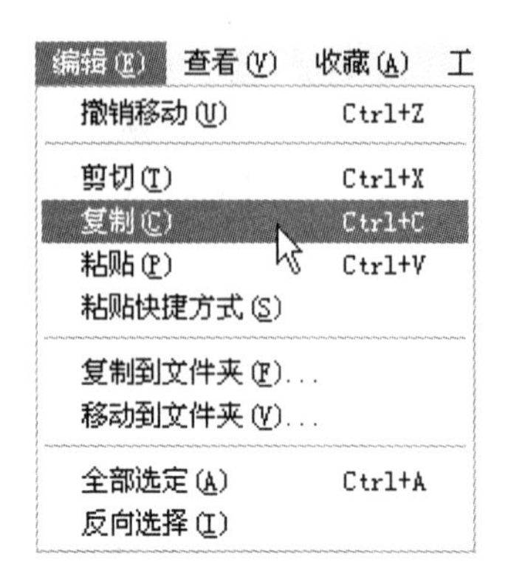

图 3-15 【编辑】菜单

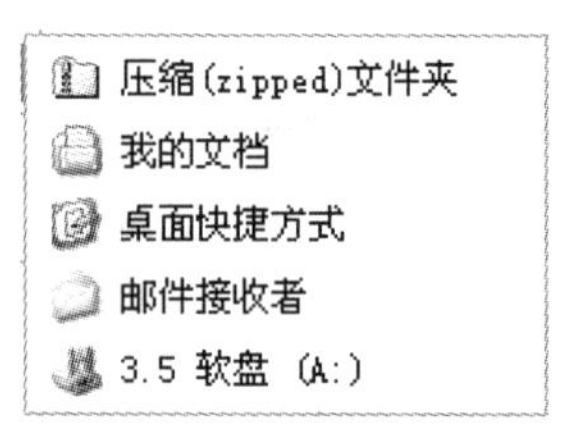

图 3-16 【发送到】子菜单

发送操作实际上也是一种复制操作，发送结束后源文件或文件夹保留不变。

3.3.4 删除与恢复文件和文件夹

在计算机使用过程中，应及时删除不再使用的文件或文件夹，以释放磁盘空间，提高运行效率。

1. 删除文件或文件夹

删除文件或文件夹的方法很多，常用的删除文件或文件夹的操作步骤如下：

（1）选定要删除的文件或文件夹。

（2）单击【文件】菜单中的【删除】命令按钮，打开【确认文件删除】对话框，如图 3-17 所示。

图 3-17 【确认文件删除】对话框

（3）确定删除后，单击【是】按钮，被删除的文件或文件夹放入【回收站】；否则单击【否】按钮，则取消删除操作。

另外，在删除文件或文件夹时，可以将选定的文件或文件夹直接拖放到桌面或资源管理器的【回收站】中，这时系统不给出提示信息。

提示

在 Windows 系统中安装的应用程序、游戏等组件，如果不再使用，需要删除，不要直接删除其中的文件或文件夹，应该使用该应用程序的【卸载】功能或通过控制面板中的【添加或删除程序】进行删除操作。

2．恢复文件或文件夹

在系统默认的状态下，删除的文件或文件夹被放到了回收站，并没有被真正删除，只有在清空回收站时，才能彻底删除，释放磁盘空间。

如果发现错删了文件或文件夹，可以利用【回收站】来还原，这样可以挽救一些误删除的操作。还原文件或文件夹的操作步骤如下：

（1）打开回收站，选择要还原的文件或文件夹。

（2）单击【文件】菜单中的【还原】命令，或右击鼠标，在弹出的快捷菜单中单击【还原】命令，则将回收站中的文件或文件夹恢复到原来的位置。

按下 Shift 键后再进行删除操作，系统将删除所选中的文件，而且不将其放入回收站，也不能将其恢复。

3.3.5　创建文件和文件夹的快捷方式

在 Windows 操作时，用户可以为磁盘驱动器、文件、文件夹或打印机创建快捷方式。快捷方式是一个指向指定资源的指针，可以快速打开文件、文件夹或启动应用程序，减少了用户在计算机中查找文件等资源的操作。

【例 3】 为便于快速打开一个文件或文件夹，在桌面上建立该文件或文件夹的快捷方式。

（1）在资源管理器或驱动器窗口，选定要创建快捷方式的文件或文件夹。

（2）在【文件】菜单中，选择【发送到】选项，在弹出的子菜单中单击【桌面快捷方式】命令按钮，如图 3-18 所示。这时就在桌面上创建了该文件或文件夹的快捷方式。

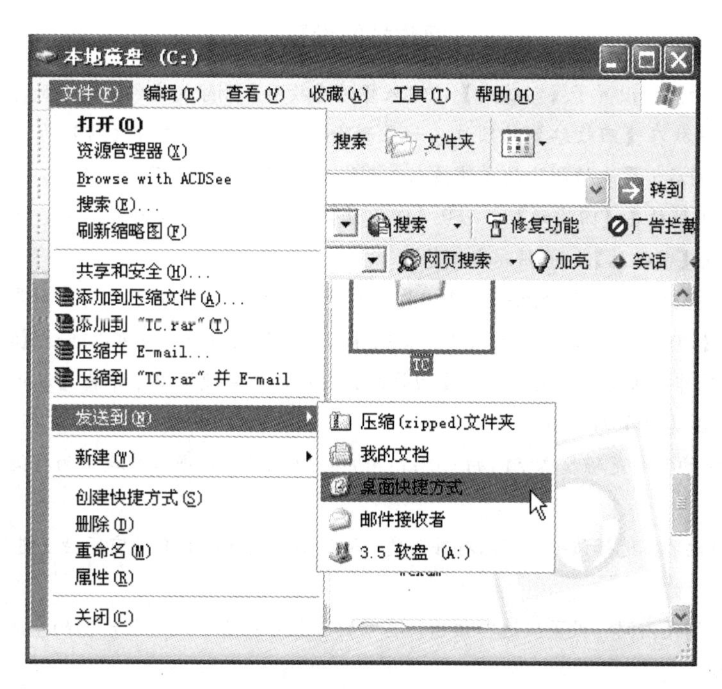

图 3-18　创建快捷方式

桌面快捷方式在桌面上是一个图标，并在图标的左下角有一个箭头。双击快捷方式图标，可以启动对应的应用程序或打开文件夹窗口等。

在选定要创建快捷方式的文件或文件夹后，如果单击【文件】菜单中的【创建快捷方式】命令按钮（或右击鼠标，在弹出的快捷菜单中单击【创建快捷方式】命令按钮），这时在当前磁盘驱动器或文件夹中创建了快捷方式，可以将该快捷方式拖放到桌面上，生成桌面快捷方式。

提示

要更改快捷方式的属性，右键单击该快捷方式，然后单击【属性】命令按钮。删除了某项目的快捷方式时，原项目不会被删除，它仍存放在计算机中其原来的位置。

试一试

1. 在 D 磁盘驱动器中新建一个名为“Music”文件夹，再在该文件夹中建立一个文本文件，文件名为“歌曲名单”。
2. 将“Music”文件夹更名为“音乐”，文件名为“歌曲名单”更名为“CD 音乐”。
3. 将“CD 音乐”文件复制到【我的文档】文件夹中。
4. 删除“音乐”文件夹。
5. 将一个 MP3 文件在桌面上创建一个快捷方式，然后双击该快捷方式，观察运行结果。

相关知识

回收站的设置

Windows 系统为用户设置了【回收站】，用来暂时存放用户删除的文件，对误删除操作进行保护。系统把最近删除的文件放在【回收站】的顶端，如果删除的文件过多，【回收站】的空间不够大，当用完【回收站】的可用空间后，最先被删除的文件被永久删除，被删除的文件不能被恢复。从硬盘删除任何项目时，Windows 将该项目放在【回收站】中而且【回收站】的图标从空更改为满。从 U 盘或网络驱动器中删除的项目不能发送到【回收站】，而被永久删除。

Windows 为每个分区或硬盘分配一个【回收站】。如果硬盘已经分区，或者如果计算机中有多个硬盘，则可以为每个【回收站】指定不同的大小。更改【回收站】的存储容量可以通过【回收站 属性】对话框进行设置。具体操作方法是右击桌面上的【回收站】图标，在快捷菜单中单击【属性】命令，打开如图 3-19 所示的【回收站 属性】对话框。

【回收站】默认的空间是磁盘总空间的 10%，用户可以拖动滑块增加或减小为存储已被删除的文件而保留的磁盘空间。

- 独立配置驱动器：选择该项，可以对每个硬盘驱动器的【回收站】的空间独立进行设置，如图 3-20 所示。
- 所有驱动器均使用同一设置：选择该项，当前计算机中所有的磁盘驱动器的空间大小由【全局】选项卡来指定。
- 删除时不将文件移入【回收站】，而是彻底删除：选择该项，删除的文件不会放入【回收站】，而直接被永久删除，但一般不要选中该项。

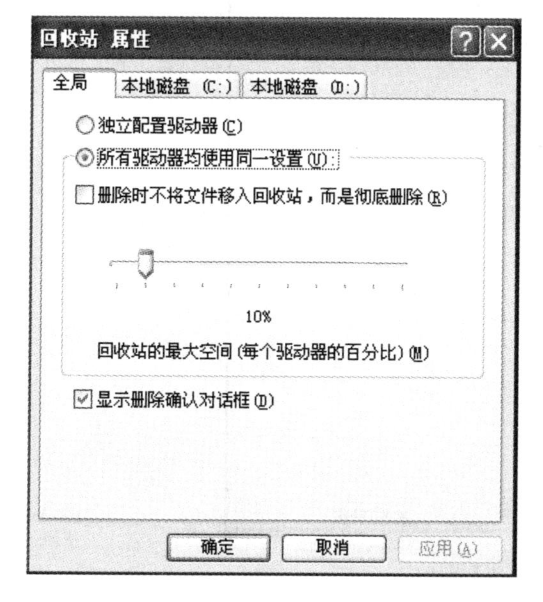

图 3-19 【回收站 属性】对话框

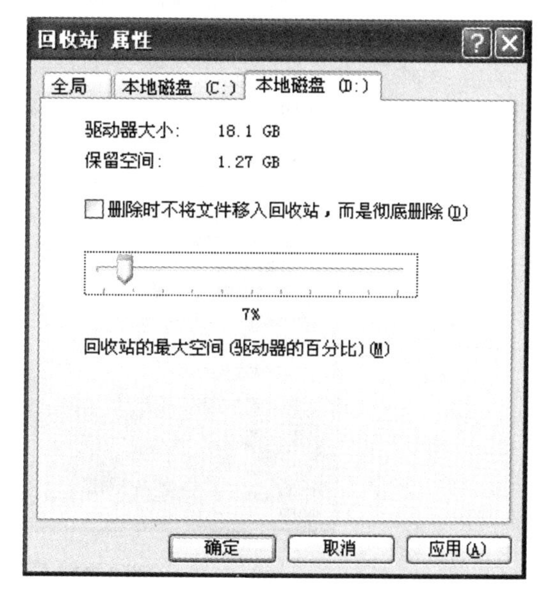

图 3-20　独立设置硬盘驱动器

- 显示删除确认对话框：选择该项，再删除文件时给出提示信息，如图 3-17 所示。

3.4　文件或文件夹的查找

- 通常计算机中保存的文件信息很多，如何快速查找你需要的资料？
- 如果你使用的计算机已经连接到局域网中，已经知道网络中另一台计算机的名称，如何快速查找定位该计算机？

如果用户要快速在文件、文件夹、计算机、网上用户或因特网上定位所需要的文件或文件夹，可以使用 Windows XP 为用户提供的搜索文件或文件夹的查找工具。

Windows XP 提供了多种搜索文件或文件夹的方法，下面介绍常用的搜索方法：

（1）在【资源管理器】窗口中，单击【搜索】按钮，或打开【开始】菜单，单击其中的【搜索】命令按钮，出现如图 3-21 所示的【搜索助理】窗口。

（2）根据要搜索的内容，选择相应的选项。例如，选择【图片、音乐或视图】，打开如图 3-22 所示的【图片、音乐或视图】窗口。

（3）可以搜索一个类型的所有文件，或按类型或名称进行搜索。例如，要搜索文件名中含有“海”字的所有文件，在【全部或部分文件名】文本框中键入“海”。如果需要设置其他选项，可以单击【更多高级选项】按钮，打开如图 3-23 所示的窗口，单击【在这里寻找】下拉列表框，可以选择文件存在的位置。

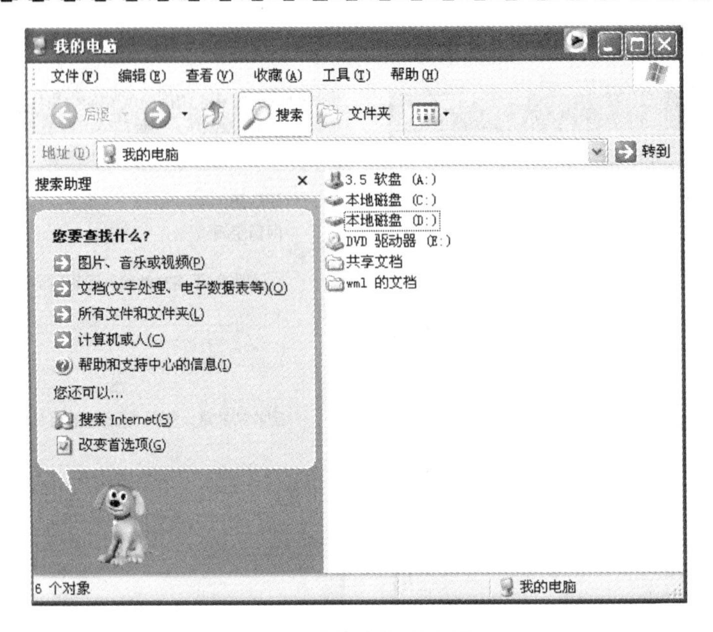

图 3-21 【搜索助理】窗口

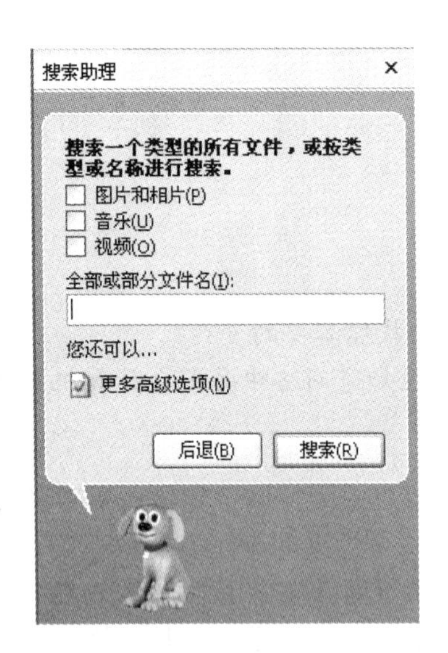

图 3-22 【图片、音乐或视图】窗口

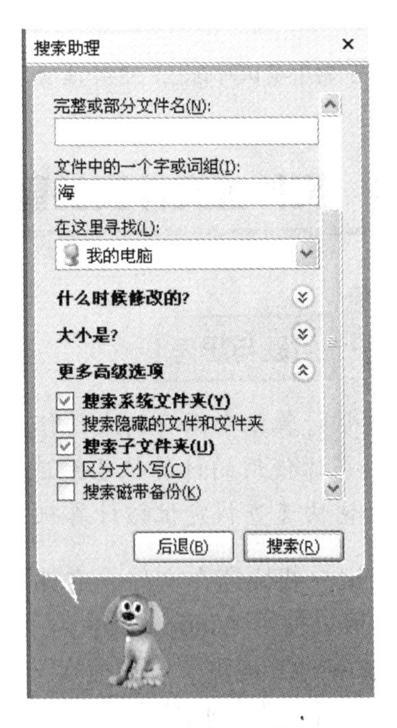

图 3-23 【高级选项】窗口

（4）单击【搜索】按钮，开始搜索，搜索结果显示在右侧的窗口中，如图 3-24 所示。

如果要保存搜索结果，在搜索结束后，单击【搜索结果】窗口【文件】菜单中的【保存搜索】命令按钮，打开【保存搜索】对话框，保存搜索到的结果。

如果搜索的文件过多，应尽量使用搜索选项，这样可以缩小搜索范围，提高搜索的速度。

图 3-24　搜索结果窗口

提示

在查找文件或文件夹时，可以使用通配符“*”或“?”。一个“*”可以代替多个字符，一个“?”只代替一个字符。例如，键入“FILE*”，则可以搜索到以“FILE”开头的所有文件或文件夹名。

试一试

1. 在计算机中搜索指定的图片文件。
2. 如果你使用的计算机已经加入网络，并知道另一台计算机的名字，搜索该计算机。

相关知识

WinRAR 压缩软件简介

目前在计算机应用过程中常常会用到对文件的压缩和解压缩，所谓压缩就是利用算法将文件有损或无损地处理，以达到保留最多文件信息，而令文件体积变小。常见的数据压缩有二进制文件压缩、图像压缩、音频压缩、视频压缩等，经常使用的压缩软件有：WinRAR、WinZip、7-Zip。其中 WinRAR 是强大的压缩文件管理器。它提供了 RAR 和 ZIP 文件的完整支持，能解压 ARJ、CAB、LZH、ACE、TAR、GZ、UUE、BZ2、JAR、ISO 格式文件。WinRAR 的功能包括强力压缩、分卷、加密、自解压模块、备份简易。

当在 WinRAR 安装成功后，在桌面和开始菜单中各生成一个快捷方式，双击这个快捷方式就会启动 WinRAR 程序，主界面如图 3-25 所示。如果想了解 WinRAR 的最新动态等有关信息，可以登录中文网站

http://www.winrar.com.cn。

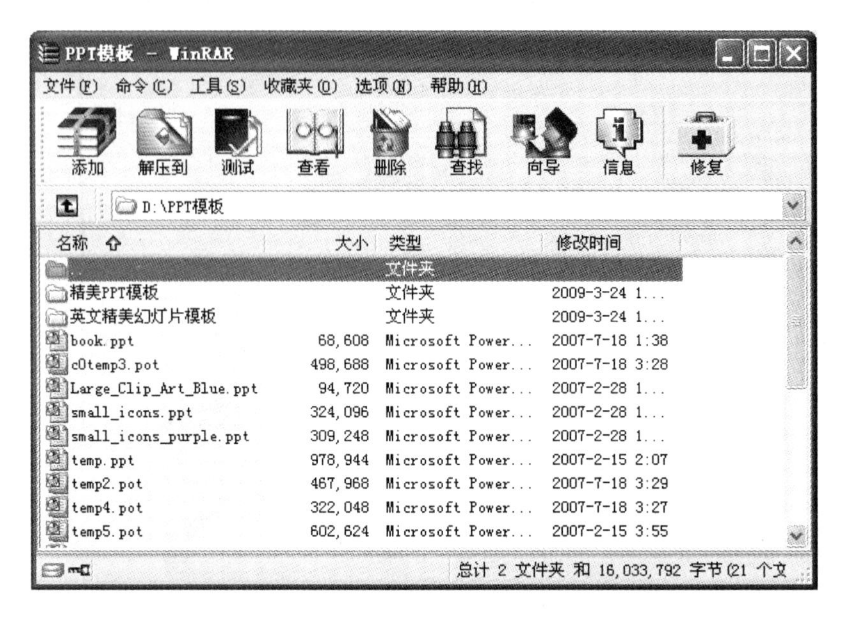

图 3-25 WinRAR 程序主界面

1. 压缩文件或文件夹

使用 WinRAR 程序对文件或文件夹进行压缩，启动 WinRAR 程序主界面(如图 3-25 所示)，选择要压缩的文件夹和文件，单击工具栏上的【添加】图标按钮，打开如图 3-26 所示的对话框。选择压缩文件名、文件压缩类型、压缩方式、高级选项等，最后单击【确定】按钮，对文件进行压缩。

还有一种简便的文件压缩方法，选中需要压缩的文件夹或文件后右击，在弹出的快捷菜单中选择【添加到压缩文件】或【添加到“压缩文件名.rar”】选项。如果选择【添加到压缩文件】选项，则出现如图 3-26 所示的对话框，对压缩文件参数进行设置。如果选择【添加到“压缩文件名.rar”】选项，则直接对选中的文件或文件夹进行压缩，如图 3-27 所示。

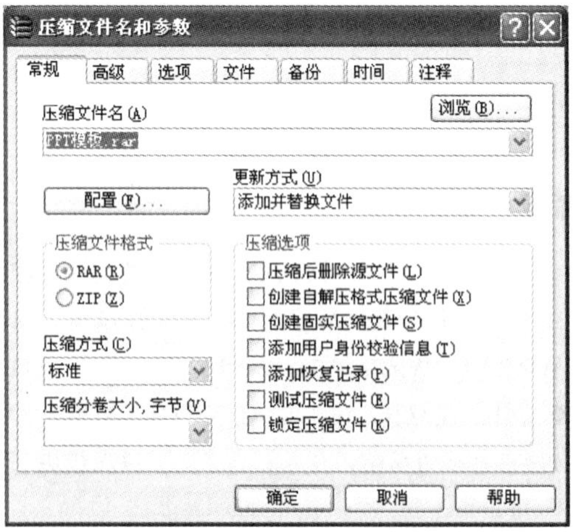

图 3-26 【压缩文件名和参数】对话框

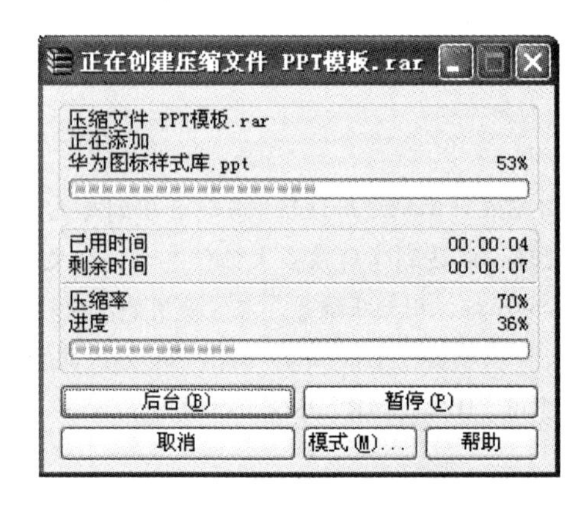

图 3-27 【正在创建压缩文件】对话框

2．解压缩

使用 WinRAR 对文件进行解压缩时，右击要被解压的文件，执行快捷菜单中的【解压文件】命令，打开如图 3-28 所示的【解压路径和选项】对话框。

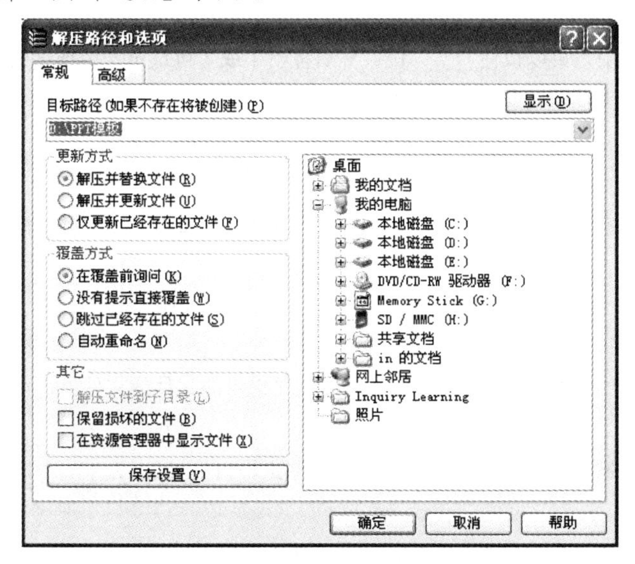

图 3-28 【解压路径和选项】对话框

选择解压缩的路径，还可以设置更新方式、覆盖方式等，最后单击【确定】按钮，开始对文件进行解压缩。

还有一种直接解压缩的方法，双击要解压缩的文件，打开如图 3-29 所示的对话框，单击【解压到】图标按钮，直接进行解压缩。

图 3-29　解压缩对话框

另外，WinZip 也是一种压缩软件，其特点是紧密与 Windows 资源管理器拖放相集成，详细情况可以到 http://www.winzip.com 网站上了解。

思考与练习

一、填空题

1．在 Windows XP 中，要弹出某文件夹的快捷菜单，可以将鼠标指向该文件夹，然后按______键。

2．在 Windows XP 的【资源管理器】窗口中，为了显示文件或文件夹的详细资料，应使用窗口中菜单栏的______菜单。

3．要重新将桌面上的图标按名称排列，可以用鼠标在桌面空白处右击，在出现的快捷菜单中，选择__________中的【名称】命令。

4．在 Windows XP 中，可以按住______键，然后按下↑或↓可选定一组连续的文件。

5．在 Windows XP 中，如果要选取多个不连续文件，可以按住______键，再单击相应文件。

6．如果已经选定了多个文件，要取消其中的几个文件的选定，应按住_________键的同时依次单击这几个文件。

7．在 Windows XP 默认环境中，进行整张软盘的复制，可通过鼠标右键单击要复制的源驱动器，在弹出的快捷菜单中单击_______实现。

8．当选定文件或文件夹后，欲改变其属性设置，可以单击鼠标________键，然后在弹出的快捷菜单中选择__________命令。

9．在 Windows XP 的【回收站】窗口中，要想恢复选定的文件或文件夹，可以使用【文件】菜单中的______命令。

10．使用 WinRAR 对一组文件进行压缩，默认的压缩文件的扩展名为________。

二、选择题

1．在 Windows XP 中有两个管理系统资源的程序组，它们是（　　）。

A．【我的电脑】和【控制面板】　　B．【资源管理器】和【控制面板】

C．【我的电脑】和【资源管理器】　　D．【控制面板】和【开始】菜单

2．在 Windows XP 中，要浏览本地计算机上所有资源，可以实现的是（　　）。

A．回收站　　B．任务栏　　C．资源管理器　　D．网上邻居

3．在 Windows XP 中，文件名不能包括的符号是（　　）。

A．+　　B．>　　C．-　　D．#

4．下列为文件夹更名的方式，错误的是（　　）。

A．在文件夹窗口中，慢慢单击两次文件夹的名字，然后输入新名

B．单击文件夹，然后按 F2

C．在文件夹属性中进行更改

D．右击图标，然后在弹出的菜单中选择【重命名】，然后输入文件夹的名字

5．当选定文件或文件夹后，不将文件或文件夹放到【回收站】中，而直接删除的操作是（　　）。

A．按 Del 键

B．用鼠标直接将文件或文件夹拖放到【回收站】中

C．Shift + Del 键

D．用【我的电脑】或【资源管理器】窗口中的【文件】菜单中的删除命令

6．在 Windows XP 的【资源管理器】窗口中，如果想一次选定多个分散的文件或文件夹，正确的操作是（　　）。

A．按住 Ctrl 键，用鼠标右键逐个选取

B．按住 Ctrl 键，用鼠标左键逐个选取

C．按住 Shift 键，用鼠标右键逐个选取

D．按住 Shift 键，用鼠标左键逐个选取

7．在资源管理器中，选定多个连续文件的操作为（　　）。

A．按住 Shift 键，然后单击每一个要选定的文件图标

B．按住 Ctrl 键，然后单击每一个要选定的文件图标

C．选中第一个文件，然后按住 Shift 键，再单击最后一个要选定的文件名

D．选中第一个文件，然后按住 Ctrl 键，再单击最后一个要选定的文件名

8．在 Windows XP 中，若已选定某文件，不能将该文件复制到同一文件夹下的操作是（　　）。

A．用鼠标右键将该文件拖动到同一文件夹下

B．先执行“编辑”菜单中的复制命令，再执行粘贴命令

C．用鼠标左键将该文件拖动到同一文件夹下

D．按住 Ctrl 键，再用鼠标右键将该文件拖动到同一文件夹下

9．对桌面的一个文件 myfile 进行操作，下面说法正确的是（　　）。

A．双击鼠标右键可将文件 myfile 打开

B．单击鼠标右键可将文件 myfile 打开

C．双击鼠标左键可将文件 myfile 打开

D．单击鼠标左键可将文件 myfile 打开

10．在 Windows XP 中，下列关于【回收站】的叙述中，正确的是（　　）。

A．不论从硬盘还是软盘上删除的文件都可以用回收站恢复

B．不论从硬盘还是软盘上删除的文件都不能用回收站恢复

C．用 Del 键从硬盘上删除的文件可用回收站恢复

D．用 Shift+ Del 键从硬盘上删除的文件可用回收站恢复

11．打开快捷菜单的操作方法是（　　）。

A．单击左键　　B．双击左键　　C．单击右键　　D．三次单击左键

12．在做了诸如复制、删除、移动等命令后，如果想取消这些动作，可以使用（　　）。

A．单击【撤消】按钮　　B．右键单击空白处

C．在【回收站】中重新操作　　D．按 Esc 键

13．在 Windows XP 中，下列叙述正确的是（　　）。

A．在不同磁盘驱动器之间用左键拖动对象时，Windows XP 默认为是移动对象

B．在不同磁盘驱动器之间用左键拖动对象时，Windows XP 默认为是删除对象

C．在不同磁盘驱动器之间用左键拖动对象时，Windows XP 默认为是复制对象

D．在不同磁盘驱动器之间用左键拖动对象时，Windows XP 默认为是清除对象

14．在 Windows XP 中，下列叙述不正确的是（　　）。

A．剪贴板是 Windows XP 下用来存储剪切或复制信息的临时存储空间，它是内存的一部分

B．剪贴板可以保存文本信息．图形信息、或是其他形式的信息，但只能保存一条信息

C．剪贴板可以保存文本信息、图形信息、或是其他形式的信息，但其中的信息只能使用一次

D．剪贴板是一块临时存储区，它是 Windows 程序之间交换信息的场所

三、简答题

1．在 Windows XP 中，有哪些字符不能出现在文件名中？

2．在 Windows XP 中文件夹有哪些特性？

3．在【资源管理器】窗口中，文件与文件夹有哪些显示方式？

4．使用 WinRAR 如何对文件和文件夹进行压缩？

四、操作题

1．打开【我的文档】文件夹，它包含哪几种不同类型的文件夹图标？

2．在【资源管理器】窗口中展开一个文件夹，再分别使用【查看】菜单中的【名称】、【类型】、【大小】和【修改时间】排列图标，观察窗口文件列表的排列方式有何不同。

3．在【我的文档】中分别创建名称为 Myfile1 和 Myfile2 的文件夹。

4．在该 Myfile1 文件夹中建立一个文本文件，文件名为 Jianli，内容自定。

5．对 Jianli 文件分别创建桌面快捷方式和快捷方式。

6．双击 Jianli 文件的快捷方式，观察操作结果。

7．至少使用 3 种不同的方法将 Jianli 文件复制到 Myfile2 文件夹中。

8．删除 Myfile1 和 Myfile2 的文件夹及桌面快捷方式，并清空回收站。

9．在【开始】菜单中选择【搜索】命令，查询文档中带有“计算机”三字的文档。

10．使用 WinRAR 对一个文件夹进行压缩，然后观察压缩前后文件大小的变化。

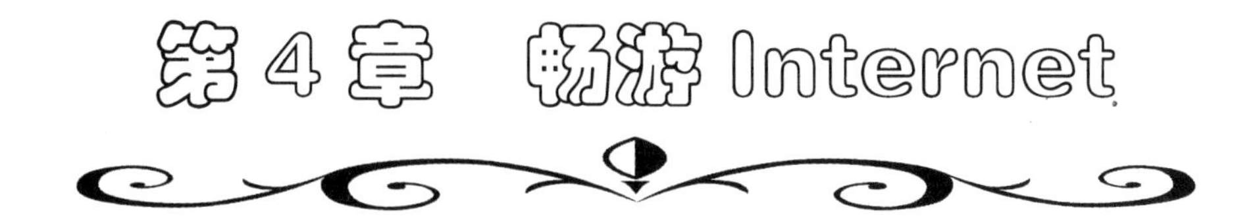

第4章　畅游Internet

学习目标

- 了解 Internet 的有关知识
- 掌握 IE 浏览器的使用方法
- 能够通过综合网站和专业搜索引擎检索和下载资料
- 能够对网络安全进行初步的设置
- 能够申请电子邮箱
- 能够收发电子邮件

网络的出现，改变了人们使用计算机的方式；而 Internet 的出现，又改变了人们使用网络的方式。Internet 使计算机用户不再被局限于分散的计算机上，同时，也使用户脱离了特定网络的约束。任何人只要进入了 Internet，就可以利用网络和各种计算机上的丰富资源。Internet 是目前全世界最大的计算机网络，现在已发展为多元化，正逐步进入到日常生活的各个领域。

4.1　Internet 简介

问题与思考

- 你知道通过 Internet 能做哪些事情？
- 你知道网络中的 IP 地址和域名分别是什么含义？

4.1.1　认识 Internet

Internet 是一个全球性的巨大的计算机网络体系，它是在 1969 年美国创建的 ARPANET 基础上逐步发展成型的。现在，它把全球数万个计算机网络，数千万台主机连接起来，包含了难以计数的信息资源，向全世界提供信息服务。它的出现，是世界由工业化走向信息化的必然和象征，但这并不是对 Internet 的一种定义，仅仅是对它的一种解释。从网络通信的角度来看，Internet 是一个以 TCP/IP 网络协议连接各个国家、各个地区、各个机构的计算机网络的数据通信网。从信息资源的角度来看，Internet 是一个集各个部门，各个领域的各种信息资源为一体，供网上用户共享的信息资源网。今天把 Internet 看做一个计算机网络，甚至是一群相互连接的计算机网络都是不全面的，它是一个信息社会的缩影。虽然至今还没有一个准确的定义来概括 Internet，但是这个定义应从通信协议，物理连接，资源共享，相互联系，相互通信等角度来综合加以考虑。

Internet 能为用户提供的服务项目很多，包括电子邮件（E-mail）、远程登录（Telnet）、文件传输（FTP）以及信息查询服务，例如用户查询服务（Finger）、文档查询服务（Archie）、专题讨论（Usenet News）、查询服务（Gopher）、广域信息服务（WAIS）和万维网（WWW）等。

随着 Internet 应用的深入，越来越多的领域需要应用 Internet，这对 Internet 也提出了新的要求。为满足人们对 Internet 的各种需求，Internet 将朝着无线互联网和宽带互联网发展。宽带技术发展，使得用户可以通过互联网传输大量的多媒体资料，突破原来互联网因传输速率带来的使用瓶颈。而无线互联网则由于可以利用便捷的通讯工具如手机直接上网，而倍受青睐，目前发展非常迅速。

4.1.2 Internet 的有关概念

本节只介绍 Internet 涉及的几个主要概念。

1．WWW（万维网）

万维网(World Wide Web，简称 WWW)是 Internet 上集文本、声音、图像、视频等多媒体信息于一身的全球信息资源网络，是 Internet 上的重要组成部分，它遵循 HTTP 协议，默认端口是 80。WWW 是基于客户机/服务器结构的。客户机/服务器计算模式是目前最流行的计算模式，在 Internet 上运行的所有程序以及许多网络和数据库系统都是根据客户机/服务器计算模式工作的。在这种设计方案中，应用程序（如 FTP 或 WWW）的任务被划分为两个部分，分别由两个程序完成，即服务器端程序和客户端程序。服务器端程序负责处理查询和提供数据；客户端程序负责处理与服务器连接和发送文件或信息传输请求，大部分的 Internet 应用系统有很多不同的客户端程序可供利用，它们能够分别在 DOS、Windows、Macintosh 和 UNIX 环境下运行。

WWW 服务器与客户端的浏览器使用 HTTP（HyperText Transfer Protocol，超文本协议）协议通信。HTTP 协议的一个创新在于用字符串来表示唯一的地址以指向所需的信息。这种字符串称为 URL（统一资源定位符），是全球 WWW 系统服务器资源的标准寻址定位编码，用于确定所需文档在 Internet 上的位置。

浏览器是用户通向 WWW 的桥梁和获取 WWW 信息的窗口，通过浏览器，用户可以在浩瀚的 Internet 海洋中漫游，搜索和浏览自己感兴趣的所有信息。

WWW 的网页文件是超文件标记语言 HTML（Hyper Text Markup Language）编写，并在超文件传输协议 HTTP（Hype Text Transmission Protocol）支持下运行的。超文本中不仅含有文本信息，还包括图形、声音、图像、视频等多媒体信息（故超文本又称超媒体），更重要的是超文本中隐含着指向其它超文本的链接，这种链接称为超链接。利用超文本，用户能轻松地从一个网页链接到其它相关内容的网页上，而不必关心这些网页分散在何处的主机中。

WWW 浏览器是一个客户端的程序，其主要功能是使用户获取 Internet 上的各种资源。常用的浏览器有 Internet Explorer（简称 IE）。SUN 公司也开发了一个用 Java 编写的浏览器 HotJava。Java 是一种新型的、独立于各种操作系统和平台的动态解释性语言，Java 使浏览器具有了动画效果，为连机用户提供了实时交互功能。目前常用的浏览器均支持 Java。

2. TCP/IP 协议

TCP/IP（Transmission Control Protocol/Internet Protocol 的简写，中文译名为传输控制协议/网际协议）协议是 Internet 最基本的协议，简单地说，就是由网络层的 IP 协议和传输层的 TCP 协议组成的。

TCP/IP 共包括 100 多种具体协议，如支持 E-mail 功能的 SMTP（Simple Mail Transfer Protocol，简单邮件传输协议）和 POP（Post Office Protocol，邮局协议）、支持 FTP 功能的 FTP（File Transfer Protocol，文件传输协议）、支持 NetNews 功能的 NNTP（Network News Transport Protocol，网络新闻传输协议）、支持 WWW 功能的 HTTP 超文本传输协议等等。Internet 实际上就是靠这些协议维持运行的，任何连入 Internet 的计算机都必须遵循至少一种这样的协议。

TCP/IP 协议的主要特点：

- 开放的协议标准，可以免费使用，并且独立于特定的计算机硬件与操作系统；
- 独立于特定的网络硬件，可以运行在局域网、广域网，更适用于互联网中；
- 统一的网络地址分配方案，使得整个 TCP/IP 设备在网中都具有惟一的地址；
- 标准化的高层协议，可以提供多种可靠的用户服务。

3. IP 地址

Internet 是由千万台计算机互相连接而成的，如果要确认网络上的每一台计算机，靠的就是能唯一标识该计算机的网络地址，这个地址就叫做 IP（Internet Protocol 的简写）地址，即用 Internet 协议语言表示的地址。

IP 地址可确认网络中的任何一个网络和计算机，而要识别其它网络或其中的计算机，则是根据这些 IP 地址的分类来确定的。IP 地址是一个 32 位的二进制地址，为了便于记忆，将它们分为 4 段，每段 8 位，由小数点分开，用四个字节来表示，中间用句点“.”分开，用点分开的每个字节的数值范围是 0~255，例如，15.1.102.158、202.32.137.3 等。IP 地址包括网络标识和主机标识两部分，根据网络规模和应用的不同，分为 A～E 五类，常用的有 A、B、C 三类。这种分类与 IP 地址中第一个字节的使用方法相关，如表 4-1 所示。

表 4-1　IP 地址分类和应用

分　类	第一字节数字范围	应　用	分　类	第一字节数字范围	应　用
A	1～127	大型网络	D	224～239	组播
B	128～191	中型网络	E	240～247	研究
C	192～223	小型网络			

在实际应用中，可以根据具体情况选择使用 IP 地址的类型格式。A 类通常用于大型网络，可容纳的计算机数量最多，B 类通常用于中型网络、而 C 类可容纳的计算机数量较少，仅用于小型局域网。

4．域名

企业、政府、非政府组织等机构或者个人在 Internet 上注册的名称，是 Internet 上企业或机构间相互联络的网络地址，就被称为域名。可见域名就是上网单位的名称，是一个通过计算机登上网络的单位在该网中的地址。一个公司如果希望在网络上建立自己的主页，就必须取得一个域名，域名也是由若干部分组成，包括数字和字母。通过该地址，人们可以在网络上找到所需的详细资料。域名是上网单位和个人在网络上的重要标识，起着识别作用，便于他人识别和检索某一企业、组织或个人的信息资源，从而更好地实现网络上的资源共享。除了识别功能外，在虚拟环境下，域名还可以起到引导、宣传、代表等作用。

域名通常与 IP 地址是相互对应的，域名避免了 IP 地址难以记忆的问题。域名是分层管理的，层与层之间用句点隔开。顶层域名也称顶级域名，在右侧，依次向左是机构名、网络名、主机名。一般格式为：

host.inst.fild.stat

其中 stat 是国别代码；fild 是网络分类代码；inst 是单位或子网代码，一般是其英文缩写；host 是主机或服务器代码。如电子工业出版社的 WWW 服务器的域名为：www.phei.com.cn。

IP 地址和域名地址不能随意分配，否则将会导致无法估计的混乱状态。在需要 IP 地址或域名地址时，用户必须向国际网络信息中心（NIC）或其代理机构提出申请。申请批准后，凡能够使用域名地址的地方都可以使用 IP 地址。

Internet 上的域名系统(DNS)是一个分布式的数据库系统，它由域名空间、域名服务器和地址转换程序三部分组成，其作用就是将域名翻译成 IP 地址，从而建立域名与 IP 地址的对应关系。

域名可分为不同级别，包括顶级域名、二级域名等。顶级域名又分为两类：一是国家顶级域名（national top-level domainnames，简称 nTLDs），目前 200 多个国家都按照 ISO3166 国家代码分配了顶级域名，例如中国是 cn，美国是 us，日本是 jp 等；二是国际顶级域名（international top-level domain names，简称 iTDs），例如表示工商企业的 .com，表示网络提供商的.net，表示非盈利组织的.org 等。目前大多数域名争议都发生在 com 的顶级域名下，因为多数公司上网的目的都是为了赢利。为加强域名管理，解决域名资源的紧张，Internet 协会、Internet 分址机构及世界知识产权组织（WIPO）等国际组织经过广泛协商，在原来三个国际通用顶级域名：（com.net.org）的基础上，新增加了 7 个国际通用顶级域名：firm（公司企业）、store（销售公司或企业）、Web（突出 WWW 活动的单位）、arts（突出文化、娱乐活动的单位）、rec (突出消遣、娱乐活动的单位)、info (提供信息服务的单位)、nom(个人)，并在世界范围内选择新的注册机构来受理域名注册申请。表 4-2 和表 4-3 是常见的顶级域名及其含义。

表 4-2　以机构区分的部分域名及含义

域　名	含　义	域　名	含　义	域　名	含　义
com	商业机构	edu	教育机构	org	非盈利性组织
mil	军事机构	net	公共网络	gov	政府机构
ac	学术机构	info	提供信息服务的企业	int	国际组织

表 4-3　以国别或地域区分的部分域名及含义

域	含　义	域	含　义	域	含　义
ag	南极	es	西班牙	lu	卢森堡
ar	阿根廷	fr	法国	my	马来西亚
br	巴西	hk	中国香港	nz	新西兰
ca	加拿大	il	以色列	pt	葡萄牙
cn	中国	it	意大利	sg	新加坡
de	德国	jp	日本	tw	中国台湾
dk	丹麦	kr	韩国	uk	英国

另外，还有一些常见的国内域名：.com.cn（商业机构）、.net.cn（网络服务机构）、.org.cn（非赢利性组织）、.gov.cn（政府机关）等。

域名并不是连入 Internet 的每一台计算机所必需的，只有作为服务器的计算机才需要。Internet 上通过域名服务器将域名自动转换为 IP 地址。

5. URL

URL 是 Uniform Resource Locator 的缩写，又称统一资源定位器。URL 可看作是计算机文件系统在网络上的扩展，它定义文件在 Internet 上的位置，无论其位于哪台主机、还是哪个路径，只要给出文件的 URL 地址，就能在 Internet 中准确无误地定位该文件。例如，http://www.microsoft.com/ 为 Microsoft 网站的万维网 URL 地址。一个完整的 URL 可以包括：协议名、域名或 IP 地址、资源存放路径、资源名称等内容，其一般语法格式为：

protocol://hostdnorip[:port/path/file]

（1）protocol 是属于 TCP/IP 的具体协议，可用 http、ftp、telnet、gopher、wais 等，[ ] 内为可选项。

- http://：表示用 HTTP(HyperText Transfer Protocol)协议连通 WWW 服务器。
- ftp://：表示用 FTP(File Transfer Protocol)协议来连通 FTP 服务器，此时，hostdnorip 项前还可以加上用户名（userid）和密码（passwd）。
- telnet://：表示连接到一个支持 Telnet 远程登录的服务器上。
- gopher://：表示请求一个 Gopher 服务器给予响应。
- wais://：表示请求一个 WAIS 服务器给予响应。

（2）port（端口）：有时对某些资源的访问来说，需给出相应的服务器端口号。

（3）path/file 是路径名和文件名：指明服务器上某资源的位置，路径和文件名可以缺省，在这种情况下，相应的缺省文件就会被载入。

例如，http://www.qdtravel.com/fengqing/routes3.shtm 就是一个典型的 URL 地址。

如果要载入本机文件，则 URL 格式为：

file://driver:\path\file

例如，file://c:\作业\练习.doc。

想一想

1. 支持 Internet 最基本的协议是什么？
2. IP 地址分为哪几类？

4.2 浏览网页

问题与思考

- 你知道上网使用的浏览器是什么？
- 如何将你当前浏览的网页网址保存起来，以便下次能方便快捷找到并打开该网页？

目前在 Windows 操作系统中使用最广泛的 WWW 浏览器是微软公司的 Internet Explorer（简称 IE），另外还有 Mozilla 的 Firefox、Apple 的 Safari、Opera、HotBrowser、Google 的 Chrome。通过网页浏览器来显示在 WWW 或局域网络等内的文字、图像、动画、视频、声音、流媒体等，用户可以获取信息、查阅资料等。下面以微软公司的 Internet Explorer 为例介绍浏览器的使用方法。

4.2.1 浏览 Web 站点

当计算机连入 Internet 后，单击 Windows XP 桌面上的 Internet Explorer 图标，快速启动 IE 浏览器，在地址栏输入一个 URL 地址，如 http://www.phei.com.cn，按 Enter 键后，即可进入该网站，如图 4-1 所示。

IE 浏览器窗口的结构与 Windows 系统中的其他窗口界面类似，包括标题栏、菜单栏、工具栏和状态栏，与其他窗口不同的是它还有地址栏和链接栏。地址栏可供用户输入需要访问站点的网址。链接栏可供用户快速链接到预设的公共热门网站。

有时我们想访问一些站点，只知道它的中文名字，而不知道它的具体地址，可以直接在地址栏输入中文地址，然后按 Enter 键，同样可以打开该站点。

提示

如果曾经在地址栏中输入过某个 URL 地址，那么，当用户再次输入该 URL 的前几个字符时，浏览器就会自动在地址栏中将曾经输入过的前面部分相同的所有 URL 地址全部显示在下拉列表中。如果想进入某个网站，直接单击即可。

图 4-1　IE 浏览器窗口

在 Web 页面中，将鼠标移动到一些文字上，光标会变为手形，而且文字颜色发生变化，或文字上加了下划线，这些成为超链接。单击超链接会打开一个新的 Web 页。

IE 浏览器的地址栏是一个下拉列表，也是一个文本输入框。单击地址栏右侧的按钮，就会显示很多以前输入过放入 URL 地址，它们被保存在 IE 的浏览记录中，如图 4-2 所示。

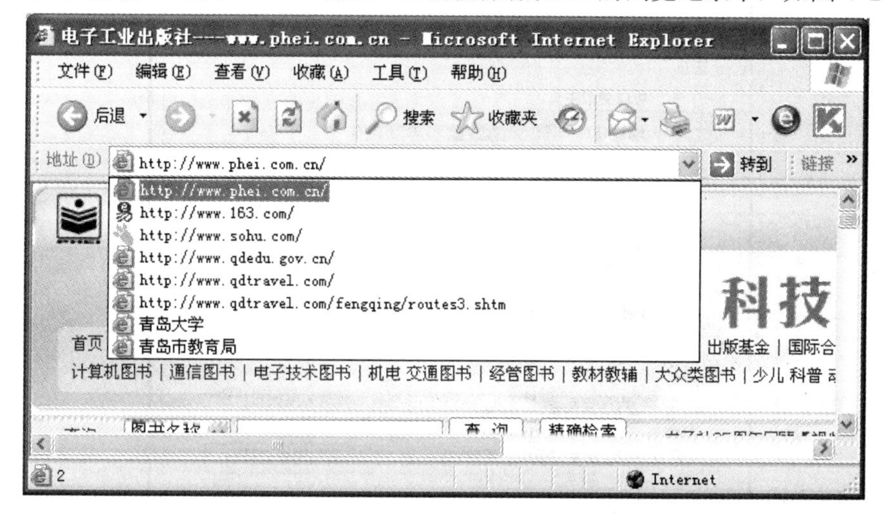

图 4-2　使用地址栏的历史记录功能

在浏览网页过程中，可以通过浏览器工具栏中的导航按钮，如图 4-3 所示，享受网上冲浪。

图 4-3　导航按钮

- 【后退】按钮：使用该按钮，可以返回到上一个网页。在刚打开浏览器时，该按钮不能用，在访问了几个网页之后，即可使用。

- 【前进】按钮：使用该按钮，可以返回到单击【后退】按钮前的网页。在刚打开浏览器时，该按钮不能用。
- 【停止】按钮：在浏览网页时，可能会因为线路故障或忙等原因，导致网页不能访问，这时，可以单击该按钮来停止对该页的载入。
- 【刷新】按钮：有的网页内容更新非常快，使用该按钮，可以及时阅读新信息。
- 【主页】按钮：在浏览网页过程中，单击该按钮，可以返回到打开浏览器时的起始页面。

4.2.2 设置主页

在启动 IE 时，将打开默认的主页。在安装 Windows XP 后，默认主页是微软中国官方网站 http://www.microsoft.com/zh/cn/default.aspx，为了使浏览 Internet 更加方便、快捷，用户可以将经常访问的站点设置成为默认的主页。

【例 1】 将经常打开的网站设置为默认的打开网站，如设置 http://www.phei.com.cn 为默认网站。

（1）执行【工具】菜单中的【Internet 选项】命令，打开如图 4-4 所示的【Internet 选项】对话框。

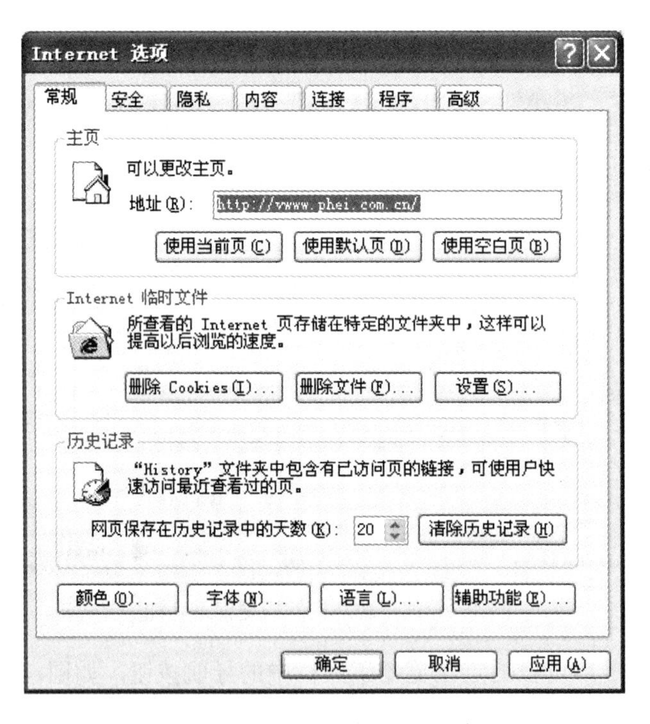

图 4-4 【Internet 选项】对话框

（2）选择【常规】选项卡，在【区域】的【地址】文本框中输入用户想要设置的默认主页地址，单击【确定】按钮，完成对默认主页的设置。

这样，在以后打开浏览器时，就会直接显示用户设置的默认主页。

4.2.3　收藏网页

对于用户喜欢的网页，可以保存其地址，以后访问这些网页时，不用输入网址就能快速打开这些网页。

将网页添加到收藏夹后，以后可以直接从收藏夹中选择要打开的网页，操作方法如下：

（1）打开要添加到收藏夹列表的网页，单击【收藏】菜单中的【添加到收藏夹】命令按钮，打开【添加到收藏夹】对话框，如图 4-5 所示。

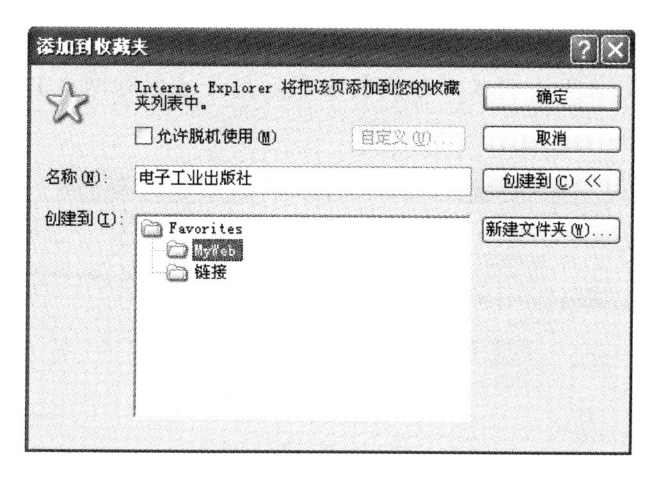

图 4-5　【添加到收藏夹】对话框

（2）可以将网页添加到指定的文件夹中，在【创建到】窗口中选择要添加的文件夹或创建一个新的文件夹，这样可以分类别进行收藏。

（3）单击【确定】按钮。

如果要打开收藏的网页，在【收藏】菜单中选择要打开的网页，或打开【收藏夹】任务窗格，选择要打开的网页，如图 4-6 所示。

图 4-6　从收藏夹列表中选择站点

4.2.4 打印与保存网页信息

1. 打印网页

要将当前浏览的页面打印出来，与 Windows 中打印其他文档的方法相同，单击工具栏中【打印】按钮或选择【文件】菜单中的【打印】命令按钮，对网页进行打印。

2. 保存网页信息

用户可以保存当前网页或网页上的文本或图片等。

（1）保存网页。保存当前网页的操作方法如下：

① 单击【文件】菜单中的【另存为】命令，打开【保存网页】对话框，如图 4-7 所示。

图 4-7 【保存网页】对话框

② 选择用于保存网页的文件夹和文件名，在【保存类型】框中，选择文件类型：

- 如果要保存显示该网页时所需的全部文件，包括图像、框架和样式表，选择【网页，全部】。该选项将按原始格式保存所有文件，只有当前页才被保存，但可以脱机查看所有网页。
- 如果想把显示该网页所需的全部信息保存在一个 MIME 编码的文件中，选择【Web 档案，单一文件】。该选项将保存当前网页的可视信息，可以脱机查看所有网页。
- 如果只保存当前 HTML 页，选择【网页，仅 HTML】。该选项保存网页信息，但它不保存图像、声音或其他文件。
- 如果只保存当前网页的文本，选择【文本文件】。该选项将以纯文本格式保存网页信息。

（2）保存网页中的文本或图片。浏览网页时，可以将网页的全部或部分内容（文本、图片或链接）保存起来。保存的操作方法是：右击要保存的对象，在弹出的快捷菜单中选择相应的保存命令。分别右击选中的文本、图片和链接，出现的快捷菜单分别如图 4-8、图 4-9

和图 4-10 所示。

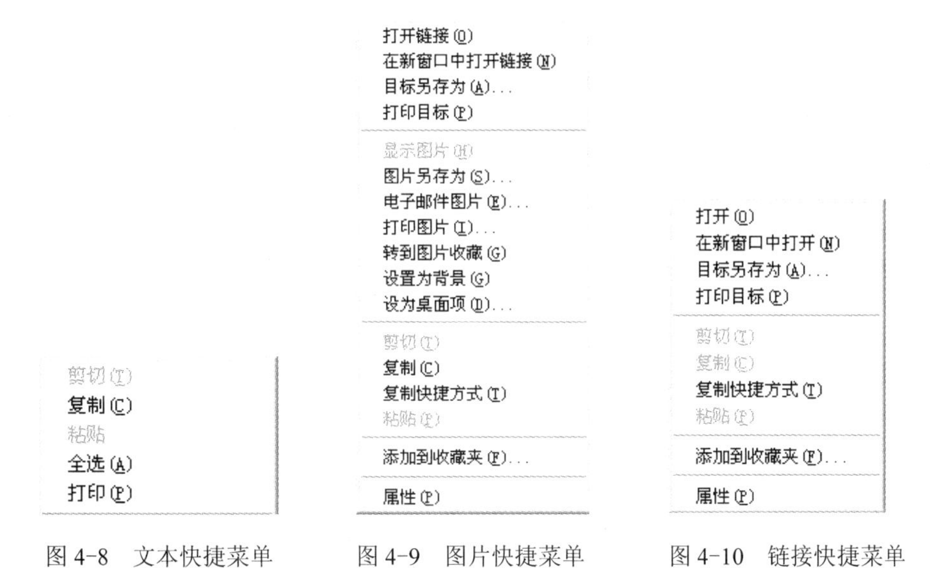

图 4-8　文本快捷菜单　　图 4-9　图片快捷菜单　　图 4-10　链接快捷菜单

部分选项的含义如下：

- 目标另存为：不打开网页或图片而直接保存。
- 设置为墙纸(或背景)：将网页的图像用作桌面墙纸（或背景）。
- 复制：可以将网页中的信息复制到文档（如在打开的 Word 文档中选择【粘贴】命令）中。

还可以用电子邮件发送网页，操作方法是：在【文件】菜单中指向【发送】，然后单击【电子邮件页面】或【电子邮件链接】命令按钮。在邮件窗口中填写有关内容，然后将邮件发送出去。

对于网页上的文本内容，简单的办法是对文章内容进行选取、复制，然后粘贴到记事本或者 Word 文档中保存，如图 4-11 所示。

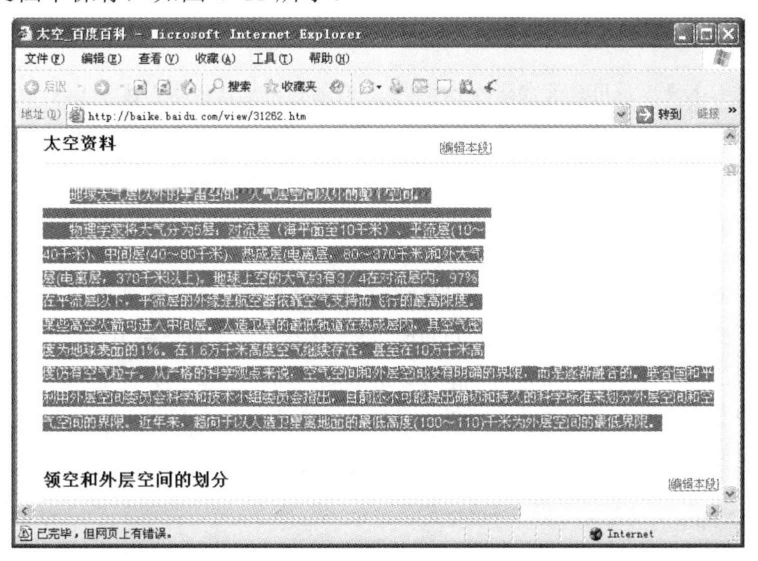

图 4-11　选中要复制的文本

试一试

1. 打开你学校的网站，将该网页添加到收藏夹中。
2. 打开一个网站，如你所在学校的主页，分别使用以下方法将该网页添加到链接栏：
（1）将网页的地址图标从地址栏拖到链接栏。
（2）在收藏夹列表中将链接拖到【链接】文件夹中。
（3）可以将网页的地址保存到【链接】文件夹中。
3. 保存网页
（1）将整个网页保存起来。
（2）将网页中的一段文字保存起来。
（3）将网页中的一段文字复制到 Word 文档中。
（4）保存网页中的一幅图片。

相关知识

Internet 接入方式

普通用户的计算机接入 Internet 是通过线路连接到本地的某个网络上。提供这种接入服务的运营商称作 ISP（Internet 服务提供者）。我国最大的 ISP 是中国电信、中国网通，中国联通、CERNET 等也提供网络接入服务。

1. 通过局域网网关接入

在局域网中的计算机，通过本地 IP 网关（路由器）可直接与 Internet 连接，成为 Internet 上的一台主机。计算机接入 Internet 前，需要由局域网的网络管理员分配一个固定的 IP 地址，也就是在网上唯一的 IP 地址。

2. 拨号上网接入

通过电话线路接入是家庭用户最常见的上网方式，现在通过电话线路有拨号上网、ISDN、ADSL 三种接入方式。ISDN 和 ADSL 需要电信局安装专门的交换机，因此不一定所有地区都可以使用，而拨号上网只需要有畅通的电话线路。

3. 代理服务器接入

代理服务器（Proxy Server）是局域网和因特网服务商之间的中间代理机构，负责转发合法的网络信息，并对转发进行控制和登记。当只有一条 Internet 接入线路或很少的合法 IP 地址时，局域网中的所有计算机就不能同时上网。使用硬件路由器可以部分解决这个问题。在实际应用中，还是普遍使用软件的方法，在局域网中的代理服务器上安装代理服务器软件，实现局域网中的所有计算机共同使用一条线路上网。

4. CATV 接入和电力线接入

（1）CATV 接入。计算机使用 Cable Modem 可通过 CATV（有线电视）网络接入因特网。这种接入方式在我国许多地方已投入使用。

（2）电力线接入。电力线通信技术（Power Line Communication）简称 PLC，是指利用电力线传输数据和话音信号的一种通信方式。高速电力线通信技术，是指利用低压（220V）电力线作载体，传输 1Mbps 以上的高速数据、语音、视频信息，采用新的载波方式来实现信息传输的高速、安全、可靠及组网。因为技术推广的原因，电力线宽带网络目前还不普及。

5. 无线接入

随着 Internet 以及无线通信技术的迅速普及，使用手机、移动电脑等随时随地上网已成为移动用户迫切的需求，随之而来的是各种使用无线通信线路上网技术的出现。

（1）GSM 接入技术。GSM 技术是目前个人移动通信使用最广泛的技术，使用的是窄带 TDMA，允许在一个射频（即"蜂窝"）同时进行 8 组通话。

（2）CDMA 接入技术。CDMA 与 GSM 一样，也是属于一种比较成熟的无线通信技术，CDMA 是利用展频技术，将所想要传递的信息加入一个特定的信号后，在一个比原来信号还大的宽带上传输。当基地接受到信号后，再将此特定信号删除还原成原来的信号。这样做的好处在于其隐密性与安全性好。与 GSM 不同，CDMA 并不给每一个通话者分配一个确定的频率，而是让每一个频道使用所能提供的全部频谱。

（3）GPRS 接入技术。相对原来 GSM 的拨号方式的电路交换数据传送方式，GPRS 是分组交换技术。此外，使用 GPRS 上网的方法与 WAP 并不同，用 WAP 上网就如在家中上网，先"拨号连接"，而上网后便不能同时使用该电话线，但 GPRS 就较为优越，下载资料和通话是可以同时进行的。GPRS 的用途十分广泛，包括通过手机发送及接收电子邮件，在互联网上浏览等。

（4）蓝牙技术。蓝牙（Bluetooth）技术是一种短距离无线电技术。利用蓝牙技术，能够有效地简化掌上电脑、笔记本电脑和手机等移动通信终端设备之间的通信，也能够成功地简化以上这些设备与 Internet 之间的通信，从而使这些现代通信设备与因特网之间的数据传输变得更加迅速高效，为无线通信拓宽道路。蓝牙技术使得一些轻易携带的移动通信设备和电脑设备，不必借助电缆就能联网，并且能够实现无线上因特网，其实际应用范围还可以拓展到各种家用电器产品、消费电子产品和汽车等信息家用电器，组成一个巨大的无线通信网络。蓝牙技术是一种能够实现语音和数据无线传输的开放性方案。

（5）3G 通信技术。在上述通信技术的基础之上，无线通信技术将迈向 3G 通信技术时代。该技术又称为国际移动电话 2000，该技术规定，移动终端以车速移动时，其传转数据速率为 144kbps，室外静止或步行时速率为 384kbps，而室内为 2Mbps。

4.3　资料搜索与下载

问题与思考

- 如何上网搜索你所需要的资料？
- 如何从网上下载文件或软件？

Internet 上提供了丰富的资源，用户可以通过门户网站上的搜索引擎或专业的搜索网站查找所需要的资料。如果要搜索需要的资料，可以对通过专业网站上的目录列表或选择并利用搜索引擎输入资料的关键词进行查找，找到资料后可以对其进行浏览、保存或者下载。

4.3.1　资料搜索

1．利用门户网站所带搜索引擎搜索

现在大部分门户网站都带搜索引擎搜索，如 www.sohu.com，在搜索引擎中输入关键字或词组进行搜索，方便用户查询资料。下面以 www.sohu.com（搜狐）网站为例，简要介绍利用综合类网站所带搜索引擎搜索的操作方法：

【例 2】 在门户网站（如搜狐网站）输入要搜索内容的关键字（如输入“奥运会”），搜索与该关键字有关的网站内容。

（1）在 IE 浏览器地址栏中输入域名：www.sohu.com，在网站的搜索引擎中输入搜索关键字，如输入“奥运会”，如图 4-12 所示。

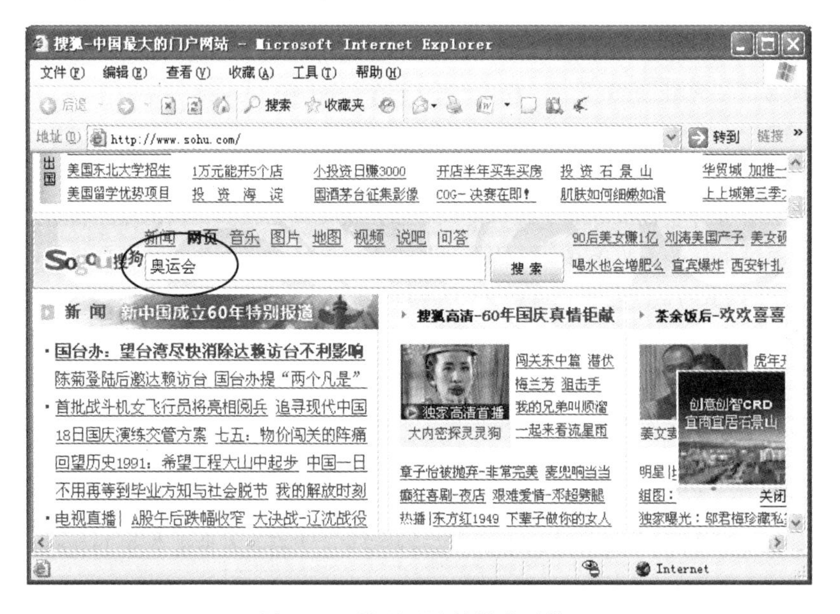

图 4-12　搜狐网站的搜索引擎

（2）输入搜索关键字后直接按 Enter 键或单击【搜索】按钮，打开搜索结果网页列表，如图 4-13 所示。

（3）搜索结果网页的右上角列出了找到相关网页的数量和所花费的时间。选择相应的链接进入相关的网站。

2．利用搜索引擎网站搜索资料

搜索引擎(Search Engine)是指根据一定的策略、运用特定的计算机程序搜集互联网上的信息，在对信息进行组织和处理后，并将处理后的信息显示给用户，是为用户提供检索服务

的系统。目前著名的搜索引擎有 Google、百度 Baidu、Yahoo 等，下面以百度 Baidu 为例，介绍专业搜索引擎网站搜索资料的方法：

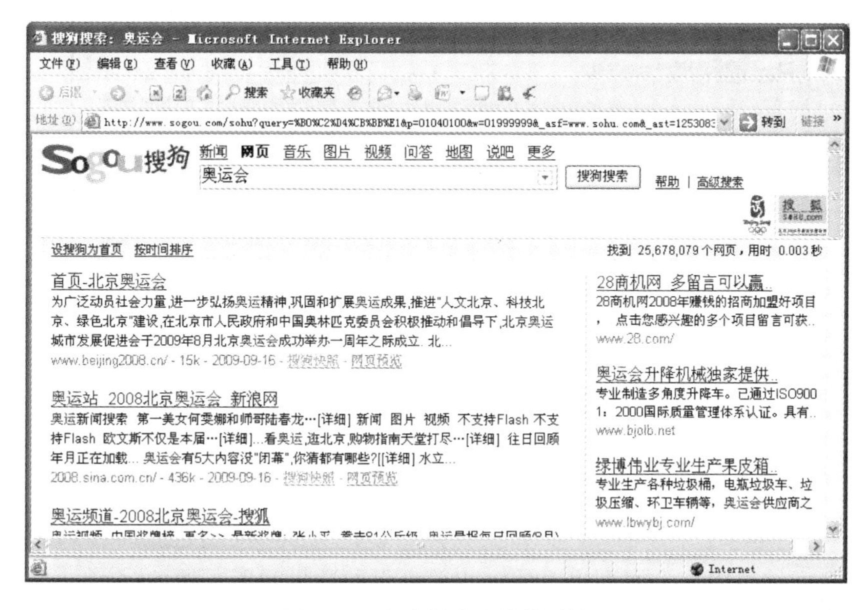

图 4-13　与奥运会有关的网址

（1）打开 IE 浏览器，在地址栏输入 www.baidu.com，打开百度搜索引擎，如图 4-14 所示。

图 4-14　百度搜索引擎

（2）根据需要搜索的资料的分为：新闻、网页、贴吧、知道、MP3、图片、视频等。例如，如果要搜索软件下载网站，在搜索框中输入关键字“软件下载”，按 Enter 键或单击【百度一下】按钮，搜索结果，如图 4-15 所示。

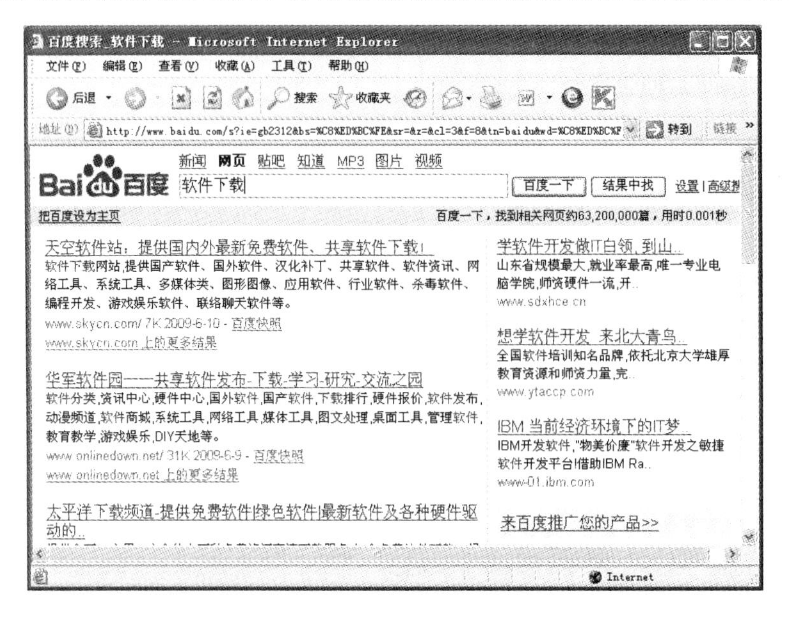

图 4-15　百度搜索结果列表

（3）在搜索结果中，上面列出了找到相关网页的数量和所花费的时间，下面分页列出了相关的网站链接和简介，通过拖动垂直滚动条，可以看到下面的搜索结果分页。如果要在搜索结果中查找指定内容，输入要查找的内容后单击【结果中找】按钮，可以在当前搜索结果中进行精确搜索。

（4）单击要查找的网站（如太平洋下载中心），打开该网站主页，如图 4-16 所示，根据网站上的软件分类，可以进一步查找。

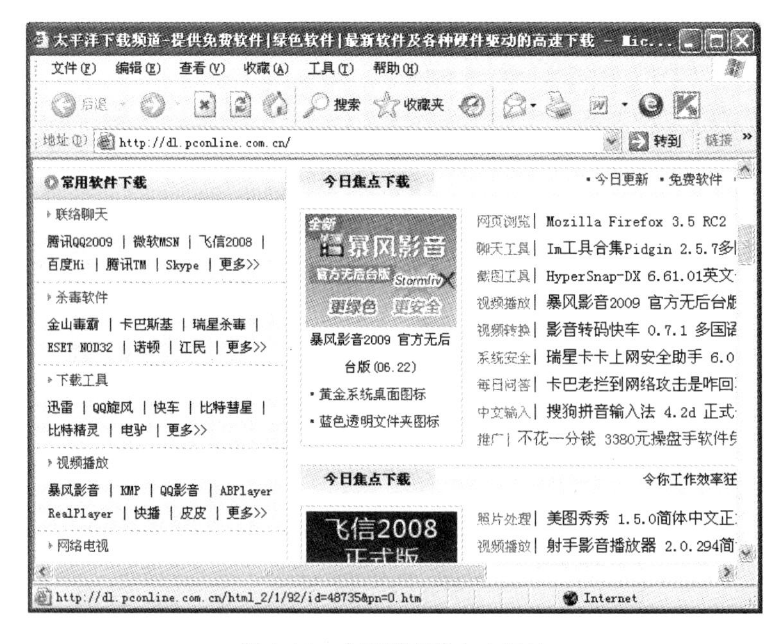

图 4-16　太平洋下载中心网站

找到需要资料的网站后，可以收藏该网站，也可以直接或下载到本地计算机进行查看。

4.3.2　网上下载

1. 直接从网站上下载

有些资料或软件是以压缩文件的形式存放在网站上的，需要时必须下载才能使用。下载网页上通常都有下载链接，单击该链接，指定存放目录路径，即可将资料下载到自己的计算机中。

【例 3】 从专业网站下载（如“太平洋下载网站：http://dl.pconline.com.cn”)下载聊天工具软件“腾讯 QQ2009”。

（1）在太平洋下载中心选择“腾讯 QQ2009”并单击该链接，打开腾讯 QQ2009 窗口，如图 4-17 所示。

图 4-17　下载窗口

（2）窗口中往往有很多【立即下载】等按钮或链接，都不是我们所需要的，不要随便单击无用的链接，否则会打开许多广告窗口，或者下载很多无用的内容。网页中的绿色【下载地址】按钮是我们需要的链接，单击出现下载地址列表窗口，如图 4-18 所示。

图 4-18　下载地址列表

（3）选择一个下载链接，如单击电信下载中的“正式版 SP3(本地电信 1)”，出现如图 4-19 所示下载提示对话框。

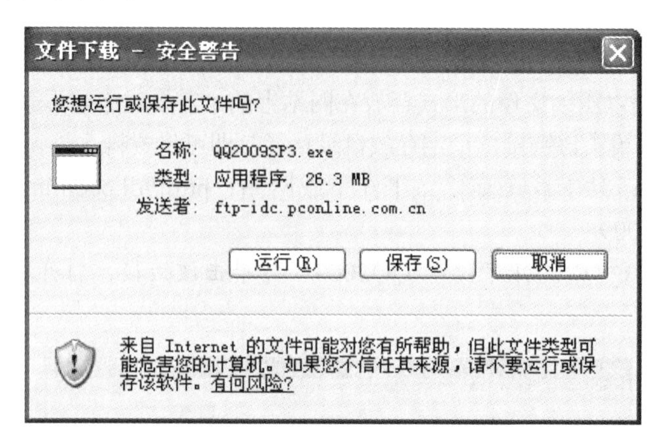

图 4-19　下载提示信息对话框

（4）单击【保存】按钮，选择存放路径，文件将会下载到指定的位置。

2. 使用下载工具下载

如果计算机中安装有下载工具，如迅雷、超级旋风、快车、BT 等工具，可以在网页下载的链接处单击右键，选择相应的下载工具程序进行下载。例如，如果你的电脑已安装“迅雷”下载工具，下载方法如下：

（1）在如图 4-18 所示的【专用链下载】列表中，单击【迅雷高速下载】链接，打开【建立新的下载任务】对话框，如图 4-20 所示。

图 4-20 【建立新的下载任务】对话框

（2）确定保存路径后，单击【确定】按钮，打开【迅雷 5】下载窗口，如图 4-21 所示。

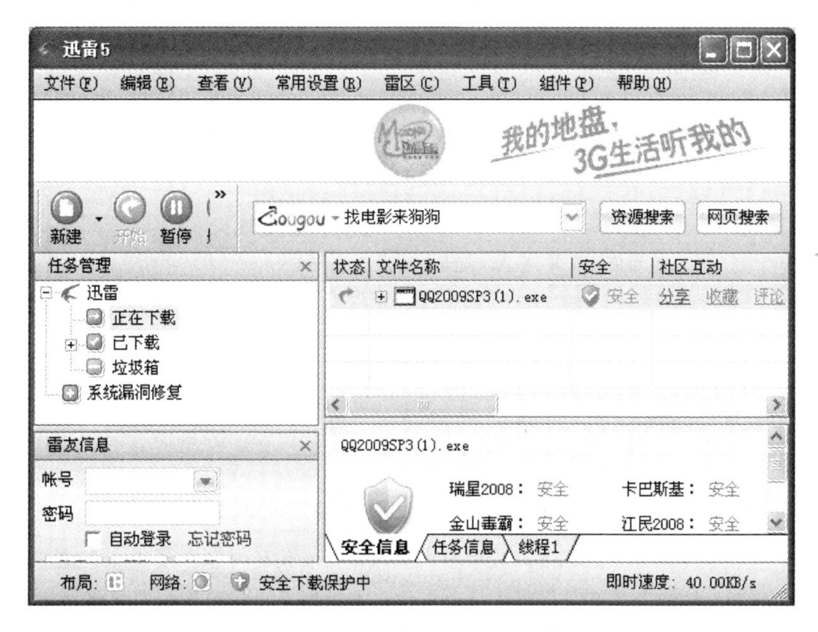

图 4-21　【迅雷 5】下载对话框

（3）下载结束后，就可以运行下载的“QQ2009SP3”文件进行安装。

提示

常见下载工具很多，并各具特点，主要有迅雷(Thunder)、比特彗星(BitComet)、电驴（eMule）、迷你快车（FlashGet-Mini）、快车(FlashGet)、超级旋风、WEB 迅雷、哇嘎画时代（Vagaa）等。

试一试

1. 在网易（www.163.com）上搜索一首你喜欢的 MP3 歌曲，并保存到你的计算机上。

2. 使用 Google 搜索引擎（www.google.com）搜索“计算机等级考试”网站，并下载全国计算机等级考试（一级 B）考试大纲。

相关知识

百度搜索引擎使用简介

百度是中国互联网用户最常用的搜索引擎，每天完成上亿次搜索，也是全球最大的中文搜索引擎。在百度首页文本框上面分别有：新闻、网页、贴吧、知道、MP3、图片和视频超链接，单击可以进入相应的搜索窗口，如图 4-22 所示。

（1）新闻。百度新闻是一种 24 小时的自动新闻服务，与其他新闻服务不同，它从上千个新闻源中收集并筛选新闻报道，将最新最及时的新闻提供给用户，突出新闻的客观性和完整性，真实地反映每时每刻的新闻热点。

图 4-22 百度首页

（2）网页。百度搜索简单方便，只要在搜索框内输入需要查询的内容，按 Enter 键，或者鼠标点击搜索框右侧的“百度一下”按钮，就可以得到最符合查询需求的网页内容。例如，搜索“节能”一词，打开网页下面出现【相关搜索】栏，如图 4-23 所示。

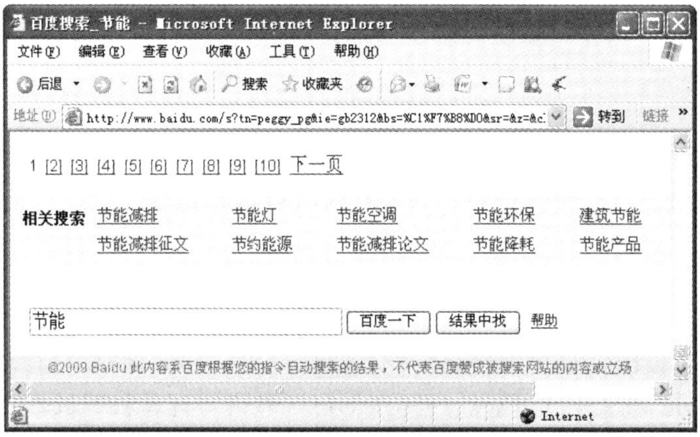

图 4-23 【相关搜索】栏

相关搜索中的关键词是与你所搜索的关键词比较匹配且搜索量比较大的，是其他和你有相似需求的用户的搜索方式，按搜索热门度排序。如果在百度中多 IP 多次点击某个关键词搜索结果页面，那么搜索引擎会认为该关键词会比较受欢迎，当这个点击量达到一定程度的时候，百度就有可能将其列入相关搜索列表。

（3）贴吧。百度贴吧是一种基于关键词的主题交流社区；它与搜索紧密结合，准确把握用户需求，通过用户输入的关键词，自动生成讨论区，使用户能立即参与交流，发布自己所拥有的其所感兴趣话题的信息和想法。这意味着，如果有用户对某个主题感兴趣，那么他立刻可以在百度贴吧上建立相应的讨论区。

百度用户注册即可发帖，不需要激活，也不需要浏览量，对于新注册用户的验证码机制有效限制了垃圾帖子的大量产生。发帖可以畅所欲言，不用发帖前选择帖子类别，用户几乎不用花时间熟悉论坛的功能就可以发帖交流。在百度主页的右上角有【登录】两字的链接，单击该链接，打开一个新的窗口，如图 4-24 所示。

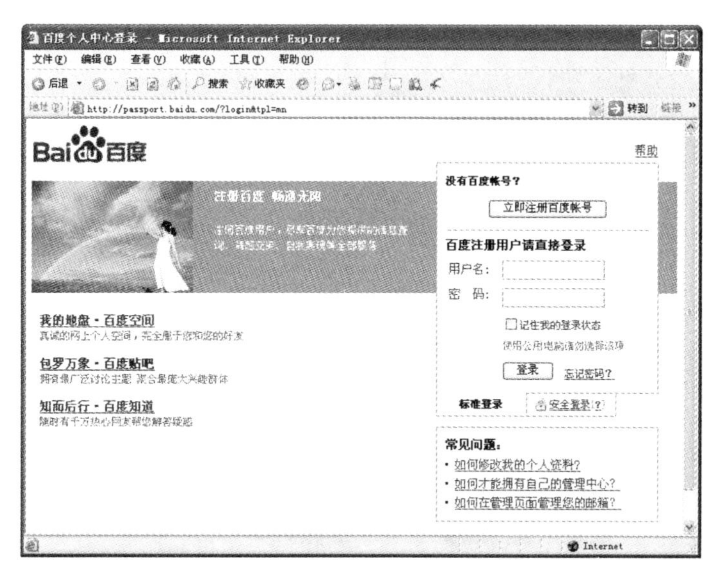

图 4-24　注册百度账号页面

单击【立即注册百度账号】，在出现的窗口相应位置分别输入：用户名、密码、性别、邮箱和输入图中字符（这是验证码，是防止恶意注册的），如果不想同时激活百度空间，可将前面的对勾去掉；同意协议并提交，如果没什么问题会提示你注册成功并自动登录。以后如果想登录，可在图 4-24 的百度登录窗口，输入注册的用户名和密码，单击登录按钮即可。

（4）知道。百度知道是一个基于搜索的互动式知识问答分享平台，和用户习惯使用的搜索服务有所不同，百度知道并非是直接查询那些已经存在于互联网上的内容，而是用户自己根据具体需求有针对性地提出问题，通过积分奖励机制发动其他用户，来创造该问题的答案。同时，这些问题的答案又会进一步作为搜索结果，提供给其他有类似疑问的用户，达到分享知识的效果，如图 4-25 所示。

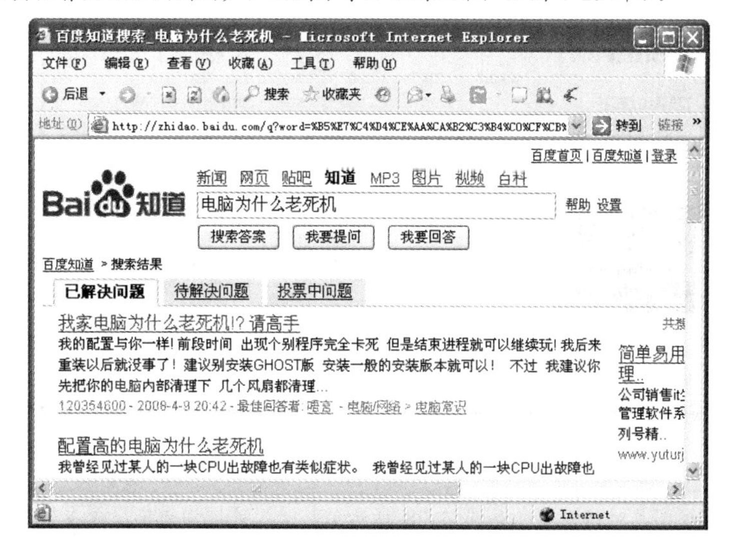

图 4-25　百度知道页面

（5）MP3。在百度 MP3 对话框中（如图 4-26 所示），可以搜索歌词、不同格式的音乐、手机铃声等，也可从下面列表中选择专题下载。当搜索到需要的音乐以后，可以选择“试听”，如果找到音乐文件将会进入播放状态，在播放对话框中，一般有【歌曲出处】的链接，在链接上单击右键，选择【目标另存为】，可以保存到硬盘上。

图 4-26　百度 MP3 页面

（6）图片。在百度图片对话框中（如图 4-27 所示），可以选择搜索新闻图片、全部图片、大图、中图、小图和壁纸，输入要搜索的图片关键词回车后，如果没有找到，可以通过改变关键词来改变搜索范围，如果找到，则列出它们的缩略图，单击缩略图，可以打开原始图片；需要保存时，可在图片上单击右键，选择【图片另存为】进行保存。

图 4-27　百度图片页面

（7）视频。在百度图片对话框中（如图 4-28 所示），输入关键词回车，或在下面选择专题，将打开搜索到的视频缩略图列表。如果要想看某个视频，就在缩略图上单击，即可打开视频播放网页窗口。

图 4-28　百度视频页面

4.4　网络安全的设置

- 如何设置网站的安全级别？
- 如何设置用户可以访问的站点和限制用户访问不良网站？

在 Internet 上可以浏览查看各种信息，为用户的工作、学习和生活带来了非常大地便利。但也有一些站点带有不良内容、计算机病毒等，这些都将给用户的计算机造成损害。因此，用户应该学会对 IE 浏览器进行安全设置，在网络中保护自己。

4.4.1　设置站点的安全级别

Internet Explorer 将 Internet 按区域划分，以便用户将 Web 站点分配到具有适当安全级的区域。目前有 4 种安全区域：Internet 区域、本地 Intranet 区域、受信任的站点区域和受限制的站点区域。用户可以自定义某个区域中的安全级别设置。

（1）打开 IE 浏览器，单击【工具】菜单中的【Internet 选项】命令按钮，打开【Internet 选项】对话框，选择【安全】选项卡，如图 4-29 所示。

（2）如果要更改所选区域的安全设置，单击【自定义级别】按钮，打开如图 4-30 所示的【安全设置】对话框。

（3）在【设置】列表框中选择要定义安全设置的选项，然后在【重置自定义设置】选项组的【重置为】下拉列表框中选择一种安全级别，最后单击【确定】按钮。

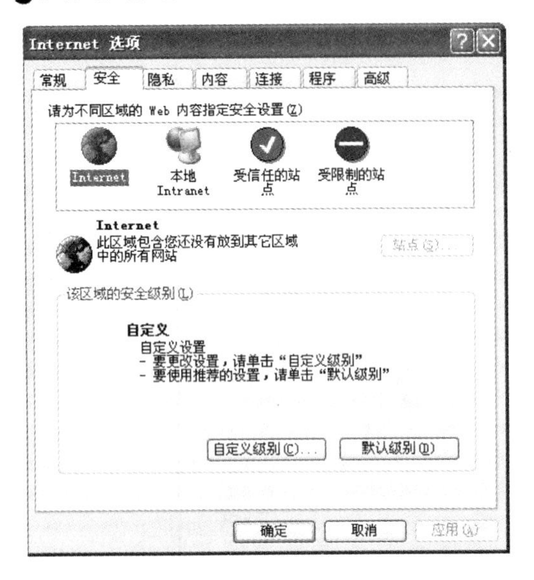

图 4-29 【安全】选项卡

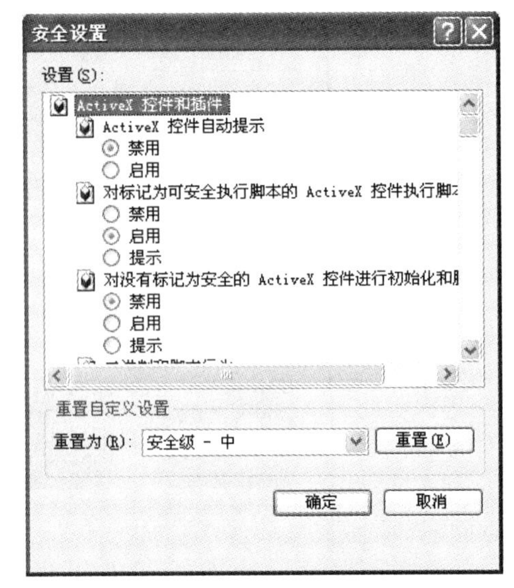

图 4-30 【安全设置】对话框

提示

安全级别一般设置为“中”，如果设置的太低，网页上挂载的插件或者恶意代码就会很随意的加载到本地机器里，这样机器很容易中恶意插件或者病毒。

用户可以将一些 Web 站点添加到受信任的站点区域或受限制的站点区域。方法是单击如图 4-29 所示的【受信任的站点】（或【受限制的站点】），再单击【站点】按钮，打开相应的对话框，如图 4-31 所示，将指定的 Web 站点添加到该区域中，如 http://www.phei.com.cn/。

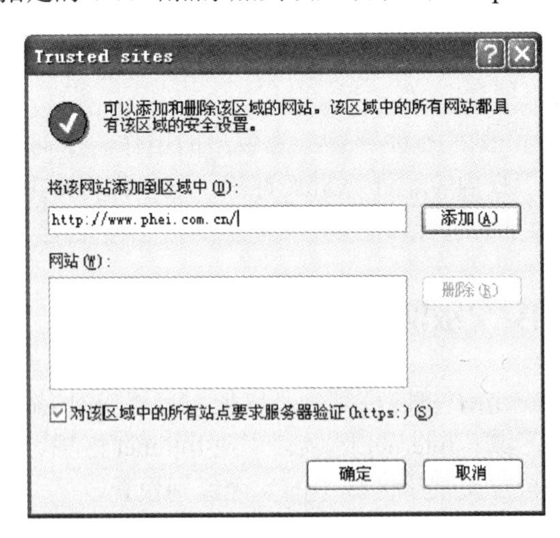

图 4-31 【可信站点】对话框

4.4.2 限制访问不良站点

Internet 提供了丰富的信息资源供用户访问。通常情况下，这些信息对每一位浏览者都适合的，但有些站点（如暴力、色情）不适合未成年人浏览。IE 提供了分级审查功能，使用这些功能可以有效地控制一些不合适的 Internet 内容。

1. 设置分级审查

启用分级审查功能的操作方法如下：

（1）在【Internet 选项】的【内容】选项卡中，单击【启用】按钮，打开【内容审查程序】对话框，如图 4-32 所示。

（2）选择列表中的某一类别，然后调整滑块以设置分级审查的级别。对于限制的每一种类别都应重复该过程，然后单击【确定】按钮。

（3）设置分级审查后，单击【确定】按钮，出现如图 4-33 所示的【创建监督人密码】对话框。输入监督人的密码。输入密码的目的是为了防止他人更改分级审查的设置。

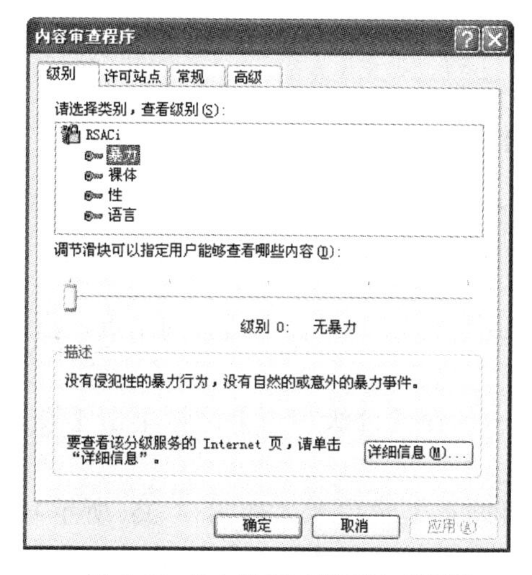

图 4-32 【内容审查程序】对话框

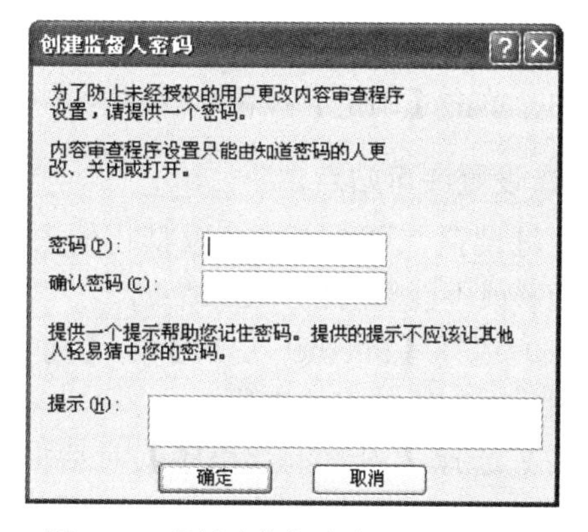

图 4-33 【创建监督人密码】对话框

（4）单击【确定】按钮，【分级审查】选项组中的【启用】按钮变成了【禁用】按钮。

提示

设置分级审查后，在打开网页时，总是提示输入分级审查口令，有时令人反感。取消分级审查口令，在 Windows 桌面上单击【开始】→【运行】，在出现的对话框中输入 REGEDIT，回车即可调出注册表编辑程序，然后打开主键：HKEY_LOCAL_MACIIINE/Software/Microsoft/Windows/CurrentVersion/POLICIES/Ratings，这里有一个 key 主键，这就是设置的分级审查口令，直接将它删除即可。

2. 设置查看受限制内容

通过调整分级审查设置，可以允许他人查看受限制或未分级的内容。

（1）选择【Internet 选项】的【内容】选项卡，在【分级审查】区域单击【设置】按钮，然后键入监督人的密码。

（2）选择【内容审查程序】对话框中的【常规】选项卡（如图 4-34 所示），选中【监督人可以键入密码允许用户查看受限制的内容】复选框。如果允许他人查看未分级的内容，选中【用户可以查看未分级的站点】复选框。

图 4-34 【常规】选项卡

（3）单击【确定】按钮。

3. 设置许可站点

通过设置许可站点，可以禁止他人访问未使用分级审查而且不适合的站点，指定他人始终能够或不能查看的 Web 站点。

（1）选择【Internet 选项】的【内容】选项卡，在【分级审查】区域单击【设置】按钮，然后键入监督人的密码。

（2）选择【内容审查程序】对话框的【许可站点】选项卡（如图 4-35 所示），键入 Web 站点的 Internet 地址(URL)，单击右侧的【始终】按钮或【从不】按钮，然后选择是否要让其他人始终能够或不能访问该站点。

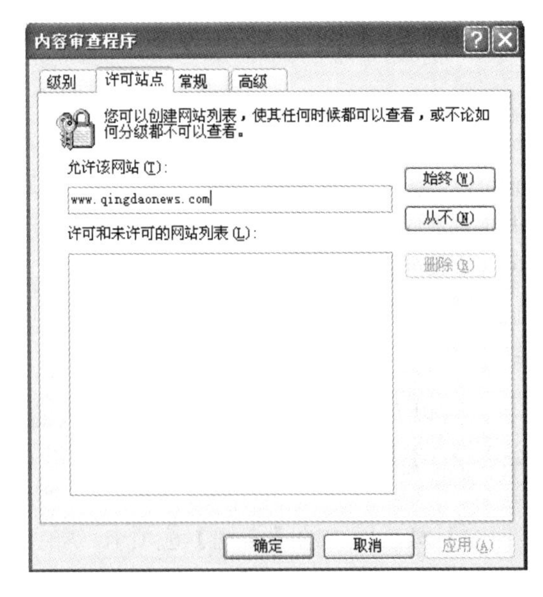

图 4-35 【许可站点】选项卡

对每个需要设置的 Web 站点必须重复以上操作过程。

（3）单击【确定】按钮。

试一试

1. 设置查看受限制内容。
2. 将你学校的网站站点设置为许可站点。

4.5　申请邮箱并接发邮件

- 你有哪些电子邮箱？你是如何申请电子邮箱的？
- 如何通过门户网站收发电子邮件？

电子邮件（E-mail）服务是 Internet 的一项主要功能，自从有了 Internet，利用电子邮件互相联络的人越来越多。电子邮件以其传递速度快、可达范围广、功能强大和使用方便等优点已经迅速成为网上用户的主要通信手段之一。本节将介绍如何申请电子信箱以及收发电子邮件的方法。

4.5.1　申请电子邮箱

电子邮箱地址的格式是：用户名@电子邮件服务器名。例如，qdwy941226@163.com。电子邮件地址由用户名、@（读做 at）分隔符和电子邮件服务器三部分组成。用户名不一定是真实的姓名，一般由字母、数字等组成，字母不区分大小写。

电子邮件服务器分邮件接收服务器和邮件发送服务器两种。电子邮件服务器与用户计算机之间的协议是 POP3（Post Office Protocol-Version 3，邮局协议第 3 版），它是 Internet 电子邮件的第一个标准。它提供信息存储功能，保存收到的电子邮件直到用户登录下载，并且在所有信息和附件下载后从服务器上删除。邮件服务器之间的协议是 SMTP（Simple Mail Transfer Protocol，简单邮件协议），主要完成邮件服务器对邮件的存储或转发操作。

【例 4】 目前 Internet 上提供免费邮箱服务的 ISP 非常多，有些综合网站提供免费电子邮箱服务，如申请网易 163 免费电子邮箱。

（1）在 IE 浏览器地址栏中输入：mail.163.com，打开网易邮箱首页，如图 4-36 所示。

（2）单击【马上注册】链接，出现【网易通行证】窗口，填写邮箱用户名、密码等信息，如图 4-37 所示。

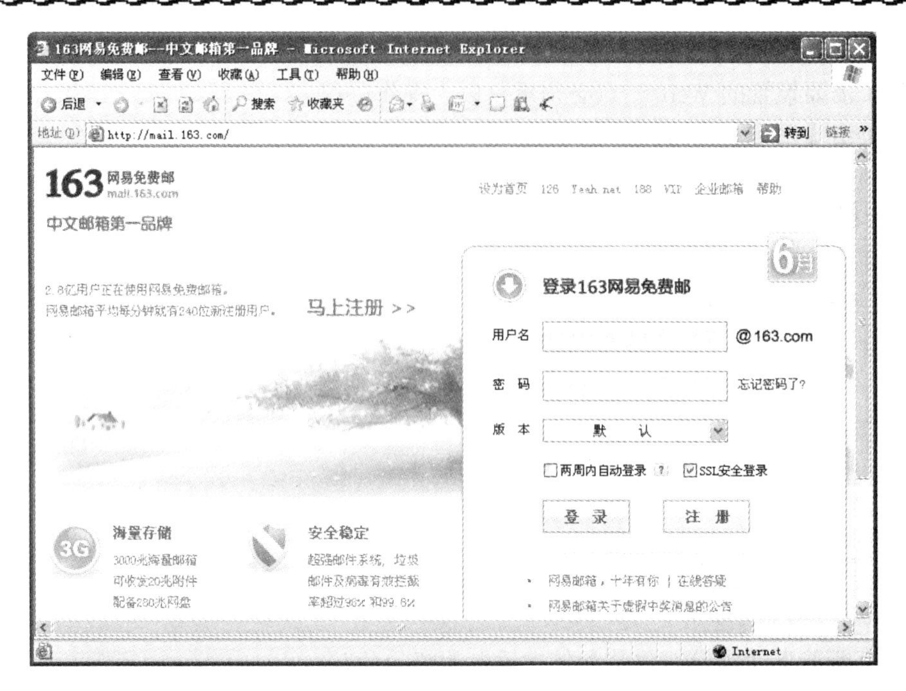

图 4-36 网易邮箱首页

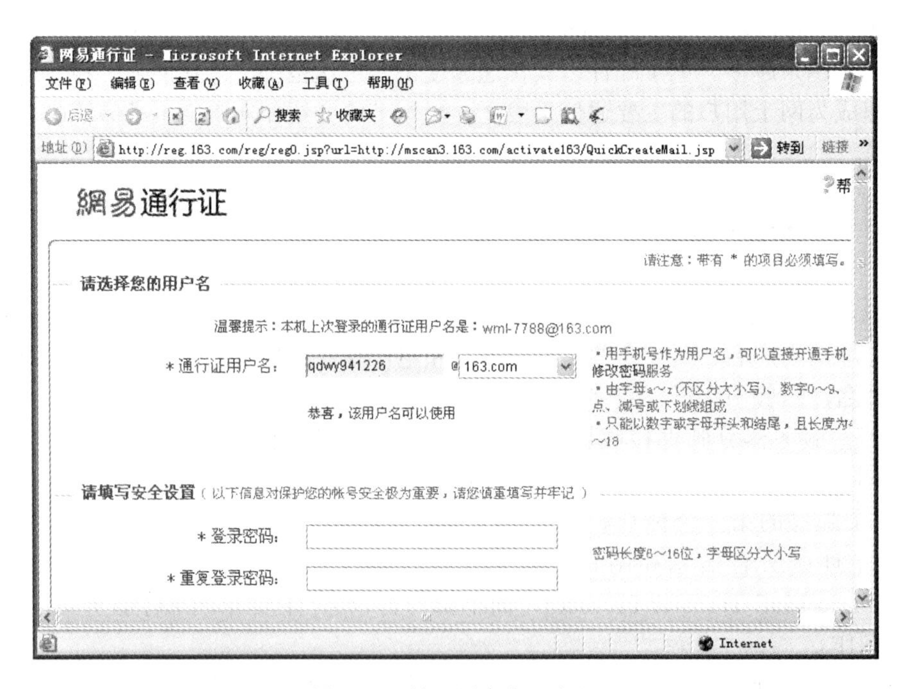

图 4-37 填写用户名及密码

（3）填写用户名后，在下面直接显示该用户名是否被注册占用，如果已经被抢注，需要更换一个，然后填写登录密码等信息。填写完毕后单击【注册账号】按钮，出现 163 免费邮箱申请成功窗口，如图 4-38 所示。

至此，已经申请了 163 免费电子邮件，就可以收发电子邮件了，但要记住你申请的用户名和密码。

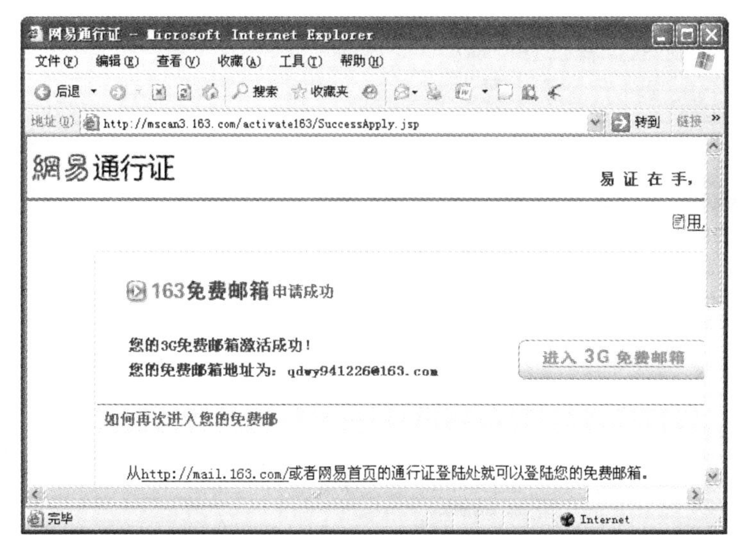

图 4-38　163 免费邮箱申请成功窗口

4.5.2　发送与接收电子邮件

1. 撰写和发送电子邮件

【例 5】 查使用申请的电子邮箱给同学或朋友发送一封邮件。

（1）打开如图 4-36 所示的网易免费电子邮箱窗口，输入用户名和密码，然后单击【登录】按钮，进入如图 4-39 所示的界面。

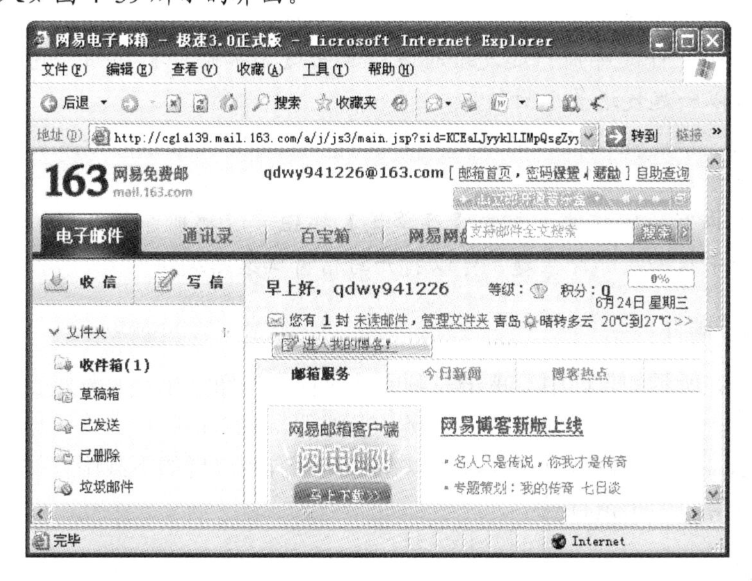

图 4-39　163 免费邮箱窗口

（2）撰写邮件，单击左侧的【写信】按钮，出现撰写邮件窗口，【发件人】中显示用户邮箱，在【收件人】框输入要接收邮件人的邮箱地址，在【主题】框中输入邮件主题，在下面空白处输入信件内容，如图 4-40 所示。

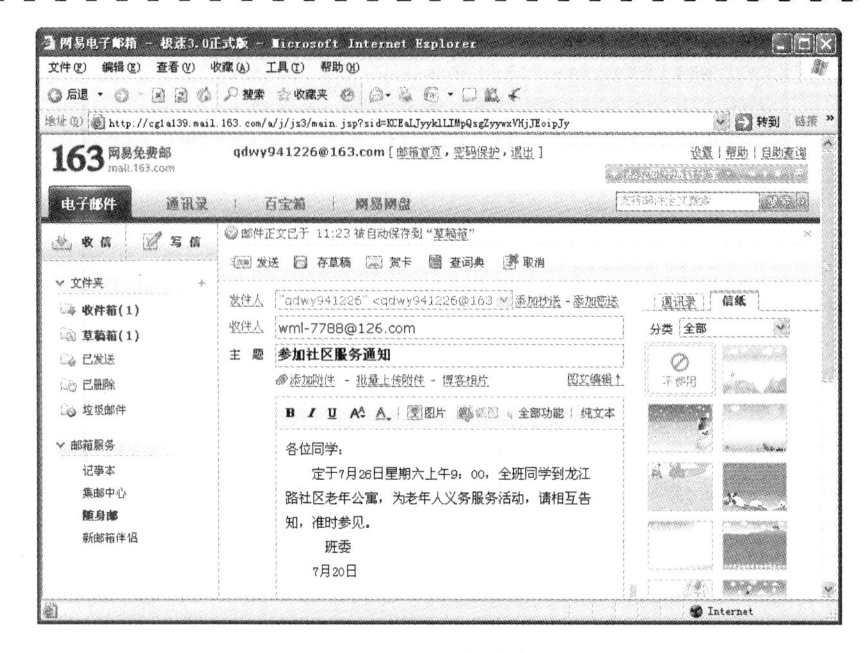

图 4-40 撰写邮件窗口

（3）如果你想把邮件同时发给多个人，可以单击【发件人】后的【添加抄送】或【添加密送】，抄送其实也就是在你给某人发送邮件时同时将这封信发送给其他更多的人。密送和抄送的唯一区别就是它能够让各个收件人无法查看到这封邮件同时还发送给了哪些人。密件抄送是个很实用的功能，假如你一次向成百上千位收件人发送邮件，最好采用密件抄送方式，这样一来可以保护各个收件人的地址不被其他人轻易获得。抄送或密送的多个电子邮件地址之间一般使用分号分隔。

如果想把一个文件随邮件一起发给对方，单击【添加附件】按钮，查找需要作为附件发送的文件，可以一起发送多个附件。

（4）邮件写完后，单击后面的【发送】按钮立刻将邮件发出，并在窗口中出现【邮件发送成功】提示信息。

如果短时间内写不完信件，单击【存草稿】按钮可以把邮件暂存到草稿箱去，下次登录后，在草稿箱中双击该邮件主题，可以打开写信窗口继续编辑。

2. 接收电子邮件

在如图 4-39 所示的页面中，单击左侧的【收信】按钮，出现收件箱窗口，并显示几封没有阅读的邮件。在收信箱文件夹中，选择一封邮件，双击该邮件主题可以打开这封邮件，如图 4-41 所示。如果邮件带有附件，可以在附件栏右侧出现的下载附件按钮上单击，把附件下载到本地计算机的指定目录中。

提示

当 IE 浏览器损坏时，可以进行修复。一种方法是在【控制面板】窗口中的【添加/删除程序】选项中可通过再次安装 IE 浏览器达到修复的目的。另一种方法是选择【开始】菜单中的【运行】命令，打开【运行】对话框，在改对话框中输入：sfc /scannow

后按 Enter 键。

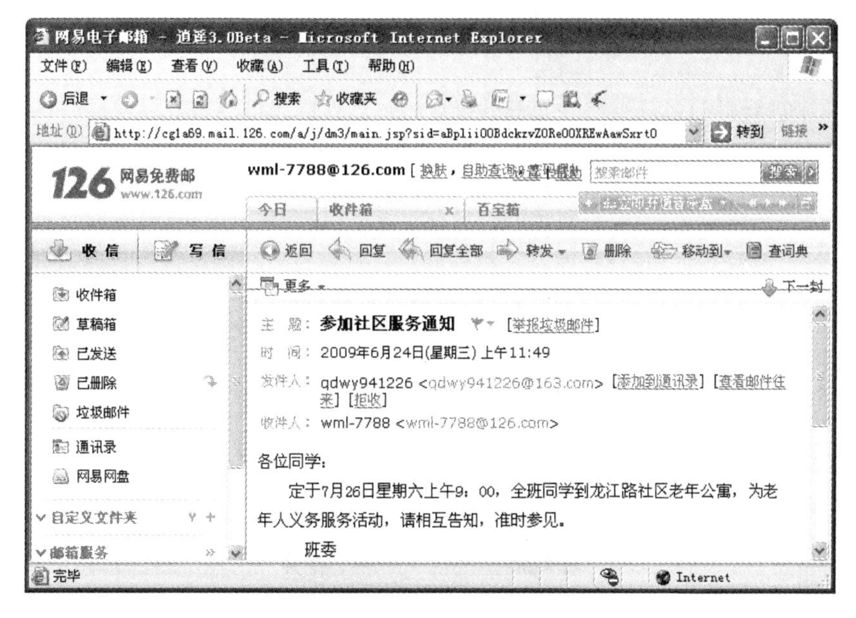

图 4-41　接收并阅读邮件

试一试

1. 撰写一封电子邮件，并发给同学，通知对方你已经拥有了电子信箱。
2. 撰写一封带有附件的电子邮件，如把一首 MP3 歌曲作为附件，并发给自己和同学。
3. 接收同学发来的电子邮件。

相关知识

MSN Messenger 简介

使用 MSN Messenger 是一个即时通讯工具软件，可以与朋友联机聊天，可以向朋友的手机或寻呼机发送消息，还可以共享照片、音乐和其他文件，如图 4-42 所示。另外，MSN 推出的服务实现了门户网站与即时通讯工具的无缝融合，用户可以方便快捷地进入 MSN 社区、拍卖、图铃下载、汽车、游戏五大频道。目前最新的 MSN Messenger 是 9.0 版本。

MSN 全称为 Microsoft Network，是“微软网络服务”的意思。微软已经发布了两种 MSN Messenger 客户端：MSN Messenger（也叫“.NET Messenger”）和 Windows Messenger。微软向大多数 Windows 用户推荐使用 MSN Messenger，包括 Windows XP 在内，Windows Messenger 被绑定在操作系统中。其他人和公司已经写了第三方 MSN Messenger 客户端。用户能在资源页列表中看到一些客户端。MSN Messenger 一般被认为是事实上的标准客户端，而其他大多数的客户端从它的行为中确定他们的发展方向，所以它在网上被认为是“官方客户端”。中国 MSN 则包括了 MSN 门户网站、MSN Messenger、MSN Spaces、MSN Hotmail 和 MSN Mobile 等多个产品。

图 4-42　已登录的 MSN 界面

MSN Spaces 博客即为 Blog，又称“网络日志”，在很短的时间内，MSN Spaces 便跻身于全球用户拓展速度最快的 Blog 服务之列。MSN Spaces 的易用性、功能融合性、内容模板的个性化、速度的稳定性等方面优于同行。

MSN Hotmail 提供免费的电子邮件服务，免费邮箱容量升至 250MB 以上，发送附件的大小则达到 10MB。同时，在性能上，MSN Hotmail 更注重安全性，通过扫毒软件服务，自动对电子邮件中的附件进行病毒扫描并自动删除被病毒感染的文件。同时，MSN Hotmail 通过微软专有的 SmartScreen 垃圾邮件过滤技术，结合用户个人设置，最大限度的拦截垃圾邮件。

4.6　使用 QQ 聊天工具

- 你使用过 QQ 进行聊天吗？
- 你知道 QQ 聊天工具有哪些功能吗？

4.6.1　使用 QQ 进行聊天

腾讯 QQ 是由深圳市腾讯计算机系统有限公司开发的一款基于 Internet 的即时通信软件，可以使用 QQ 和好友进行交流信息、相片即时发送和接收、语音视频面对面聊天，功能非常全面。此外 QQ 还具有与手机聊天、网上寻呼、聊天室、点对点断点续传传输文件、共享文件、QQ 邮箱、网络收藏夹、发送贺卡等功能。QQ 不仅仅是简单的即时通信软件，它

与全国多家寻呼台、移动通信公司合作，实现传统的无线寻呼网、GSM 移动电话的短消息互联，是国内最为流行功能最强的即时通信软件。同时，QQ 还可以与移动通讯终端、IP 电话网、无线寻呼等多种通讯方式相连，使 QQ 不仅仅是单纯意义的网络虚拟呼机，而是一种方便、实用、高效的即时通信工具。

随着时间的推移，根据 QQ 所开发的附加产品越来越多，如 QQ 宠物、QQ 音乐、QQ 空间等，受到 QQ 用户的青睐。使用 QQ 即时通信工具，必须先下载并安装到本机中才能使用。

1. 下载与安装 QQ 软件

（1）在 IE 浏览器地址栏中，输入腾讯网地址 http://www.qq.com，页面显示如图 4-43 所示。

图 4-43　腾讯首页

（2）在腾讯网首页中，单击【QQ 软件】超链接，打开该网站的软件中心页面，可以下载最新版 QQ 软件，如当前最新版为 QQ2009 SP3。

（3）QQ 软件下载后即可安装在计算机中，安装完成后运行，出现图 4-44 所示 QQ 登录界面。

图 4-44　QQ2009 登录界面

2. 申请 QQ 账号

使用 QQ 软件前需要注册获取 QQ 账号，然后才能与朋友或同学进行网上聊天。

（1）在图 4-44 中单击【注册新账号】按钮或直接打开 http://im.qq.com 网页，出现图 4-45 所示申请 QQ 账号的页面。

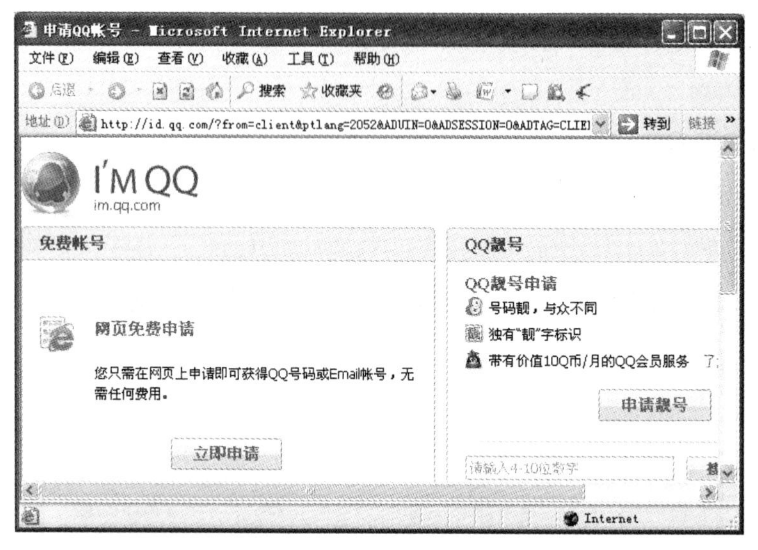

图 4-45　申请 QQ 账号

（2）单击【立即申请】按钮，在打开的页面中按照提示进行操作，在申请过程中需要填写申请者的相关信息，如昵称、生日、性别、密码等信息。

（3）填写所有信息并输入验证码后，单击【确定并同意一下条款】按钮，则出现图 4-46 所示的申请成功页面。申请的 QQ 号码和密码要记住。

图 4-46　申请 QQ 账号成功界面

3. 登录 QQ

（1）在如图 4-44 所示的登录界面，输入申请的 QQ 账号和密码，如果想让系统每次开机后自动登录，可选择【自动登录】，单击【登录】按钮即可，如图 4-47 所示。

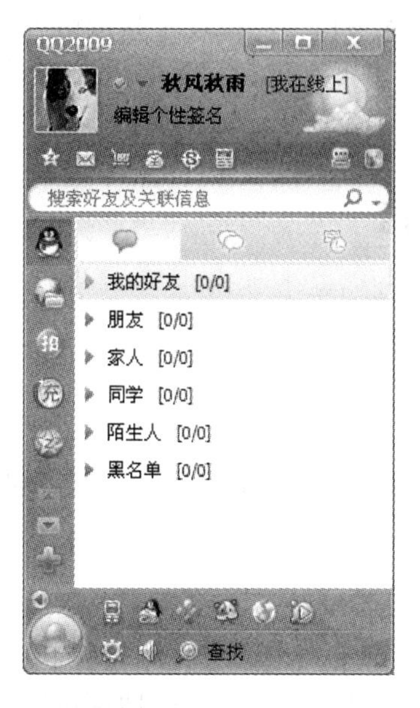

图 4-47　QQ 界面

（2）选择登录后的状态，有【我在线上】、【忙碌】、【离开】、【隐身】等。

4. 使用 QQ 聊天

如果要和朋友或同学进行聊天，需要知道他们的 QQ 账号，然后单击 QQ 窗口下方的【查找】按钮，在弹出的对话框中，选择【精确查找】，在【账号】输入框中输入好友的 QQ 账号，再单击【查找】按钮，找到以后单击“加为好友”按钮，经过确认即可。

（1）在 QQ 的我的好友中选择需要对话的好友，双击他的头像，打开聊天对话框，输入聊天内容可以进行聊天，如图 4-48 所示。

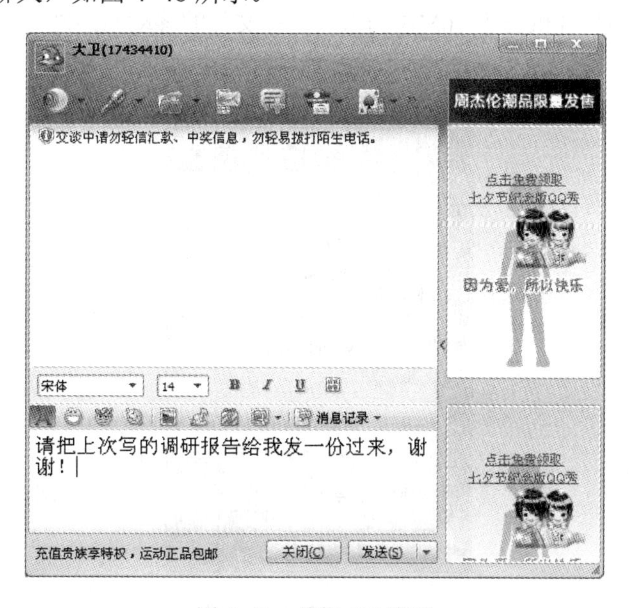

图 4-48　使用 QQ 聊天

（2）单击【发送】按钮，就可以与对方直接聊天了（如果对方也在 QQ 上）。

在如图 4-49 所示的 QQ 聊天窗口中，通过工具按钮可以与好友进行视频聊天（前提是自己和好友都安装了摄像头）、也可以进行语音聊天、传送文件，以及设置聊天文字的字体、字号、颜色、向对方发送表情图片等。

4.6.2　使用 QQ 网络硬盘

网络硬盘是指通过网络连接管理使用的远程硬盘空间，可用于传输、存储和备份计算机的数据文件，方便用户管理使用。

1．分享资源

使用网络硬盘可以随时随地发送，只需要上传一次，可以根据用户的下载速度节省相应的时间，并且可以永久备份。

2．保存文件

当在外地出差时，如果需要携带大量的文件，可以将文件存放在网络硬盘中，文件类型不作限制。只要有网络，无论身处何方，随时随地都可以取出来使用，安全方便可靠。

用网络硬盘来保存重要文件，防止文件丢失，一般网络硬盘提供商都会定期对文件进行备份，非常安全。虽然网络硬盘上的资源是共享的，但是现在很多网络硬盘都支持对文件或者对文件夹加密，防止别人查看

3．论坛绑定

很多论坛，由于都是虚拟主机，用户要在其中发文件往往受到很多限制，这个时候网络硬盘的出现刚好弥补了这个缺陷。可以在网络硬盘里保存文件，然后把文件下载地址粘贴到论坛中去。

另外用户的文件如图片音乐，更可以链接到你的空间、博客中，解决了博客不能保存文件的缺陷。

QQ 网络硬盘为用户提供一个 16MB 的永久保存文件的移动网络硬盘，如图 4-49 所示。

图 4-49　QQ 网络硬盘

（1）网络硬盘：为用户提供了一个 16MB 的永久存储空间。这就意味着，保存在其中的文件、照片等都不会被定时清除。

（2）文件中转：提供 1GB 的临时空间。用户外出可以不带大容量闪存，临时保存在这里，不过，它只有 7 天的中转期。过了 7 天，保存的文件就会消失。

（3）共享资源：可以通过它分享到好友、群友上传的内容，也可以通过设置，让好朋友分享你上传的文件。

试一试

1. 安装最新版的 QQ 聊天工具。
2. 使用 QQ 与同学或朋友进行聊天，并发送自己的照片给朋友。
3. 建立一个同学群，并与群中的同学共享文件。

相关知识

网络日志简介

网络日志后来缩写为 Blog，而博客(Blogger)就是写 Blog 的人。博客是一种表达个人思想、网络链接、内容，按照时间顺序排列，并且不断更新的出版方式。

Blog 是继 Email、BBS、ICQ 之后出现的第四种网络交流方式，是网络时代的个人“读者文摘”，是以超级链接为武器的网络日记，是代表着新的生活方式和新的工作方式，更代表着新的学习方式。

一个 Blog 其实就是一个网页，它通常是由简短且经常更新的帖子所构成，这些张贴的文章都按照年份和日期倒序排列。Blog 的内容和目的有很大的不同，从对其他网站的超级链接和评论，有关公司、个人构想到日记、照片、诗歌、散文，甚至科幻小说的发表或张贴都有。许多 Blogs 是个人心中所想之事情的发表，其它 Blogs 则是一群人基于某个特定主题或共同利益领域的集体创作。QQ 也为用户提供 QQ 空间，如图 4-50 所示。

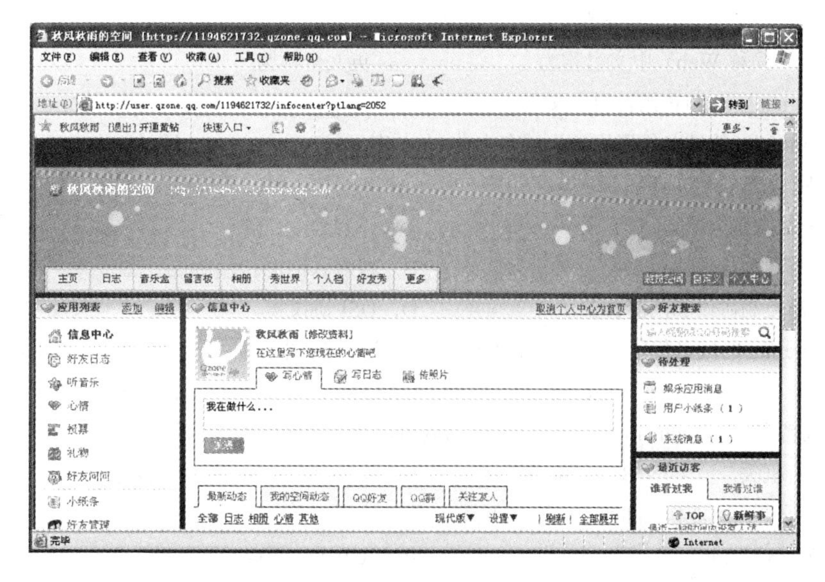

图 4-50　QQ 空间

在 QQ 空间上可以书写日记，上传自己喜欢的图片，链接动听的音乐，写心情。通过多种方式展现自己。除此之外，用户还可以根据自己的喜爱设定空间的背景、小挂件等，从而使每个空间都有自己的特色。当然，QQ 空间还为精通网页的用户还提供了高级的功能：可以通过编写各种各样的代码来打造自己的空间。QQ 空间集成网络日志、相册、音乐盒、神奇花藤、互动等专业动态功能，更可以合成自己喜欢的个性大头贴，并且还有各式各样的皮肤、漂浮物、挂件等大量装饰物品，可以随心所欲更改空间装饰风格。不过 QQ 空间当中的服务大部分是有偿的。

思考与练习

一、填空题

1．Internet 能为用户提供的服务项目很多，主要包括____________、____________、____________以及信息查询服务等。

2．计算机网络中，通信双方必须共同遵守的规则或约定，称为________。

3．Internet 上最基本的通信协议是__________。

4．TCP/IP 协议中的 TCP 是________协议，IP 是________协议。

5．IP 地址根据网络规模和应用的不同，分为________类，常用的有________类。

6．Internet 中，IP 地址表示形式是彼此之间用圆点分隔的四个十进制数，每个十进制数的取值范围为____________。

7．一个完整的 URL 可以包括___________、域名或 IP 地址、资源存放路径、____________等内容。

8．常见的 Internet 连接方式主要有____________、____________、____________和____________等。

9．在 Internet 上访问 Web 网站常用的 Web 浏览器是____________。

10．电子信箱地址中，用户账号（又叫用户名）与服务器域名之间用___________隔开。

11．电子邮件服务器分邮件接收服务器和邮件发送服务器两种，其中电子邮件服务器与用户计算机之间的协议是___________，邮件服务器之间的协议是___________。

12．WWW（简称 Web）中文名称为____________，英文全称为________________。

13．在 Internet 中，FTP 代表的含义是____________________________。

14．根据 Internet 的域名代码规定，域名中的.com 表示是____________网站。

二、选择题

1．TCP/IP 协议的含义是（　　）。

A．局域网的传输协议　　B．拨号入网的传输协议
C．传输控制协议和网际协议　　D．OSI 协议集

2．根据 internet 的域名代码规定，表示政府部门网站的域名中是（　　）。

A．.net　　B．.com　　C．.gov　　D．.org

3．有一域名为 xuexi.edu.cn，根据域名代码的规定，此域名表示的机构是（　　）。

A．政府机关　　B．商业组织　　C．军事部门　　D．教育机构

4．下列各项中，不能作为 Internet 的 IP 地址的是（　　）。

A．202.96.12.14　　B．202.196.72.140
C．112.256.23.8　　D．201.124.38.79

5．域名 wy.xuexi.edu.cn 中主机名是（　　）。

A．wy　　B．edu　　C．cn　　D．xuexi

6．拥有计算机并以拨号方式接入网络的用户需要使用（　　）。

A．CD-ROM　　B．鼠标　　C．浏览器软件　　D．Modem

7．统一资源定位器 URL 的格式是（　　）。

A．协议://域名或 IP 地址/路径/文件名　　B．协议://路径/文件名

C．TCP/IP 协议　　D．http 协议

8．通过 ADSL 连接 Internet，该接入方式属于（　　）。

A．拨号连入方式　　B．专线连入方式

C．无线连入方式　　D．局域网连入方式

9．Intranet 属于一种（　　）。

A．企业内部网　　B．广域网　　C．电脑软件　　D．国际性组织

10．个人计算机申请了账号并采用拨号方式接入 Internet 网后，该机（　　）。

A．拥有与 Internet 服务商主机相同的 IP 地址

B．拥有自己的惟一但不固定的 IP 地址

C．拥有自己的固定且惟一的 IP 地址

D．只作为 Internet 服务商主机的一个终端，因而没有自己的 IP 地址

11．正确的电子邮箱地址的格式是（　　）。

A．用户名+计算机名+机构名+最高域名

B．用户名+@+计算机名+机构名+最高域名

C．计算机名+机构名+最高域名+用户名

D．计算机名+@ +机构名+最高域名+用户名

12．下列各项中，可以作为电子邮箱地址的是（　　）。

A．qdwy26@163.com　　B．qdwy26#yahoo

C．qdwy26.256.23.8　　D．qdwy26&suho.com

13．电子邮箱地址中没有（　　）。

A．用户名　　B．邮箱的主机域名　　C．用户密码　　D．@

14．电子邮件是 Internet 应用最广泛的服务项目，通常采用的传输协议是（　　）。

A．SMTP　　B．TCP/IP　　C．CSMA/CD　　D．IPX/SPX

15．以下关于电子邮件说法错误的是（　　）。

A．用户只要与 Internet 连接，就可以发送电子邮件

B．电子邮件可以在两个用户间交换，也可以向多个用户发送同一封邮件，或将收到的邮件转发给其他用户

C．收发邮件必须有相应的软件支持

D．用户可以以邮件的方式在网上订阅电子杂志

三、简答题

1．Internet 和 Intranet 有什么不同？

2．ISP 的含义是什么？

3．什么是脱机浏览？

4．如何保存当前网页的内容？

5．如何保存网页中的一幅图片？

6．你所知道的专业搜索引擎网站有哪些？

7．在 Internet 选项中如何设置查看受限制内容？

8．如何接收和发送电子邮件？

四、操作题

1．从 Internet 搜索关于奥运会中有关乒乓球比赛的图片资料，下载 3～5 幅并保存磁盘上。

2．从网上搜索一篇关于如何学习游泳的资料，保存到 Word 文档中。

3．通过百度网站搜索并试听一首 MP3 歌曲。

4．设置限制访问不良站点。

5．选择一个 ISP，申请一个免费的电子信箱，并分别向另一位同学发一封电子邮件。

6．使用 QQ 聊天工具给同学传送一组照片。

7．使用 QQ 空间建立自己的博客。

第 5 章　使用 Outlook Express

学习目标

- 能对 Outlook Express 进行收发邮件的基本设置
- 能使用 Outlook Express 同时接收多个用户的电子邮件
- 能使用 Outlook Express 同时将邮件发送给多个用户
- 能对邮件进行分类管理
- 能建立联系人组和标识
- 能将邮件发送给联系人组

现在大多数计算机用户每天都通过 Internet 收发电子邮件（E-mail），无论是发往全国还是发往世界各地的电子邮件，只需要几秒钟到几分钟的时间，并且费用比普通信件要少得多。因此，电子邮件是一种成本低廉、传递迅速、全球畅通的现代化通讯方式。它突破了传统邮件的服务方式和服务范围，能够在任何 Internet 用户之间实现信息的传递，这些信息包括文本、声音、图像等。

5.1　配置 Outlook Express

问题与思考

- 除了通过门户网站发送邮件外，使用过 Windows XP 内置的 Outlook Express 进行邮件的收发吗？
- 与门户网站相比，使用 Outlook Express 收发邮件有哪些优势？

5.1.1　启动 Outlook Express

启动 Outlook Express 的操作方法如下：

单击【开始】菜单【所有程序】中的【Outlook Express】命令按钮（或桌面中的

【Outlook Express】)。

在第一次启动 Outlook Express 时，自动打开 Internet 连接向导，提示用户输入用户名、电子邮件地址，填写电子邮件服务器域名等，用户可以不填写这些。启动 Outlook Express 程序后的窗口如图 5-1 所示。

图 5-1 Outlook Express 窗口

【Outlook Express】窗口的左侧是文件夹和联系人列表窗口，右侧是电子邮件窗口。

如果 Outlook Express 不是默认的邮件客户程序，在 IE 浏览器中可以将其设置自动收发电子邮件的应用程序。操作方法如下：

在 IE 的【工具】菜单中选择【Internet 选项】命令，打开【Internet 选项】对话框。在【程序】选项卡的【电子邮件】下拉框列表中选择【Outlook Express】，如图 5-2 所示，指定与 IE 同时使用的 Internet 电子邮件程序。

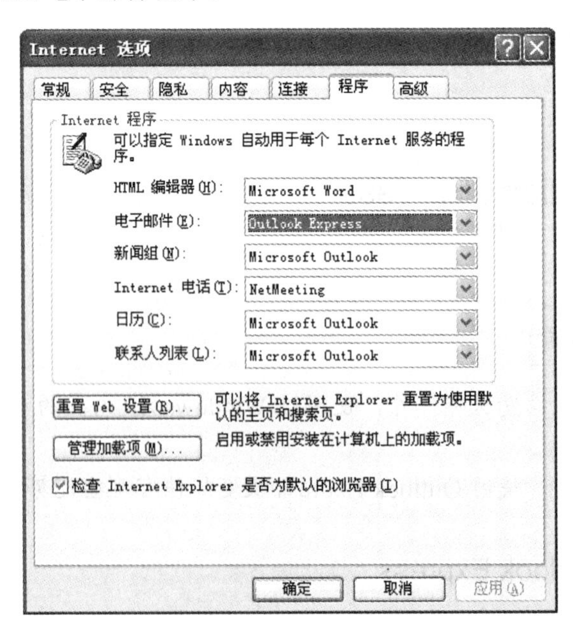

图 5-2 【程序】选项卡

5.1.2　添加邮件账号

在 Outlook Express 中设置电子邮件账号，需要知道邮件账号，所使用的邮件服务器的类型（POP3、IMAP 或 HTTP）、账号名和密码，以及接收、发送邮件服务器的名称。

【例 1】 为了能使用 Outlook Express 进行收发邮件，在 Outlook Express 中添加电子邮箱 qdwy26@163.com。

（1）在图 5-1 所示的 Outlook Express 窗口中，单击【工具】菜单中的【账户】命令按钮，打开【Internet 账户】对话框，选择【邮件】账号选项卡，如图 5-3 所示。

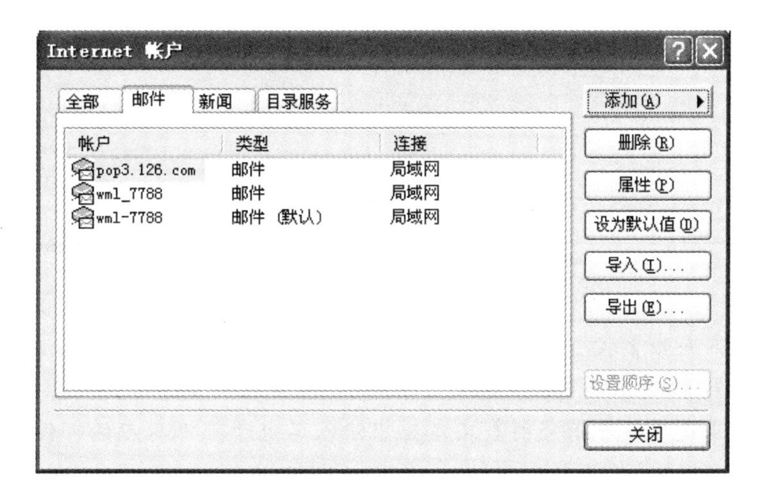

图 5-3　【邮件】选项卡

（2）单击【添加】按钮，从弹出的菜单中选择【邮件】命令，启动【Internet 连接向导】，如图 5-4 所示，在【显示名】框中输入用户名。

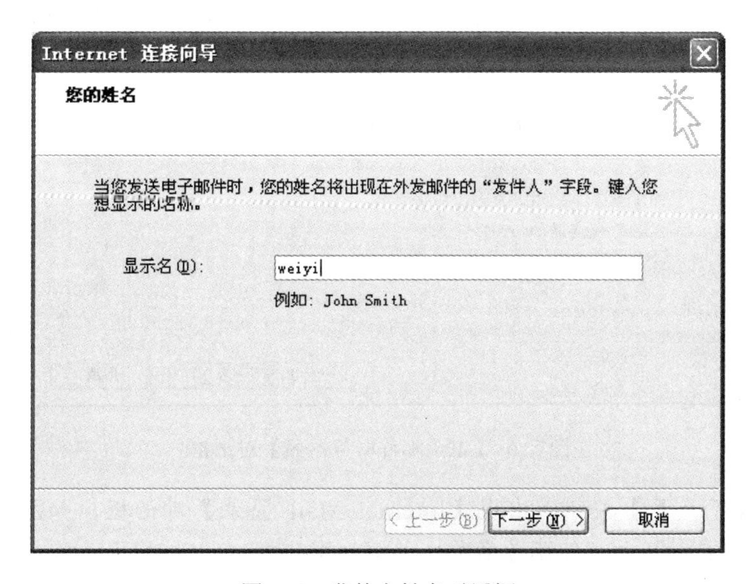

图 5-4　发件人姓名对话框

（3）单击【下一步】按钮，出现【Internet 电子邮件地址】对话框，如图 5-5 所示。在【电子邮件地址】文本框中输入一个电子邮箱地址。例如，输入“qdwy26@163.com”。

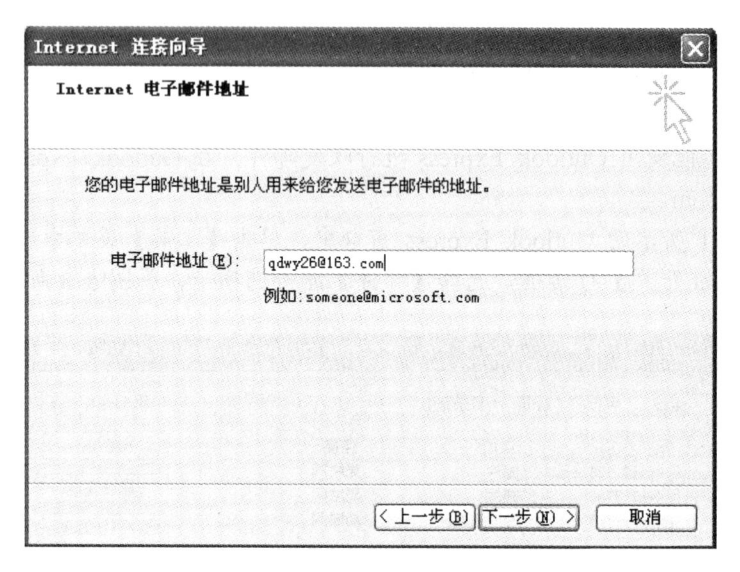

图 5-5 【Internet 电子邮件地址】对话框

（4）单击【下一步】按钮，出现【电子邮件服务器名】对话框，如图 5-6 所示。在【接收邮件服务器】文本框中输入与电子邮件地址对应的 POP3 服务器名，例如，pop.163.com；在【发送邮件服务器】文本框中输入与电子邮件对应的邮件发送服务器名，例如，smtp.163.com。

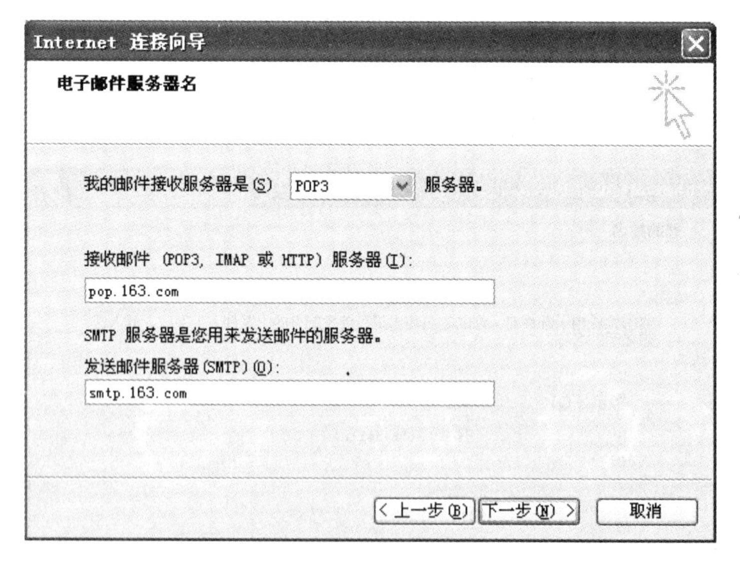

图 5-6 【电子邮件服务器名】对话框

（5）单击【下一步】按钮，出现【Internet Mail 登录】对话框，如图 5-7 所示。在【账户】文本框中自动显示邮件账号名称，并键入密码。

（6）单击【下一步】按钮，出现【祝贺】完成账户添加对话框，单击【完成】按钮，完成添加账户操作。

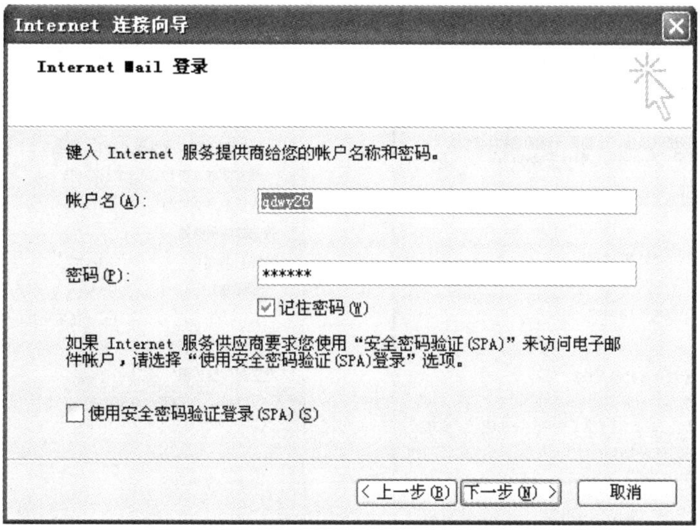

图 5-7　【Internet Mail 登录】对话框

新添加的账户显示在如图 5-8 所示的邮件账户列表中。Outlook Express 可以管理多个邮件账户，用户可以添加多个邮件账号。

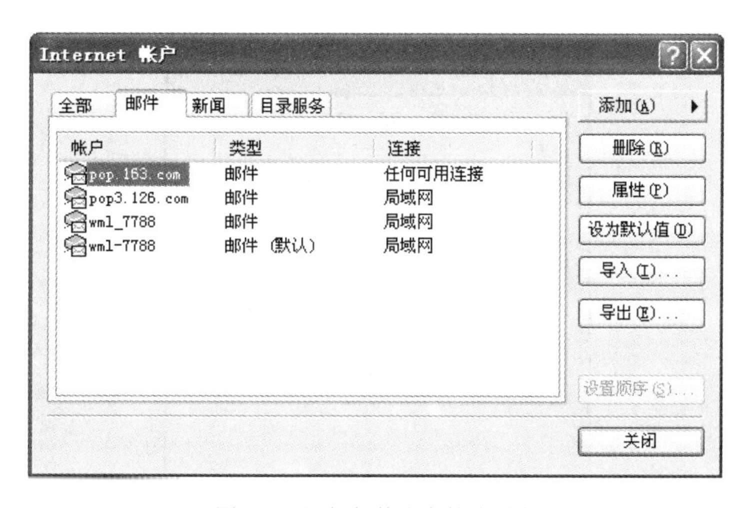

图 5-8　添加邮件账户的选项卡

5.1.3　修改邮件账号属性

对于添加的邮件账号，可以修改其属性。具体操作步骤如下：

（1）在如图 5-8 所示的【Internet 帐户】对话框中，如果添加了多个邮件账号，选择一个要修改的邮件账号。

（2）单击【属性】按钮，打开邮件账号属性对话框。在该属性对话框的【常规】选项卡中可以设置邮件账户和用户信息，如图 5-9 所示。

（3）在属性的【服务器】选项卡中，可以设置收发邮件服务器的类型、地址以及接收邮件服务器的账户名、密码等，如图 5-10 所示，选择【我的服务器要求身份验证】复选框。

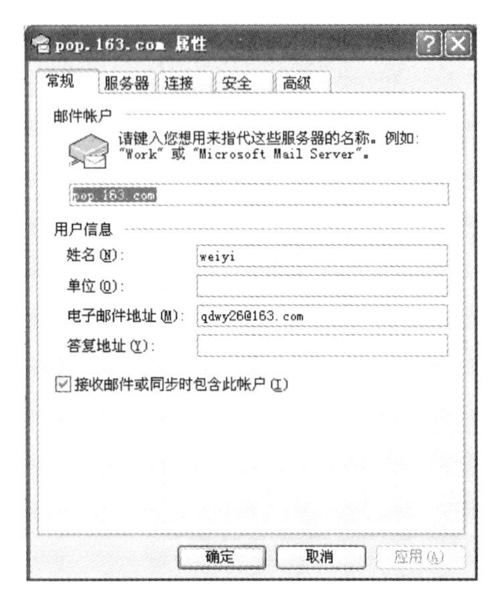

图 5-9 【常规】选项卡

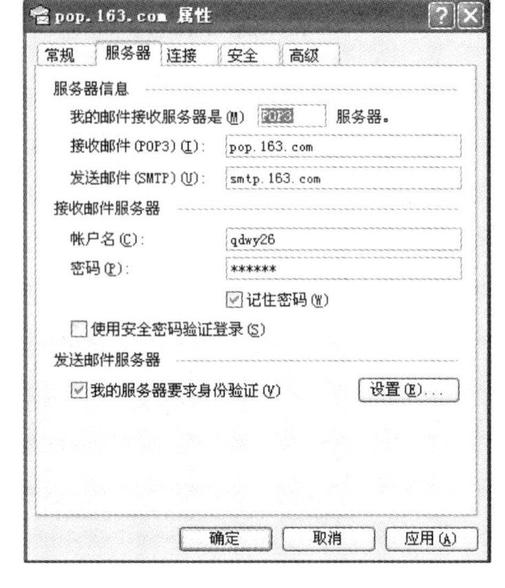

图 5-10 【服务器】选项卡

（4）在【连接】选项卡中，可以设置连接邮件服务器的连接方式是通过局域网还是拨号连接等，如图 5-11 所示。

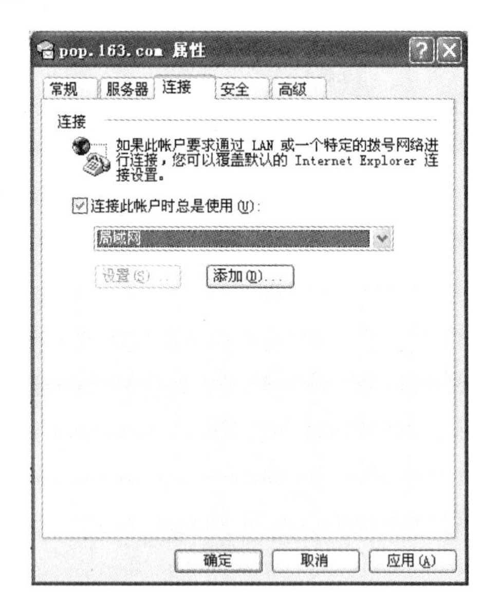

图 5-11 【连接】选项卡

最后单击【确定】按钮。完成以上设置之后，就可以利用 Outlook Express 收发电子邮件了。

试一试

对 Outlook Express 进行设置，并添加使用你的电子邮箱账号。

相关知识

Outlook Express 简介

Windows XP 为用户收发电子邮件内置了 Outlook Express 6 应用程序。使用 Outlook Express 可以在 Interne 上与任何人交换电子邮件、参加新闻组交换信息等。Outlook Express 主要有以下功能:

● 管理多个电子邮件和新闻组账户

如果拥有多个电子邮件或新闻组账户，可以在一个窗口中处理它们。也可以为同一个计算机创建多个用户或身份。每一个身份都具有惟一的电子邮件文件夹和一个单个通讯簿。

● 轻松快捷地浏览邮件

邮件列表和预览窗格允许在查看邮件列表的同时阅读单个邮件。文件夹列表包括电子邮件文件夹、新闻服务器和新闻组，而且可以很方便地相互切换。还可以创建新文件夹以组织和排序邮件，然后可设置邮件规则，这样接收到的邮件中符合规则要求的邮件会自动放在指定的文件夹里。

● 在服务器上保存邮件以便从多台计算机上查看

如果 ISP 提供的邮件服务器使用 Internet 邮件访问协议(IMAP)来接收邮件，那么不必把邮件下载到本地计算机，在服务器的文件夹中就可以阅读、存储和组织邮件。

● 使用通讯簿存储和检索电子邮件地址

在答复邮件时，即可将姓名与地址自动保存在通讯簿中。也可以从其他程序中导入姓名与地址；通过接收到的电子邮件添加或在搜索普通 Internet 目录服务（空白页）的过程中添加它们。

● 在邮件中添加个人签名或信纸

可以将重要的信息作为个人签名的一部分插入到发送的邮件中，而且可以创建多个签名以用于不同的目的。也可以包括有更多详细信息的名片。为了使邮件更精美，可以添加信纸图案和背景，还可以更改文字的颜色和样式。

● 发送和接收安全邮件

可使用数字标识对邮件进行数字签名和加密。数字签名邮件可以保证收件人收到的邮件确实是你发出的。加密能保证只有预期的收件人才能阅读该邮件。

● 查找感兴趣的新闻组

想要查找感兴趣的新闻组，可以搜索包含关键字的新闻组或浏览由 Usenet 提供商提供的所有可用新闻组。查找需要定期查看的新闻组时，可以将其添加到“已订阅”列表，以方便日后查找。

Office 软件内的 Outlook 与 Outlook Express 是两个完全不同的软件平台，他们之间没有共享代码，但是这两个软件是设计理念是共通的。

5.2　收发电子邮件

● 如何使用 Outlook Express 进行邮件的收发？
● 如何使用 Outlook Express 将邮件转发给其他人？

为了检测 Outlook Express 设置的是否正确，用户可以先给自己发送一封电子邮件，然后再接收它。

5.2.1 创建和发送新邮件

要发送邮件，必须先创建一个新邮件，确定要发送邮件的内容。

【例 2】 使用 Outlook Express 发送一封邮件给自己，并同时将该邮件抄送给另一个朋友。

（1）在 Outlook Express 窗口中，单击工具栏上的【创建邮件】按钮，打开【新邮件】窗口，如图 5-12 所示（如果只有一个邮件账户，则不出现【发件人】栏）。

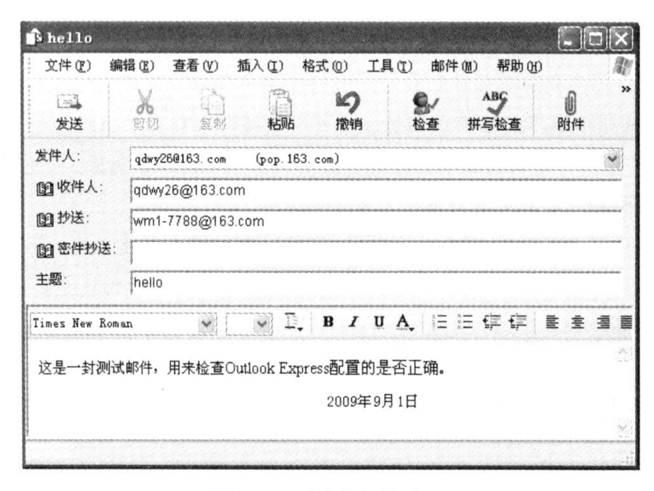

图 5-12 创建邮件窗口

（2）在【收件人】文本框中，键入收件人的电子邮件地址；如果有多个邮件账号设置，单击【收件人】按钮，打开【选择收件人】对话框，如图 5-13 所示，选择要使用的邮件账号。如果要抄送其他人，在抄送文本框中键入收件人的电子邮件地址，如果要抄送多人，邮件地址分别用逗号或分号间隔。

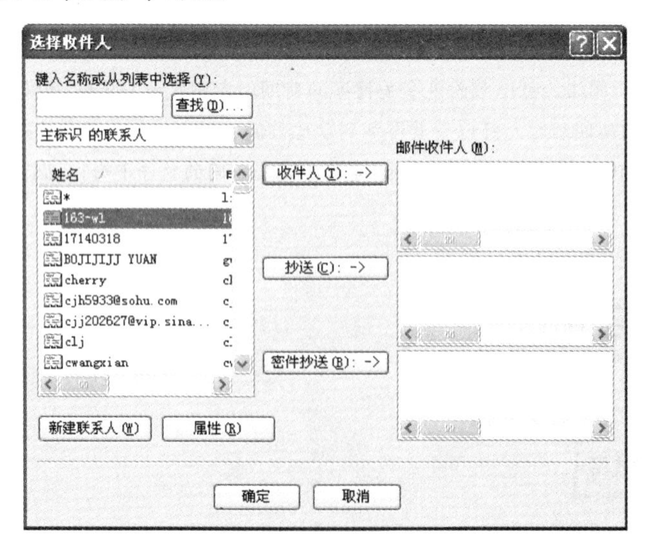

图 5-13 创建邮件窗口

提示

如果要从通讯簿中添加电子邮件地址，单击新邮件窗口中【收件人】、【抄送】和【密件抄送】旁的图标，在打开的【选择收件人】对话框中选择收件人、抄送人和密件抄送人的电子邮件地址。如果新邮件窗口中没有【密件抄送】框，选择【查看】菜单中的【所有邮件标题】选项。

【抄送】的邮件账号将显示在邮件中，收件人都能看到抄送了哪些人；【密件抄送】是指收件人不知道该邮件抄送了哪些人。

（3）在【主题】框中，键入邮件主题，以便收件人判断邮件内容，在邮件窗口最下面的编辑框中撰写邮件正文，也可以从其他文档编辑器窗口复制内容。

（4）如果要发送的邮件是一个或多个文件，例如，Word 文档、图形文件等。可以以附件的方式来发送，方法是单击工具栏中的【附件】按钮，打开如图 5-14 所示的【插入附件】对话框，选择要发送的附件。

图 5-14 【插入附件】对话框

（5）邮件发送默认的是普通优先级，用户可以指定邮件发送的优先级。在【邮件】菜单【设置优先级】中选择【高】、【普通】或【低】选项。如果用户账号带有数字签名功能，可以单击【工具】菜单中的【数字签名】命令按钮，添加数字签名；还可以单击【加密】命令按钮，添加密码。

（6）撰写邮件后，单击新邮件工具栏上的【发送】图标，发送邮件。发送出去的邮件被保存在【已发送邮件】列表中。

如果是脱机撰写邮件，单击【文件】菜单中的【以后发送】命令，则邮件将保存在发件箱中。下次联机后单击【发送/接收】命令按钮时会自动发出该邮件。

若要保存邮件的草稿以便以后继续写，则单击【文件】菜单中的【保存】命令按钮，将邮件保存起来。

5.2.2　接收和阅读邮件

用户所发送的邮件都保存到邮件服务器上，当启动 Outlook Express 并连接 Internet 时，定期检查邮箱并接收邮件。

【例 3】 使用 Outlook Express 查看是否有邮件，如果有邮件则接收并阅读该邮件。

（1）单击工具栏上的【发送/接收】按钮，系统将接收用户发来的电子邮件，保存到

【收件箱】中。如果【发件箱】中有未发送的邮件，系统自动发送这些邮件。

（2）接收邮件结束后，在【收件箱】旁边显示未阅读的邮件数。单击【收件箱】图标，这时所有邮件都显示在右边的窗格中。

如果有新邮件没有阅读，发件人前面的信封标记为，并且标题以粗体显示，表示尚未打开。已经阅读的邮件前显示信封标记，表示已经阅读。

（3）单击要阅读的邮件，在下方的预览窗格中查看邮件的具体内容，如图 5-15 所示。如果要在单独的窗口查看邮件，在邮件列表中双击该邮件。

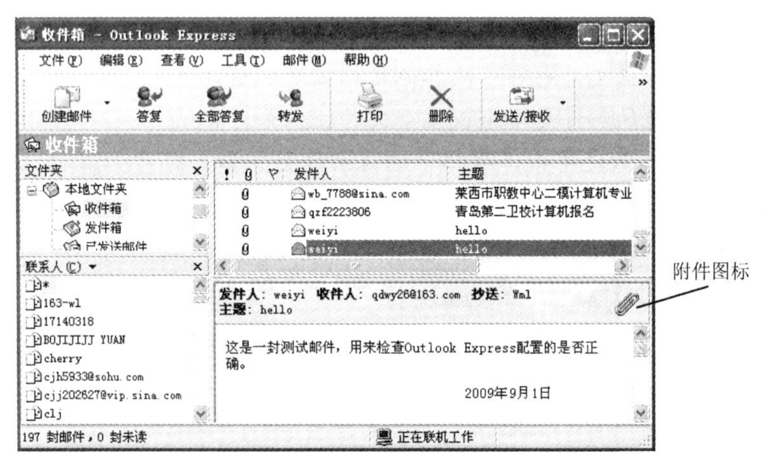

图 5-15 阅读邮件

如果要查看某邮件的所有信息（如发送邮件的时间等），单击【文件】菜单中的【属性】命令按钮。若要单独保存邮件，单击【文件】菜单中的【另存为】命令按钮，然后选择格式（邮件、文本或 HTML）和存储位置。

在邮件列表中，如果某个邮件的左侧有曲别针标记，表示该邮件有附件。打开和保存附件的操作步骤如下：

（1）单击预览窗口邮件标题中的曲别针图标，然后单击所要打开的附件文件名，或双击带有附件标记的邮件，打开如图 5-16 所示的邮件窗口，双击附件框中的附件文件名图标，即可打开该附件文件。

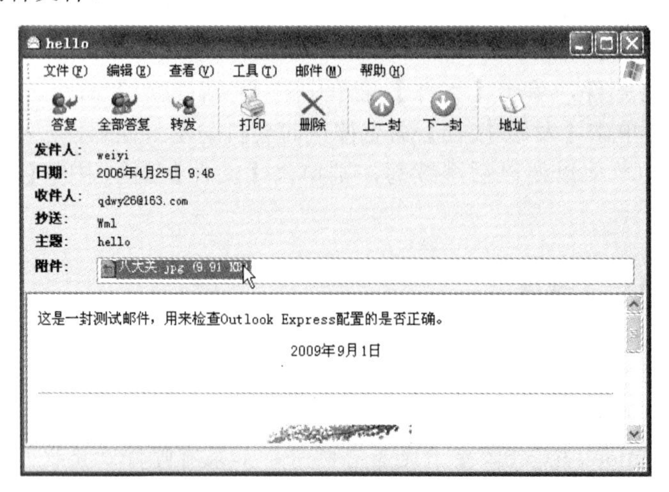

图 5-16 打开邮件附件窗口

（2）单击保存附件，单击附件标记，从弹出的菜单中选择【保存附件】命令，保存该附件。

另外，为帮助用户识别不同类型的电子邮件或状态，表 5-1 列出了 Outlook Express 中邮件列表图标。

表 5-1　Outlook Express 邮件列表图标

图　　标	含　　义
	邮件带有一个或多个附加文件
	邮件已由发件人标记为高优先级
	邮件已由发件人标记为低优先级
	邮件已经阅读，标题以正常字体显示
	邮件尚未阅读，标题以粗体显示
	邮件已回复
	邮件已转发
	正在撰写的邮件，存储在【草稿】文件夹中
	邮件带有数字签名，而且尚未打开
	邮件已加密，而且尚未打开
	邮件带有数字签名并已加密，而且尚未打开
	邮件带有数字签名，而且已经打开过
	邮件已加密而且已打开过
	邮件带有数字签名并已加密，而且已打开过
	IMAP 服务器上未阅读的新闻邮件标题
	打开的邮件在 IMAP 服务器上被标记为删除
	邮件已做了标记
	标记要下载的 IMAP 邮件
	标记要下载的 IMAP 邮件和所有对话
	标记要下载的单个 IMAP 邮件（没有对话）

5.2.3　回复和转发邮件

在收到电子邮件后，一般要对邮件进行回复或转发。回复邮件就是对邮件做出答复或表示收到；转发邮件就是将收到的电子邮件再发送给别人。

1. 回复邮件

使用 Outlook Express 回复电子邮件的功能，可以避免因人工输入收件人电子邮箱地址而产生的错误，导致发送失败。回复电子邮件的操作步骤如下：

（1）在 Outlook Express 窗口中，打开收件箱，选择要回复的邮件，然后单击工具栏中的【答复】按钮，出现回复邮件窗口，如图 5-17 所示。窗口的标题自动标注为【Re:】，在收件人框中自动输入了原邮件的发件人地址。

（2）在邮件编辑窗口键入要回复的内容，还可以添加附件。原邮件如果附在邮件之后，也可以删除。然后单击【发送】按钮，将邮件发给指定的收件人。

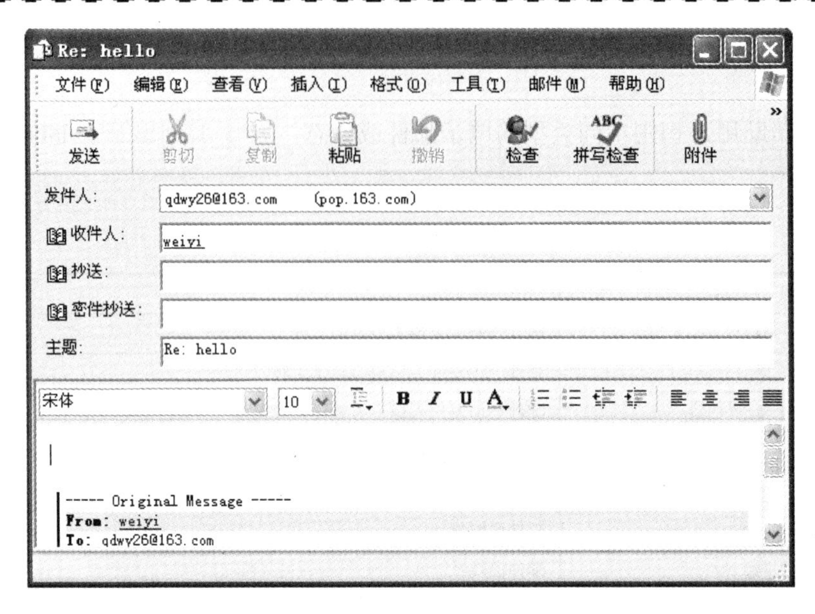

图 5-17　回复邮件窗口

2．转发邮件

在 Outlook Express 中，还可以将收到的邮件转发给别人，具体操作步骤如下：

（1）在邮件列表窗口中选择要转发的邮件，然后单击工具栏中的【转发】按钮，出现转发邮件窗口，如图 5-18 所示。这时窗口的标题自动标注为【Fw:】，原邮件自动添加到了转发邮件编辑窗口中。

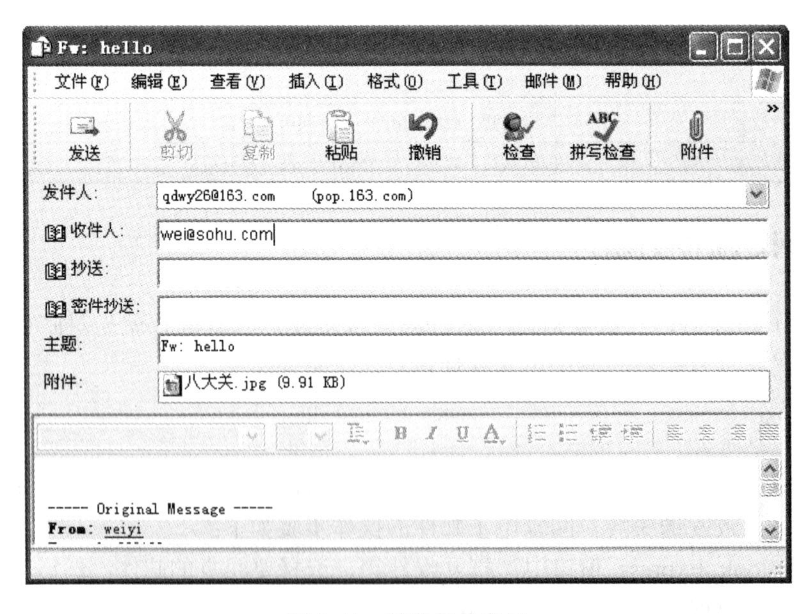

图 5-18　转发邮件窗口

（2）在【收件人】文本框中键入收件人的邮箱地址；在编辑窗口键入要添加的邮件内容，然后单击工具栏上的【发送】按钮。

提示

原邮件可以作为附件来发送，操作方法是：在邮件列表窗口中右击要转发的邮件，在弹出的快捷菜单中选择【作为附件转发】命令，打开【新邮件】窗口，把该邮件作为附件转发给他人。

试一试

1. 使用 Outlook Express 先给自己发送一封邮件，然后接收给邮件。
2. 使用 Outlook Express 给同学发送一封邮件，并抄送或密件抄送给多位同学。
3. 给同学发送一份带有附件的电子邮件，附件可以是一个文档，也可以是一幅图片。
4. 收到同学的邮件后进行回复，并抄送给其他人。

5.3　邮件管理

问题与思考

- 如何对接收的邮件进行分门别类管理？
- 如何定时接收新邮件？

5.3.1　创建邮件文件夹

在 Outlook Express 窗口中，系统已经建立了【收件箱】、【发件箱】、【已发送邮件】、【已删除邮件】和【草稿】默认的文件夹。对于这些文件夹，用户只能使用，不能进行删除和重命名。

除了使用系统提供的这些文件夹外，用户还可以自己创建邮件文件夹，用于存储不同的邮件。创建邮件文件夹的操作步骤如下：

【例 4】 为了将收到的邮件进行分门别类存放（如朋友邮件、同学邮件等单独存放），在收件箱中创建一个【朋友信件】文件夹，

（1）在 Outlook Express 左侧文件夹窗格中，单击要创建子文件夹的文件夹。例如，选择在收件箱中创建一个【朋友信件】文件夹，单击【收件箱】，然后在【文件】菜单中选择【文件夹】，单击【新建】命令按钮，打开【创建文件夹】对话框，如图 5-19 所示。

（2）在【文件夹名】文本框中键入要创建的文件夹名称。例如，键入“朋友信件”。

（3）单击【确定】按钮，则在【收件箱】中创建了【朋友信件】文件夹。

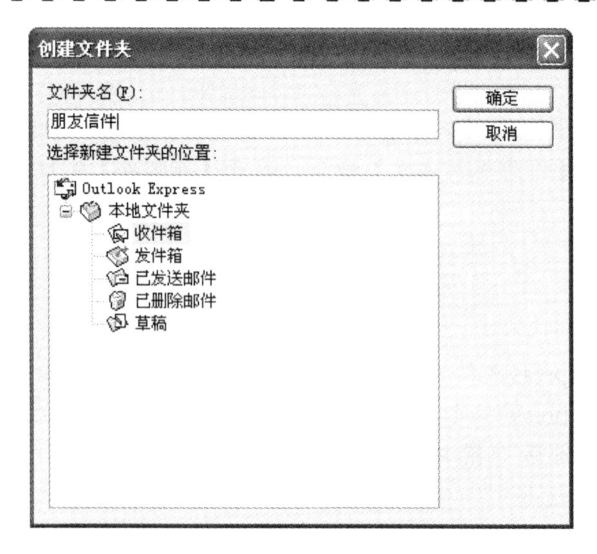

图 5-19 【创建文件夹】对话框

同样的方法可以在其他文件夹中创建子文件夹。

如果要删除某个文件夹，右击要删除的文件夹，在弹出的快捷菜单中选择【删除】命令。

5.3.2　整理邮件

随着收发邮件的增多，需要对这些邮件进行整理，将不同类型的邮件移动或复制到不同的文件夹中。

1. 移动或复制邮件

移动或复制邮件的操作方法如下：

（1）在 Outlook Express 右侧的邮件列表中，选择要移动或复制的邮件，然后单击【编辑】菜单中的【移动到文件夹】或【复制到文件夹】命令按钮，打开相应的【移动】或【复制】对话框，如图 5-20 所示。

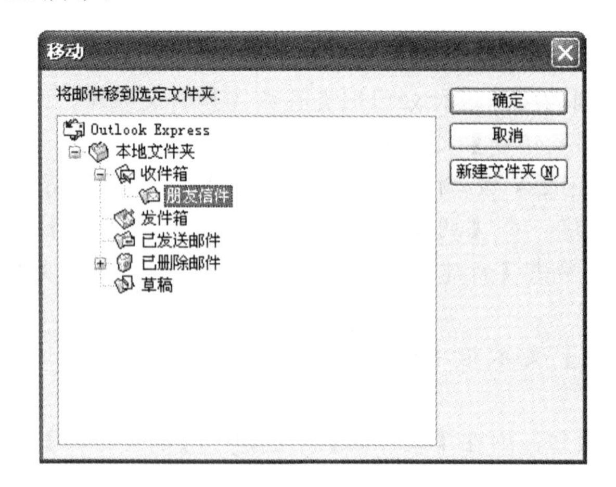

图 5-20 【移动】对话框

（2）选择要移动或复制到的文件夹，或新建一个文件夹。单击【确定】按钮，完成邮件的移动或复制操作。

2．删除邮件

用户可以将已经阅读过的邮件从计算机中删除。在 Outlook Express 中删除邮件的操作方法是：在邮件列表中选择要删除的邮件，然后单击工具栏中的【删除】命令按钮。

删除的邮件添加到【已删除邮件】文件夹中，用户可以恢复已删除的邮件。恢复删除邮件的操作方法如下：

（1）打开【已删除邮件】文件夹，选择要恢复删除的邮件，然后单击【编辑】菜单中的【移动到文件夹】或【复制到文件夹】命令按钮，打开相应的【移动】或【复制】对话框，进行邮件的移动或复制，即可恢复删除的邮件。

（2）如果要真正删除邮件，在【已删除邮件】文件夹中，选择要删除的邮件，然后单击【编辑】菜单中的【删除】或【清空‘已删除邮件’文件夹】命令按钮，删除邮件或清空已删除邮件的文件夹。

5.3.3　收发邮件选项设置

为了方便及时地收发电子邮件，需要对收发邮件选项进行设置。设置方法如下：

（1）单击【工具】菜单中的【选项】命令按钮，打开【选项】对话框，如图 5-21 所示。

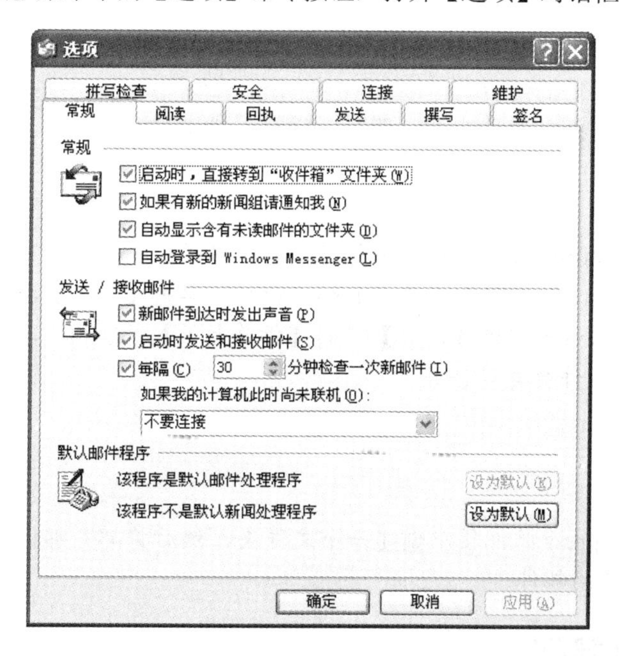

图 5-21　【常规】选项卡

在【常规】选项卡中可以对邮件的常规选项设置，包括启动时是否自动发送和接收邮件，收到邮件时是否发出声音等。

（2）在【发送】选项卡中可以对如何发送邮件进行设置，如图 5-22 所示。包括设置邮件发送使用 HTML 格式还是纯文本格式等。

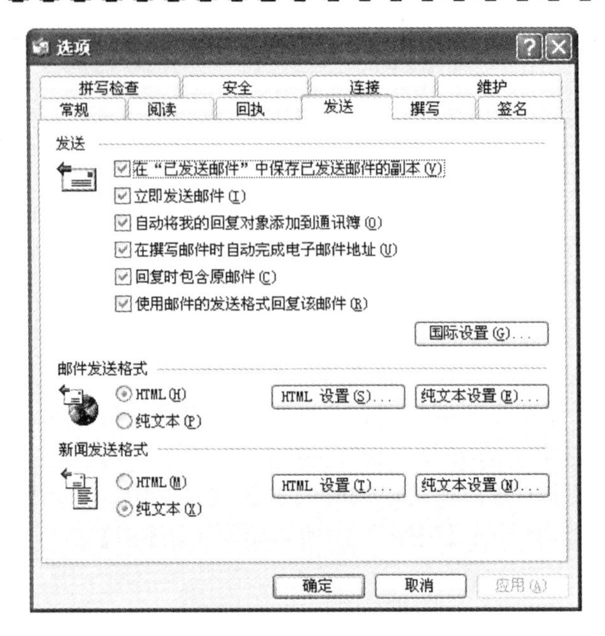

图 5-22 【发送】选项卡

例如，选择【立即发送邮件】复选框，创建邮件后 Outlook Express 立即向邮件服务器转发要发送的邮件。如果清除此项，发送的邮件将放在【发件箱】中，直到单击工具栏上的【发送/接收】按钮后，邮件才会发送出去。

选择【回复时包含原邮件】复选框，指定回复邮件时包含原始邮件。如果清除此项，邮件正文中不包含原邮件的内容。

用户还可以对收发邮件进行安全、撰写、签名、维护等设置。

提示

使用 Outlook Express 发送一封大邮件时，有时发不出去，这时可以将大邮件拆分后再发送。在 Outlook Express 中选中需设置的邮件账户，单击【属性】按钮，打开【属性】对话框，在【高级】选项卡中选中【发送】下的【拆分大于】复选框，再重新设置拆分大小，到目标邮件服务器上邮件会自动合并。

试一试

1. 在 Outlook Express 收件箱中创建一个文件夹，然后将部分邮件移到该文件夹中。
2. 删除不再需要的邮件。

5.4 通讯簿管理

- 如何将朋友或同学的电子邮箱分组进行管理？

● 如何将一封邮件发送给一个组的所有成员？

Outlook Express 中的通讯簿不但能够记录大量的用户信息，方便用户查询联系人的情况，还能够自动提供联系人的电子邮件信箱。它还有访问 Internet 目录服务的功能，用来在 Internet 上查找用户和商业伙伴。

5.4.1 添加与修改联系人

使用通讯簿前必须先将电子邮件地址添加到通讯簿，可以使用多种方式将电子邮件地址和其他联系人信息添加到通讯簿中。

1．通过键盘将联系人添加到通讯簿

通过键盘将联系人的信息添加到通讯簿的操作步骤如下：

（1）在 Outlook Express 窗口中，单击【工具】菜单中的【通讯簿】命令按钮，打开【通讯簿】窗口，如图 5-23 所示。

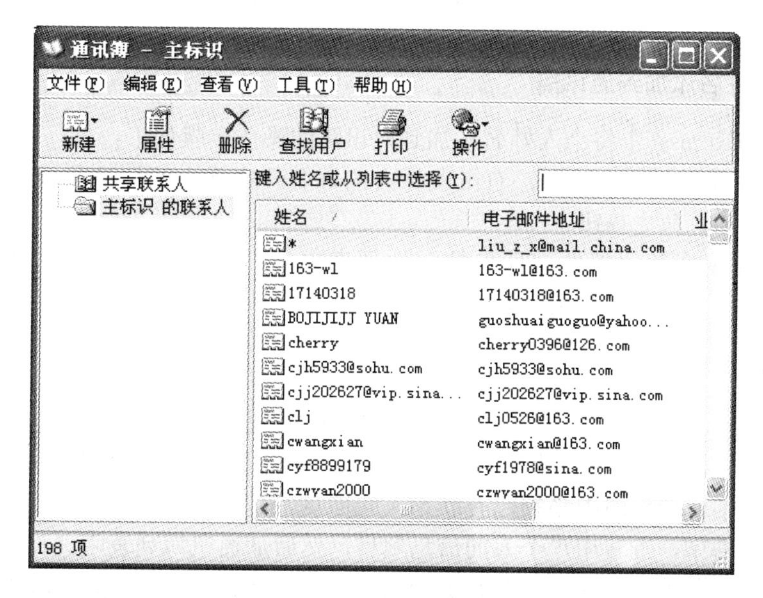

图 5-23 【通讯簿】窗口

（2）单击工具栏上的【新建】按钮，选择【新建联系人】选项，打开联系人【属性】对话框，如图 5-24 所示。

（3）在【姓名】选项卡中输入联系人的姓名及电子邮件地址。单击【添加】按钮，将电子邮件地址添加到邮件列表中。如果联系人有多个电子邮件地址，可以将其中的一个设置为默认值。

（4）在其他选项卡中，添加想要的信息。

2．将回复收件人添加到通讯簿

将所有回复收件人添加到通讯簿的操作方法是：在如图 5-22 所示的【发送】选项卡中，选择【自动将我的回复对象添加到通讯簿】复选框，然后单击【确定】按钮。

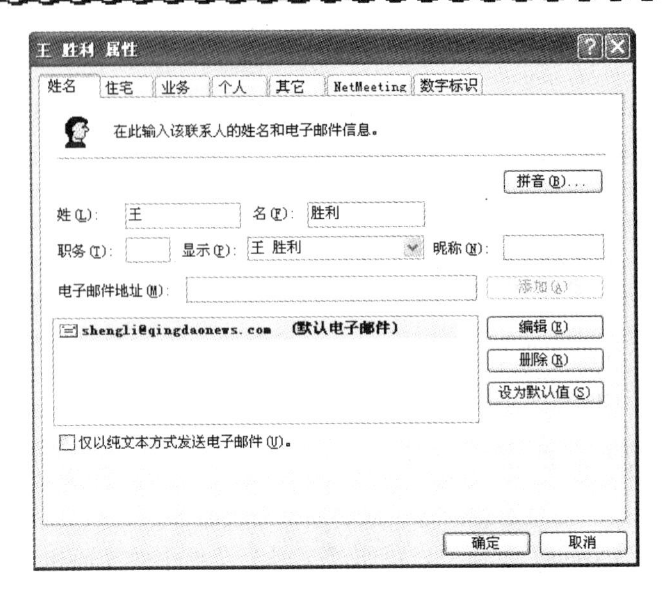

图 5-24 联系人属性对话框

3. 将个人姓名添加到通讯簿

从 Outlook Express 中将个人姓名添加到通讯簿的操作步骤如下：

（1）在查看或回复的邮件中，右击发件人的姓名，在弹出的快捷菜单中，单击【将发件人添加到通讯簿】命令按钮。

（2）在收件箱或其他邮件文件夹的邮件列表中，右击某个邮件，在弹出的快捷菜单中，单击【将发件人添加到通讯簿】命令按钮。

4. 创建名片

通过 Internet 与他人交换联系人信息，最简便的方法是将名片附加在电子邮件上。名片是通讯簿中 vCard 格式的联系人信息。vCard 格式可广泛用于各种数字设备和操作系统中。

在创建名片前，通讯簿中必须已有联系人的信息。具体操作步骤如下：

（1）在通讯簿中，创建用户个人的信息项目，然后从通讯簿列表中选择个人的姓名。

（2）选择【文件】菜单中的【导出】，单击【名片(vCard)】命令按钮，然后选择用以存储名片文件的位置，最后单击【保存】按钮。

5. 修改联系人信息

修改联系人信息的方法很多，在通讯簿列表中，找到并双击需要修改的联系人的姓名，然后根据需要修改其信息。

要删除联系人，可以在通讯簿列表中选择该联系人的姓名，然后单击工具栏上的【删除】按钮。如果该联系人是某个组的成员，其姓名将同时从该组中删除。

5.4.2 创建联系人组

用户通过创建包含用户名的邮件组，可以将邮件发送给一组人。这样，在发送邮件时，只需在收件人框中键入组名即可。可以创建多个组，并且联系人可以属于不止一个组。创建联系人组的操作步骤如下：

（1）在【通讯簿】中，单击工具栏上的【新建】命令按钮，选择【新建组】选项，打开【属性】对话框，选择【组】选项卡，如图 5-25 所示。

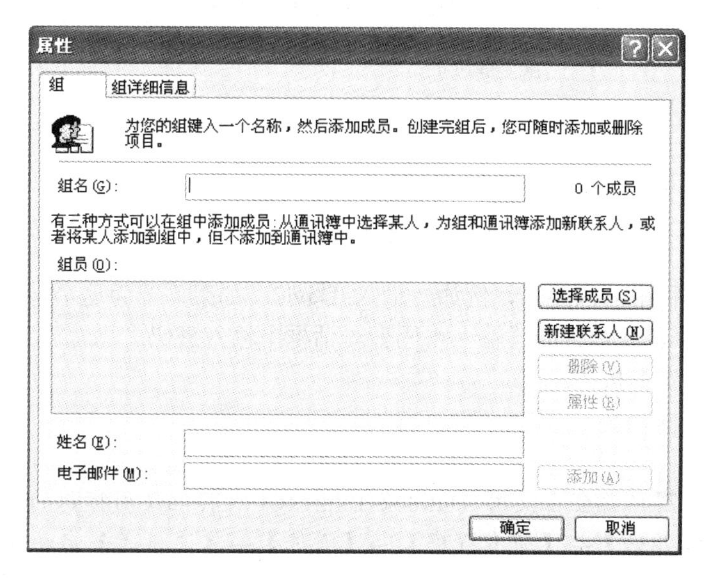

图 5-25 【组】选项卡

（2）在【组名】文本框中键入组的名称。例如，输入“同学”。

（3）在【姓名】和【电子邮件】文本框中键入要添加到组的成员（但不添加到通讯簿中）。如果要将某个人同时添加到组和通讯簿中，单击【新建联系人】按钮，然后填写相应的信息。

（4）单击【选择成员】按钮，出现【选择组员】对话框，选择联系人并添加到同一组中。

（5）单击【确定】按钮，在【组】选项卡的【成员】列表中显示同一组的所有成员。

创建联系人组后，可以将该组作为收件人来发送邮件。

要在通讯簿列表查看组的列表，在通讯簿的【查看】菜单中，选中【文件夹和组】复选标记。

5.4.3　标识管理

创建标识是让多个用户在同一台计算机上使用 Outlook Express 和通讯簿的一种方式。例如，用户和一个家庭成员可能共用一台计算机。如果大家分别创建了一个标识，那么当用自己的标识登录时，每人都只会看见自己的邮件和联系人。一旦创建了标识，就可以按照自己喜欢的方式，通过创建子文件夹来组织联系人列表。

1. 创建新标识

在 Outlook Express 中创建新标识的操作步骤如下：

（1）在【文件】菜单中选择【标识】选项，单击其子菜单中的【添加新标识】命令按钮，打开如图 5-26 所示的【新标识】对话框。

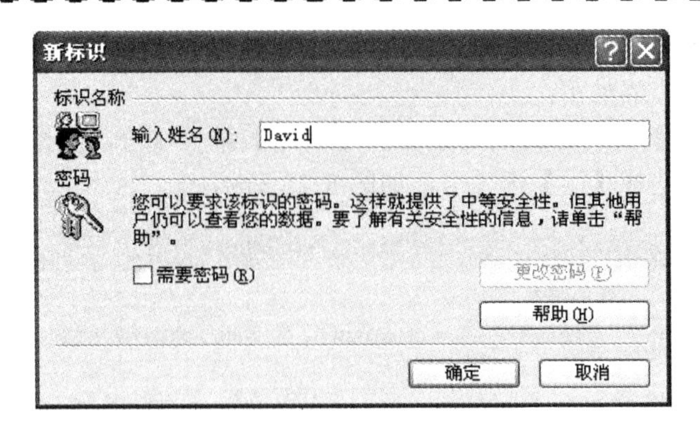

图 5-26 【新标识】对话框

（2）在标识名称中输入姓名，例如，输入 David。如果需要为这个标识设置密码，选择【需要密码】复选框，在打开的【输入密码】对话框中输入密码。

（3）单击【确定】按钮。

提示

通常情况下，用户都会在使用 Outlook Express（或其他使用标识的应用程序）时创建标识。只有当从【开始】→【所有程序】→【附件】→【通讯簿】启动通讯簿，而不是从 Outlook Express 中启动通讯簿时，才能在通讯簿中创建标识。

2. 切换到不同的标识

用户可以使用各自的标识进行收发电子邮件，可以在通讯簿或 Outlook Express 中进行标识的切换。如果通讯簿是从通过【附件】菜单打开的，可以在通讯簿中切换标识；如果通讯簿是从 Outlook Express 中打开的，则必须在 Outlook Express 中进行标识的切换。切换标识的操作方法如下：

（1）单击【文件】菜单中的【切换标识】命令按钮，打开【切换标识】对话框，如图 5-27 所示。

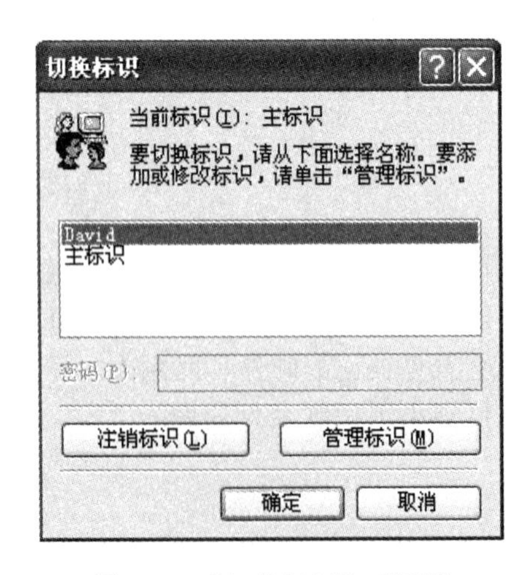

图 5-27 【切换标识】对话框

（2）选择所要切换的用户，单击【确定】按钮，进行标识的切换。

3. 更改标识设置

更改标识设置的操作方法如下：

（1）在【文件】菜单中选择【标识】选项，单击其子菜单中的【管理标识】命令按钮，打开如图 5-28 所示的【管理标识】对话框。

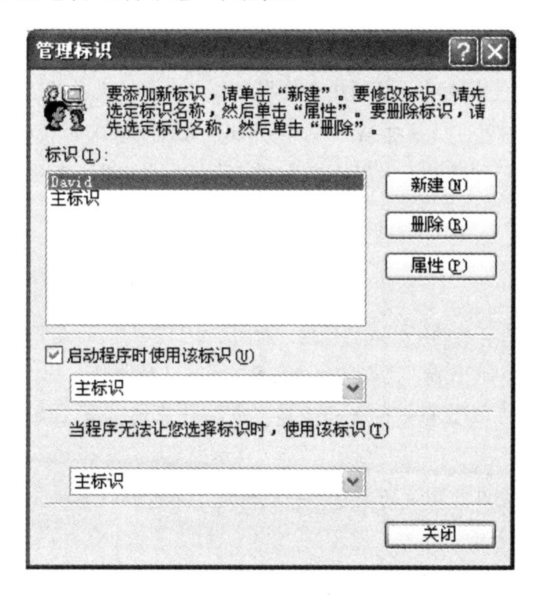

图 5-28 【管理标识】对话框

（2）选择要更改的标识，单击【属性】按钮，可以更改标识名称、密码。单击【删除】按钮，可以删除该标识。

试一试

1. 创建联系人，将同学和朋友的电子邮件地址保存到通讯簿中。
2. 创建一个联系人组，发送一封邮件给该组的所有人。

相关知识

新闻组简介

新闻组有点像 BBS，但比 BBS 优越得多。现在来认识一下新闻组。

1. 什么是新闻组

新闻组(Usenet 或 NewsGroup 简称)，简单地说就是一个基于网络的计算机组合，这些计算机被称为新闻服务器，不同的用户通过一些软件可连接到新闻服务器上，阅读其他人的消息并可以参与讨论。新闻组是一个完全交互式的超级电子论坛，是任何一个网络用户都能进行相互交流的工具。

新闻组与 WWW 服务不同，WWW 服务是免费的，任何能够上网的用户都能浏览网页，而大多数的新闻组则是一种内部服务，即一个公司、一个学校的局域网内有一个服务器，根据本地情况设置讨论区，并且只对内部机器开放，从外面无法连接。

2．新闻组的优点

新闻组和 WWW、电子邮件、远程登录、文件传送同为互联网提供的重要服务内容之一。在国外，新闻组账号和上网账号、E-mail 账号一起并称为三大账号，由此可见其使用的广泛程度。由于种种原因，国内的新闻服务器数量很少，各种媒体对于新闻组介绍得也较少，用户大多局限在一些资历较深的老网虫或高校校园内。不少用户谈到互联网时，往往对 WWW、E-mail、文件下载或者 ICQ 甚至 IP 电话知道比较多，但对新闻组知之很少。新闻组是一种高效而实用的工具，它具有海量信息、直接交互性、全球互联性、主题鲜明等优点。

3．新闻组的命名规则

国际新闻组在命名、分类上有其约定俗成的规则。新闻组由许多特定的集中区域构成，组与组之间成树状结构，这些集中区域就被称之为类别。目前，在新闻组中主要有以下几种类别：

- comp：关于计算机专业及业余爱好者的主题。包括计算机科学、软件资源、硬件资源和软件信息等。
- sci：关于科学研究、应用或相关的主题，一般情况下不包括计算机。
- soc：关于社会科学的主题。
- talk：一些辩论或人们长期争论的主题。
- news：关于新闻组本身的主题，如新闻网络、新闻组维护等。
- rec：关于休闲、娱乐的主题。
- alt：比较杂乱，无规定的主题，任何言论在这里都可以发表。
- biz：关于商业或与之相关的主题。
- misc：其余的主题。在新闻组里，所有无法明确分类的东西都称之为 misc。

新闻组在命名时以句点间隔，通过上面的主题分类，可以一眼看出新闻组的主要内容。常见的新闻组服务器地址：

万千新闻组：news://news.webking.cn

新凡新闻组：news://news.newsfan.net

希网新闻组：news://news.cn99.com

雅科新闻组：news://news.yaako.com

前线新闻组：news://freenews.netfront.net

香港新闻组：news://news.newsgroup.com.hk

微软新闻组：news://msnews.microsoft.com

思考与练习

一、填空题

1．Windows XP 内置的收发电子邮件软件名称是____________。

2．在 Microsoft Outlook 中，接收邮件需要设置使用________协议的服务器，发送邮件需要设置使用________协议的服务器。

3．Outlook Express 中用户可以添加多个邮件账号，默认的账号有_____个。

4．使用 Outlook Express 回复邮件时，该窗口的标题自动标注为__________，转发邮件时，该窗口的标题自动标注为__________。

二、选择题

1．在 Outlook Express 中设置电子邮件账号时，不需要知道的信息是（　　）。

A．邮件服务器的类型　　B．账号名和密码

C．接收、发送邮件服务器的名称　　D．申请邮箱的时间

2．使用 Outlook Express 发送邮件时，不需要填写的是（　　）。

A．收件人的电子邮箱　　B．发件人的电子邮箱

C．发送时间　　D．邮件内容

3．使用 Outlook Express 接收邮件时，如果邮件前带有✉图标，它表示（　　）。

A．该邮件已经阅读　　B．该邮件没有阅读

C．该邮件已经转发　　D．该邮件已经回复

4．下列关于电子邮件的说法，正确的是（　　）。

A．收件人必须有电子邮件账号，发件人可以没有电子邮件账号

B．发件人必须有电子邮件账号，收件人可以没有电子邮件账号

C．发件人和收件人均必须有电子邮件账号

D．发件人必须知道收件人的邮政编码

5．用户在 ISP 注册拨号入网后，其电子邮箱建在（　　）。

A．用户的计算机上　　B．发信人的计算机上

C．ISP 的主机上　　D．收信人的计算机上

6．用户的电子邮件信箱是（　　）。

A．通过邮局申请的个人信箱

B．邮件服务器内存中的一块区域

C．邮件服务器硬盘上的一块区域

D．用户计算机硬盘上的一块区域

7．某人的电子邮件到达时，若他的计算机没有开机，则邮件（　　）。

A．退回给发件人　　B．开机时对方重发

C．该邮件丢失　　D．存放在服务商的电子邮件服务器

三、简答题

1．如何在 Outlook Express 中添加电子邮件账号？

2．使用 Outlook Express 发送邮件时，抄送和密件抄送有什么区别？

3．使用 Outlook Express 发送邮件时，如何添加附件？

4．在 Outlook Express 中如何删除一封邮件？

5．如何将联系人添加到 Outlook Express 通讯簿中？

6．在 Outlook Express 中使用联系人组有什么好处？

四、操作题

1．对 Outlook Express 进行设置，添加你的全部电子邮箱账号。

2．使用 Outlook Express 给一位同学发送一封带有附件的电子邮件，并抄送或密件抄送给多为同学。

3．接收其他同学的邮件，阅读后回复邮件，并转发给其他人。

4．将你的同学、朋友、家人的电子邮件账户添加到通讯簿中。

5．创建一个联系人组，将同学添加到该组中，然后使用该组发送一封邮件。

6．创建一个标识，并使用该标识发送一封邮件。

第6章 安装软件和硬件

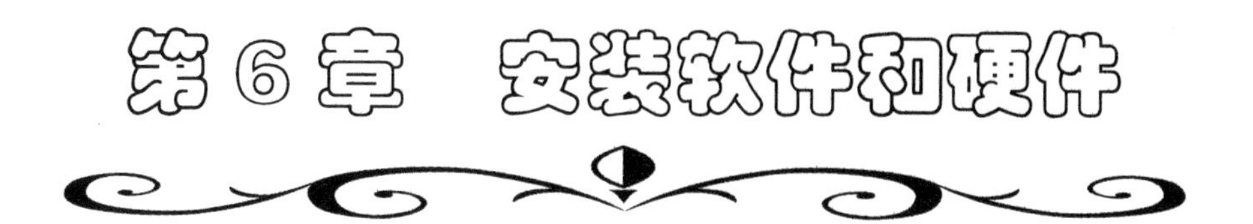

学习目标

- 能安装常见的应用软件
- 能安装 Windows XP 组件
- 能安装显卡、打印机等常见的计算机硬件
- 能卸载已安装的软件
- 能更新硬件驱动程序

计算机安装了软硬件之后，用户才能使计算机完成各种工作。例如，在一台计算机中安装了 Windows XP 操作系统后，如果要进行文字处理，还需要安装 Word 应用软件。如果要进行账务处理，需要安装会计电算化软件，如用友财务软件、金碟财务软件等。一台计算机除了基本的硬件配置外，根据用户的工作需求，一般还要配置其他的设备。例如，连接网络需要安装网卡；播放多媒体音乐、VCD 需要安装声卡、音箱；打印资料需要安装打印机等。

6.1 安装应用软件

问题与思考

- 从网上下载的应用程序你能安装到计算机上吗？
- 你会安装打印机等外部设备吗？

6.1.1 安装常见的应用软件

Windows 的应用软件通常来自 CD 光盘或网络，从网络下载到本地计算机的应用软件通常是一个压缩文件（软件包），解开压缩文件后的文件大都存放在一个文件夹中。不管是来自 CD 光盘或下载到硬盘（已解压缩）的应用软件通常都带有一个名为 setup.exe 的安装文件，双击该文件便可启动安装向导，用户可根据向导对话框的提示选择安装目录、组件等。

1. 自动运行光盘自动播放程序

有些应用程序光盘上带有自动播放程序 autorun.inf，当将光盘插入 CD-ROM 驱动器后，自动播放光盘上的内容或运行安装程序。

【例 1】 在运行 Windows XP 的计算机中安装应用软件，如安装 Office 2003。

（1）将 Office 2003 安装盘插入 CD-ROM 驱动器，如果光盘不能自动播放，打开光盘，双击 setup.exe 文件，启动程序安装向导。

（2）输入产品密钥，如图 6-1 所示。产品密钥可从 CD 光盘纸袋套上寻找或打开光盘查询 CD-KEY 文件。

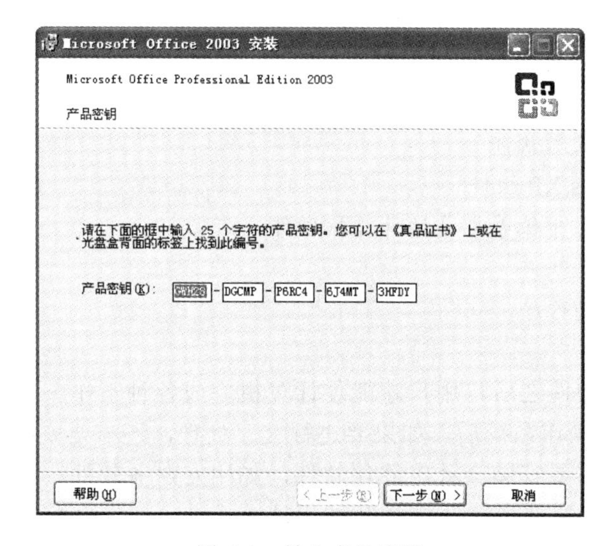

图 6-1　输入产品密钥

（3）单击【下一步】按钮，出现输入用户信息窗口，输入信息后单击【下一步】按钮，同意接受最终用户许可协议中的条款，如图 6-2 所示。

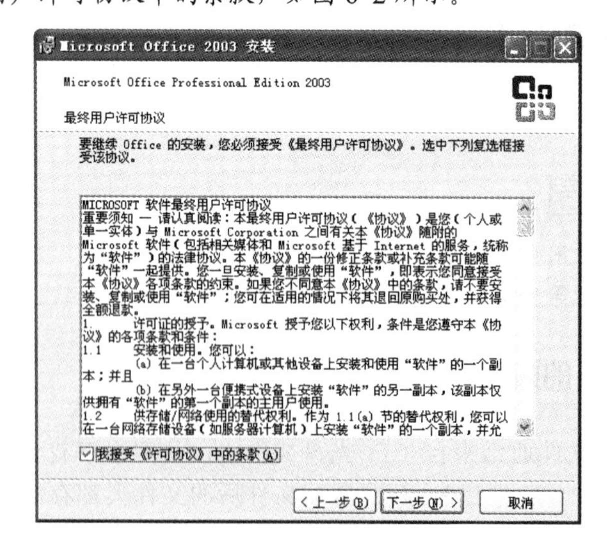

图 6-2　许可协议

（4）单击【下一步】按钮，选择合适的安装类型，再确定安装位置，如图 6-3 所示。例如，选择【典型安装】，则安装 Office 2003 中最常用的组件。

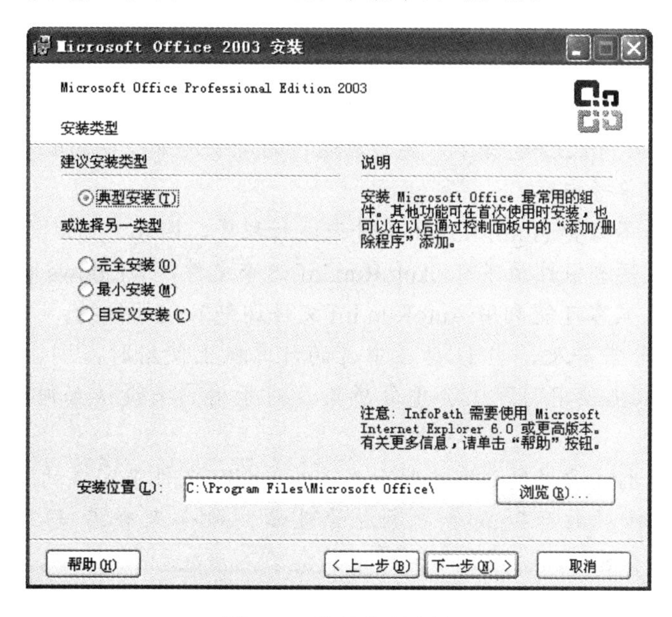

图 6-3　选择典型安装

- 典型安装：安装 Office 2003 中最常用的组件。
- 完全安装：安装全部 Office 2003 组件，包括所有可选组件和工具。
- 最小安装：只安装 Office 2003 中最少的组件，适用于硬盘较小的空间。
- 自定义安装：自己选择要安装的 Office 2003 组件。

（5）单击【下一步】按钮后开始安装，并显示安装进度条，如图 6-4 所示。

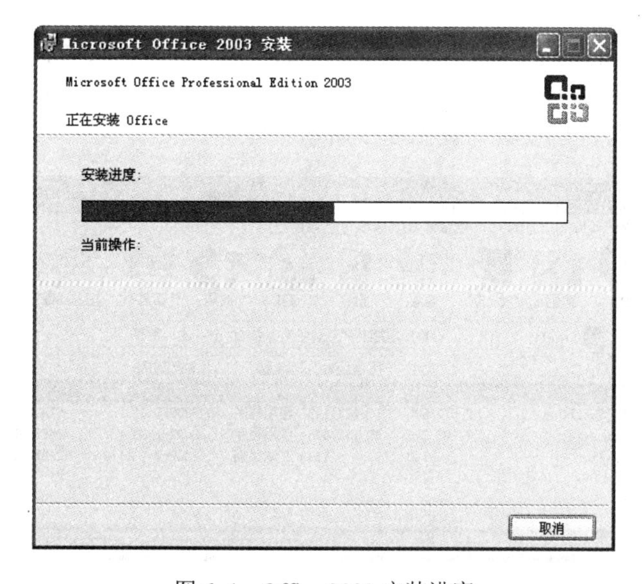

图 6-4　Office 2003 安装进度

（6）安装结束后给出成功安装提示信息。

至此，完成 Office 2003 的安装。通过【开始】→【所有程序】菜单，可以查看安装的 Office 2003 有关组件，并可以启动相应的应用软件，如 Word 2003、Excel 2003 等。

提示

Autorun.inf 一个文本形式的配置文件，我们可以用文本编辑软件进行编辑，它只能位于驱动器的根目录下。这个文件包含了需要自动运行的命令，如改变的驱动器图标、运行的程序文件、可选快捷菜单等内容。

大多数的用户并不需要 AutoRun.inf 文件来运行程序，因此，可以将硬盘的 AutoRun 功能关闭，这样即使在硬盘根目录下有 AutoRun.inf 这个文件，Windows 也不会去运行其中指定的程序，从而阻止黑客可能利用 AutoRun.inf 文件达到入侵的目的。

由于现在 U 盘非常普及，当 U 盘在中毒的计算机上使用时，则会被感染。被感染的 U 盘放到其他计算机上使用时，又会重复感染。对于用户来说该如何避免因 U 盘而感染病毒呢？

U 盘中病毒的运行主要是通过双击时触发 autorun.inf 文件来完成的。如果不双击，而是采用右击盘符，选择“打开”或者“资源管理器”命令来查看 U 盘中的内容，这样 autorun.inf 文件就无法运行，自然就不会感染病毒了。

2. 直接运行安装程序

很多应用程序软件是通过直接运行 setup 文件来进行安装的，也有一些应用软件特别是从网上下载的软件，安装程序名往往就是该应用程序名，如搜狗拼音输入法 4.2 版，从网上下载后的文件名为 sogou_pinyin_42_4804.exe，直接双击该文件名，在向导的提示下进行安装。

3. 解压缩后安装

有些应用软件的所有程序包含在一个压缩文件中，需要解压缩后使用。常用压缩文件为 WinRAR，常见的压缩文件后缀名为.rar、.zip 等。解压缩后可以直接运行其中的应用程序名，或再进行应用程序的安装，如图 6-5 所示。

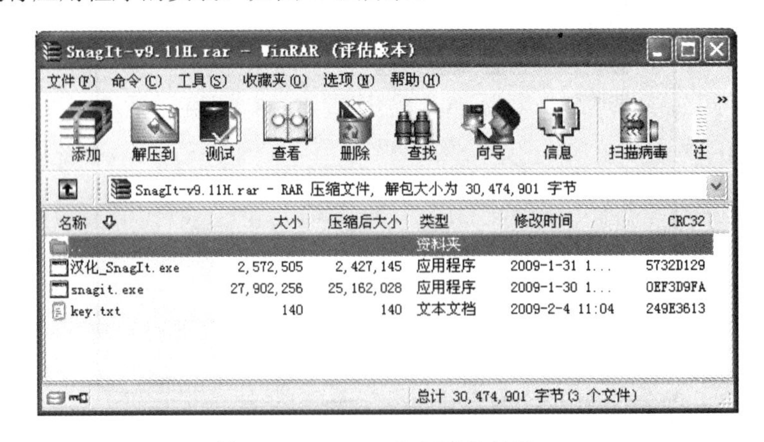

图 6-5 WinRAR 解压缩软件窗口

大多数的软件安装基本相同，但个别软件可能有安装顺序的问题，有些特殊软件不能

用常规的办法安装，如事先要安装需有辅助软件才能成功。如有说明书，说明书上说的才是正确的安装方法，再仔细看一下安装盘上附带的软件。

提示

软件狗是一种维护软件正版的保护措施，每台电脑必须有软件狗才能激活该软件，如果没有它，软件是无法登陆的。除非是有破解软件狗的软件。如果想在另一台电脑上运行，就必须把软件狗插在该电脑的打印机接口上才能运行成功。

6.1.2　卸载应用软件

在 Windows XP 中，除了绿色软件可以直接通过删除卸载外，其他应用软件不能直接通过删除程序所在文件夹的方法来删除，而必须运行软件本身自带的卸载程序或使用 Windows XP 提供的删除程序来完成。

使用系统删除程序工具的操作步骤如下：

（1）在【控制面板】窗口中双击【添加或删除程序】图标，打开【添加或删除程序】窗口。

（2）选择要删除的程序，并单击右侧的【更改/删除】按钮，如图 6-6 所示。

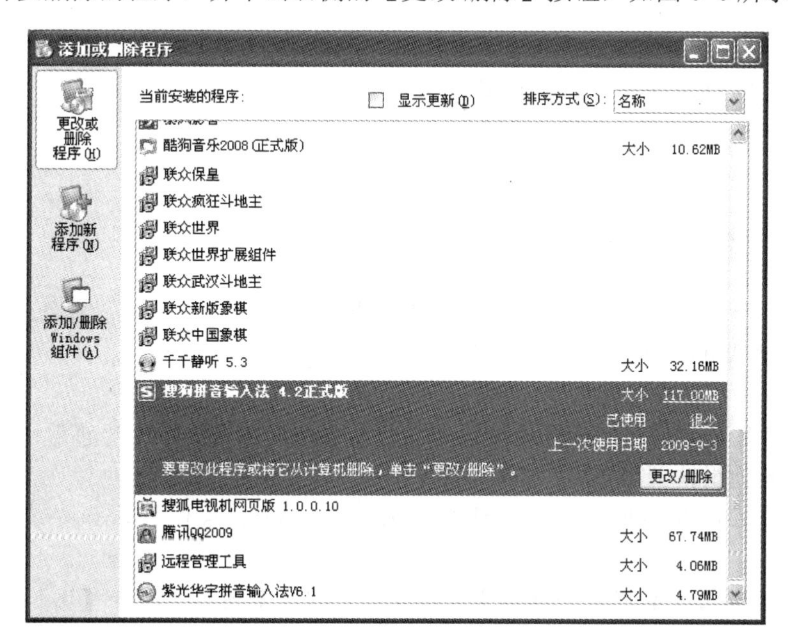

图 6-6 【添加或删除程序】窗口

（3）单击【更改/删除】按钮后，弹出一个对话框，询问用户是否真的删除程序，单击【确定】按钮后，开始卸载程序。

试一试

1. 有条件的同学从 Internet 上下载一个视频播放器，并安装到计算机上。

2. 卸载你安装到计算机上的一个应用软件。

相关知识

绿色软件简介

所谓绿色软件就是对操作系统无污染，不需要安装，方便卸载，便于携带，可以拷贝到便携的 U 盘上到处运行。

绿色版软件一般有如下特征：（1）不对注册表进行任何操作（或只进行非常少的，一般能理解的操作，典型的是开机启动。少数也进行一些临时操作，一般在程序结束前会自动清除写入的信息）；（2）不对系统敏感区进行操作，一般包括系统启动分区、安装文件夹（Windows 文件夹）、程序文件夹（Program Files）、账户专用文件夹等；（3）不向非自身所在文件夹外的文件夹进行任何写操作；（4）程序运行本身不对除本身所在文件夹外的任何文件产生影响；（5）程序的删除，只要把程序所在文件夹和对应的快捷方式删除即可，计算机中不留任何垃圾；（6）不需要安装，随意复制就可以使用（重装操作系统也可以）。

下载安全的绿色软件请到正规的权威网站上下载，以防系统中毒。比较有名的绿色软件下载站点有爱去下软件站：http://www.27xia.com、绿色软件联盟：http://www.xdowns.com 等。

6.2 安装 Windows XP 组件

问题与思考

- 你知道常见的 Windows XP 组件程序有哪些？
- 如何添加 Windows XP 组件程序？

Windows XP 带有大量的配合系统运行的程序组件，在安装系统时通常只安装其中常用的部分组件，其他组件则需要用户自行安装。

【例 2】 在运行 Windows XP 的计算机上安装 Windows 组件，如安装 Internet 信息服务。

（1）在【控制面板】窗口中双击【添加或删除程序】图标，打开【添加或删除程序】窗口，如图 6-6 所示。

（2）单击【添加/删除 Windows 组件】按钮，打开【Windows 组件向导】对话框，如图 6-7 所示。

（3）选中要添加的组件名称前面的复选框。如果要了解所选选项的详细信息，单击【详细信息】按钮。单击【下一步】按钮，开始安装所选组件。

（4）安装结束后弹出【完成】对话框，结束 Windows 组件向导的安装。

在安装 Windows XP 组件时有时提醒要插入系统光盘，但不能跳过这一步骤，可以找安装光盘进行安装。为了方便可以把 i386 文件夹复制到其他的非系统区，安装组件时不用插入光盘，而直接从该文件夹加载，或者下载镜像，用虚拟光驱加载。

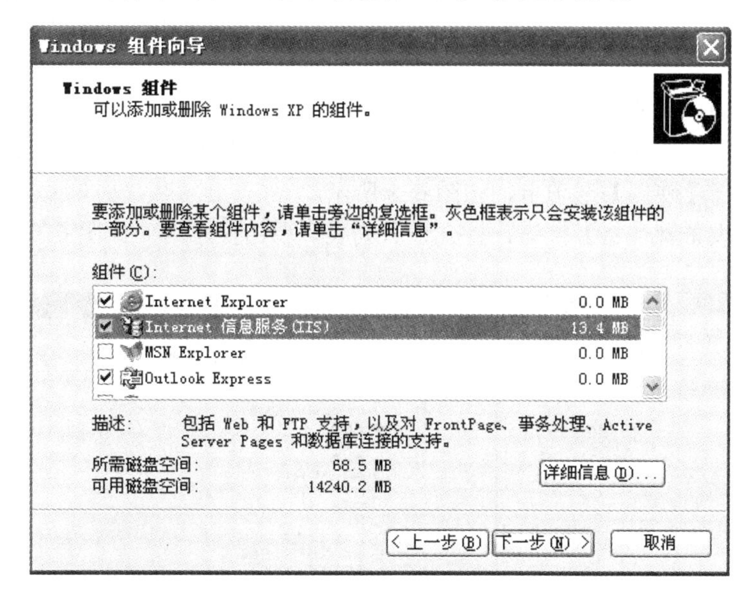

图 6-7 选择 Windows 组件

在【Windows 组件向导】对话框中，如果已安装某组件，现在取消安装（取消选中复选框），则系统将卸载该组件。

6.3 安装硬件驱动程序

- 如果你使用的显示器分辨率不高，从软件的角度考虑可能是什么原因？
- 如何安装打印机？

计算机中的硬件设备必须安装了驱动程序之后才能运行。Windows XP 本身带有大量的硬件驱动程序，在安装硬件时，系统自动扫描所有的硬件设备（即插即用 PNP），如安装显卡、声卡、网卡等。如果系统带有该硬件的设备驱动程序就会自动安装，否则，必须自行安装驱动程序。

6.3.1 安装显卡驱动程序

显卡又称显示适配器，将计算机中各种图形数据传送给显卡，经过加工处理后最后传送到显示器显示。如果操作系统不能正确识别显卡，将可能导致屏幕分辨率不高、颜色失真、图像质量差，显卡不能完全发挥作用。显卡主要分为扩展卡式的普通显示卡和主板集成式显示卡。目前市场上流行的显卡种类很多，如华硕、技嘉、丽台、昂达、七彩虹、ATI、索泰、微星等。

安装显卡驱动程序的操作步骤如下：

（1）在桌面上右击【我的电脑】，单击快捷菜单中的【属性】命令按钮，打开【系统属性】对话框，选择【硬件】选项卡，如图 6-8 所示。

（2）单击【设备管理器】按钮，打开设备列表，单击显示卡，如图 6-9 所示。

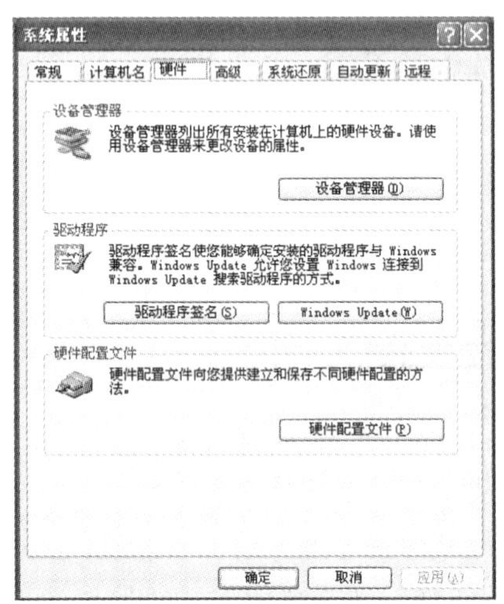

图 6-8 【硬件】选项卡

图 6-9 【更新驱动程序】选项卡

（3）单击【更新驱动程序】，打开【硬件更新向导】对话框，如图 6-10 所示。

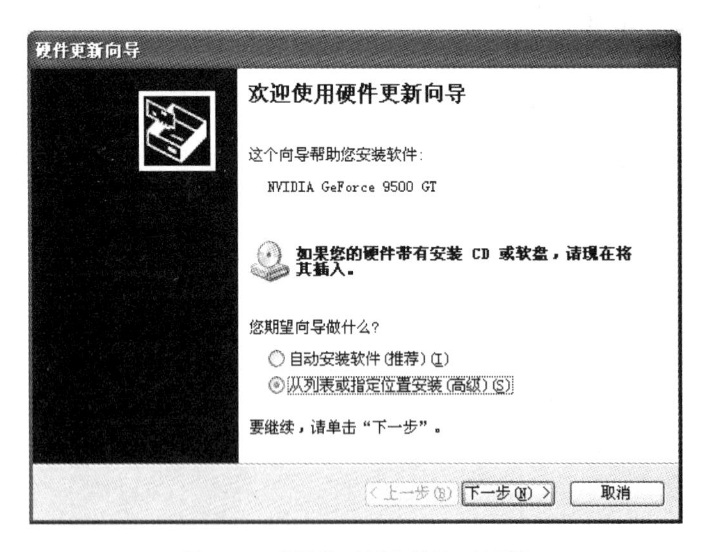

图 6-10 【硬件更新向导】对话框

（4）选择【从列表或指定位置安装(高级)】单选项，单击【下一步】按钮，选择【不要搜索，我要自己选择要安装的驱动程序】单选项，单击【下一步】按钮，出现安装设备驱动程序对话框，如图 6-11 所示。

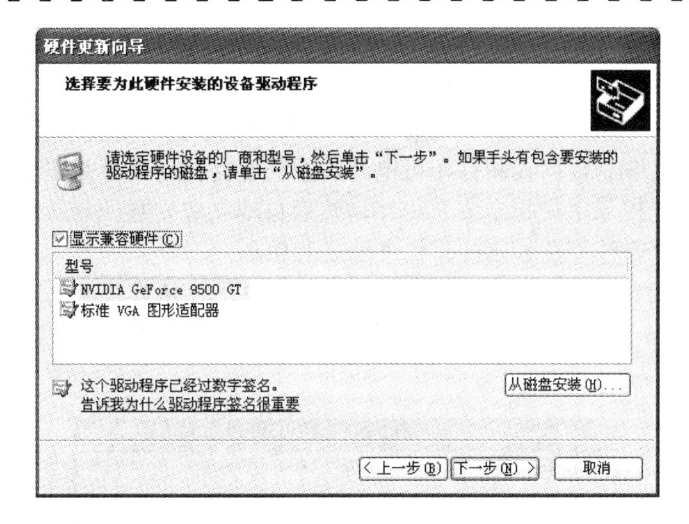

图 6-11　选择安装设备驱动程序对话框

（5）单击【从磁盘安装】按钮，出现【从磁盘安装】对话框，单击【浏览】按钮，从打开的对话框中指定驱动程序所在的文件夹和文件名后，系统开始复制文件，完成后系统提示用户驱动程序更新完毕。

相关知识

安装网卡时的注意事项

现在大部分硬件属于即插即用设备，安装网卡比较简单，但也应该注意以下事项：

首先，检查网卡是否已经正确插入到计算机插槽中；如果网卡没有紧密地插入到插槽中，或者网卡和插槽位置有明显偏离，或者网卡金手指上有严重的氧化层时，都会导致网卡无法被计算机正确识别到，这样一来你自然就无法安装网卡了。为此，在安装网卡时，一定要检查金手指上面是否有氧化层，如果有的话，必须想办法将它清除干净；然后将网卡正确地插入到对应插槽中，而且要确保网卡金手指部分与插槽紧密接触，不能有任何松动，以免在通电时损坏网卡。

如果计算机中同时还插有其他类型的插卡，则尽量让网卡和这些插卡之间保持一定的距离，不能靠得太近，否则网卡在工作时就比较容易受到来自其他插卡的信号干扰，特别是在计算机频繁与网络交流大容量数据时，网卡受到外界干扰的现象就更明显，这样很容易导致网络传输效率不高的现象发生。

其次，检查一下网卡驱动程序，是否与所安装的网卡一致；如果驱动程序不是对应版本，或者驱动程序安装系统环境不正确，网卡是不会安装好的。因此，在安装网卡驱动程序时，尽量选用原装的驱动程序，要是手头没有原装的话，可以到网上下载对应型号的最新驱动，而且还要确保驱动程序适用于网卡所在的计算机操作系统。如果计算机系统中已经安装了旧版本的驱动程序，一定要通过系统设备管理器中的设备卸载功能，将原先的旧驱动程序卸载，然后再安装新的驱动程序。

6.3.2　安装打印机

市面上较常见的打印机大致分为喷墨打印机、激光打印机和针式打印机。与其他类型的打印机相比，激光打印机有着较为显著的优点，包括打印速度快、打印品质好、工作噪声小等。而且随着价格的不断下调，现在已经广泛应用于办公自动化（OA）和各种计算机辅助设计（CAD）系统领域。

连接计算机的打印机多为并口，也有 USB 接口的打印机。安装 USB 接口的打印机比较简单，只需连接好 USB 数据线和打印机电源，系统便会自动搜寻并安装驱动程序。如果找不到安装程序，系统提示用户指定安装程序，然后自动完成安装。

【例 3】 为打印资料，在本地计算机中安装打印机。

（1）将打印机的数据线连接到计算机的 LPT1 端口上，然后接通电源打开打印机。

（2）单击【开始】→【打印机和传真】命令按钮，打开【打印机和传真】窗口，如图 6-12 所示。

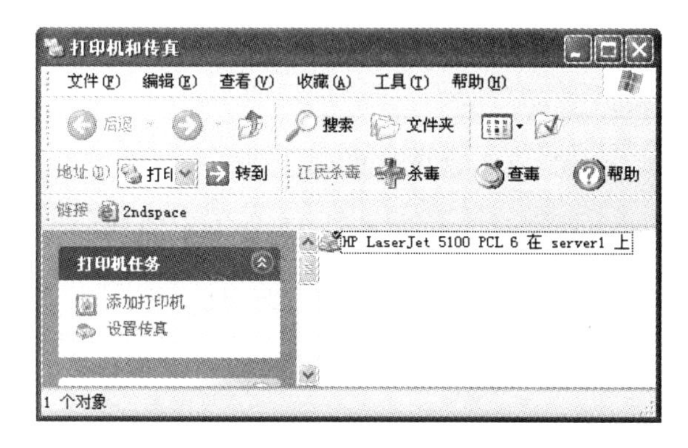

图 6-12 【打印机和传真】窗口

（3）单击【文件】菜单中的【添加打印机】命令按钮，打开【添加打印机向导】。单击【下一步】按钮，打开【本地或网络打印机】对话框，如图 6-13 所示。

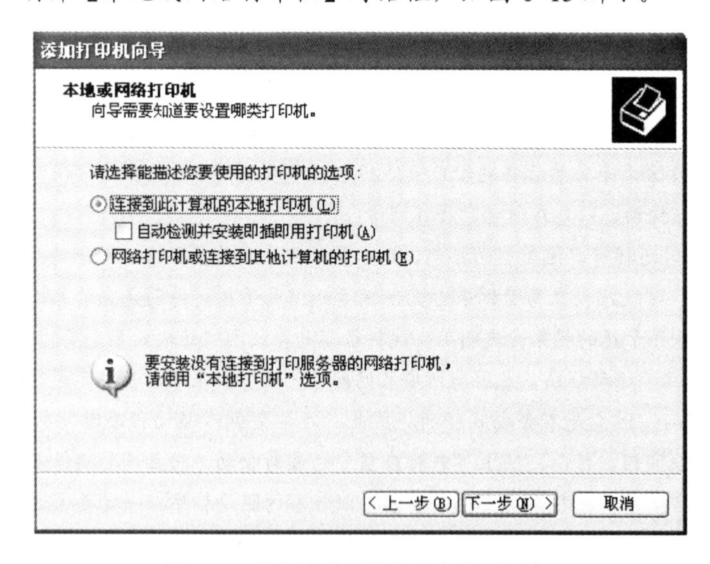

图 6-13 【本地或网络打印机】对话框

（4）选中【连接到此计算机的本地打印机】单选按钮，如果选中【自动检测并安装即插即用打印机】复选框，系统会自动检测打印机型号、连接端口，并自动搜索、安装打印机驱动程序。如果不选中【自动检测并安装即插即用打印机】复选框，单击【下一步】按钮，出现【选择打印机端口】对话框，如图 6-14 所示，默认为 LPT1 端口。

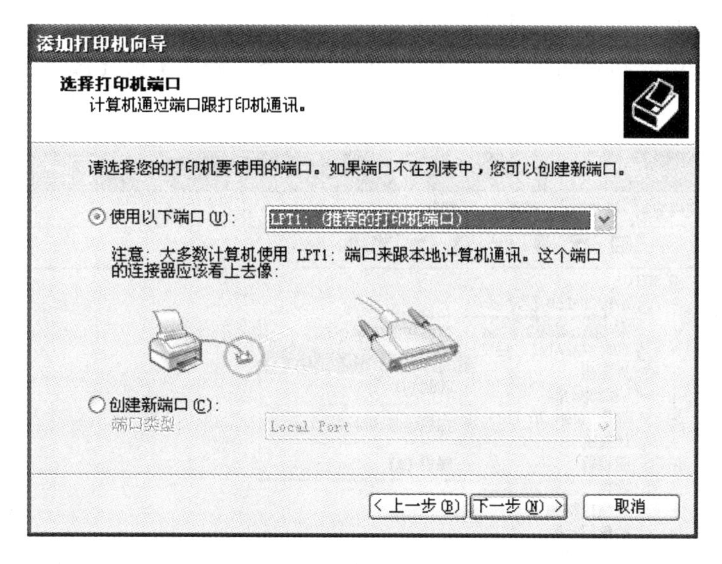

图 6-14 【选择打印机】对话框

（5）单击【下一步】按钮，出现【安装打印机软件】对话框，如图 6-15 所示。如果没有该打印机的驱动程序，单击【从磁盘安装】按钮，选择驱动程序的位置，然后按向导的提示安装即可。

安装好打印机后，就可以使用打印机开始打印了。

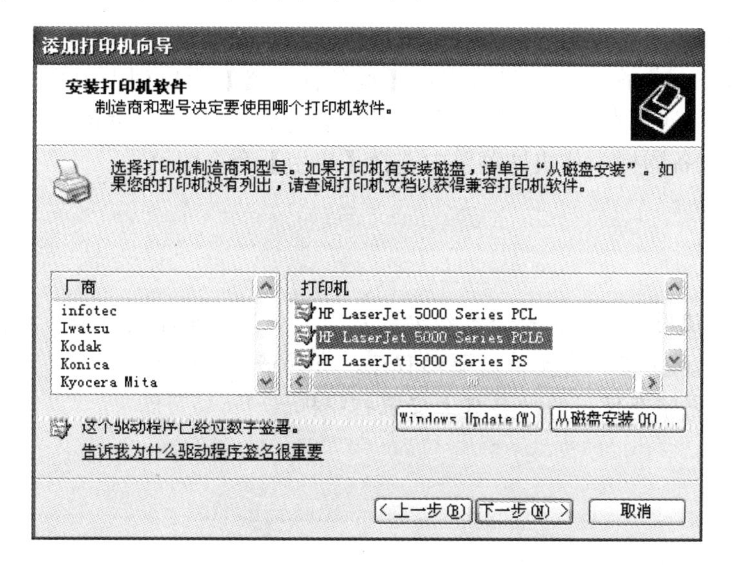

图 6-15 【安装打印机软件】对话框

6.3.3　停用和卸载设备

如果有的设备在安装或使用过程中出现了问题，如不兼容或产生了冲突，需要停用或卸载该设备。具体操作步骤如下：

（1）通过【控制面板】→【系统】→【系统属性】，选择【硬件】选项卡，单击【设备管理器】按钮，打开【设备管理器】窗口。

（2）右击要停用或卸载的设备，从快捷菜单中选择【停用】或【卸载】命令，如图 6-16 所示。

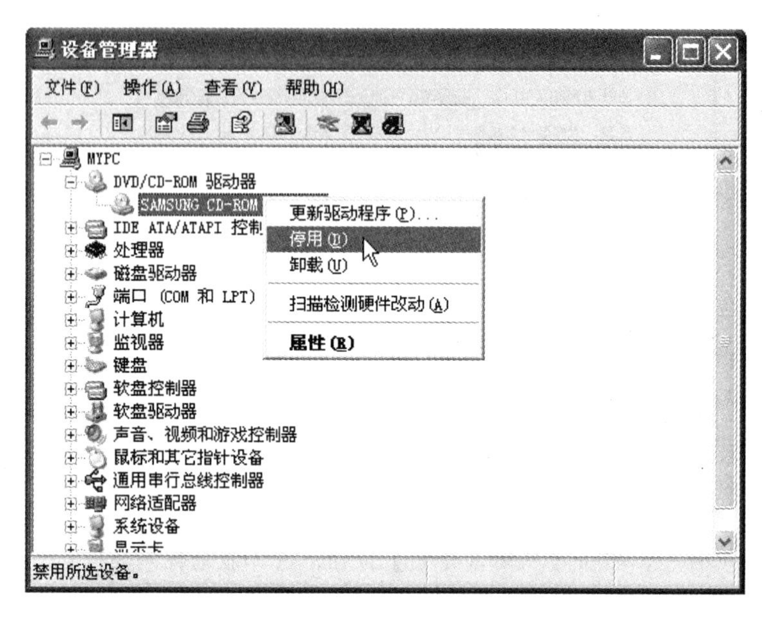

图 6-16 停用或卸载设备

（3）停用或卸载所选设备后，系统给出提示信息，确定是否停用或卸载所选设备。

如果选择【卸载】命令，该设备将从【设备管理器】窗口列表中被删除。如果停用该设备，则在该设备列表左侧图标上标注“×”。要想再次启用该设备，只需在【设备管理器】窗口右击该设备图标，从快捷菜单中选择【启用】命令即可。

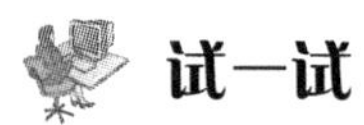

试一试

1. 检查你所使用的计算机是否已经安装声卡，如果已经安装声卡，有条件的话更新驱动程序（可以先从网上查找有无最新驱动程序，有的话再更新）。

2. 有条件的同学在使用的计算机上安装打印机。

相关知识

网络打印机的安装

现在很多单位为了节约成本，普遍采取共享使用网络打印机的方法，就是多个部门的计算机共用一台打印机。例如，在局域网中安装了一台名为“HP8100”的打印机，并且已经设置为共享，将其安装在运行 Windows XP 的客户机上。

（1）在运行 Windows XP 的客户机上，打开【打印机和传真】窗口，单击【添加打印机】图标，启动【添加打印机向导】，单击【下一步】按钮，选择【网络打印机】，如图 6-17 所示。

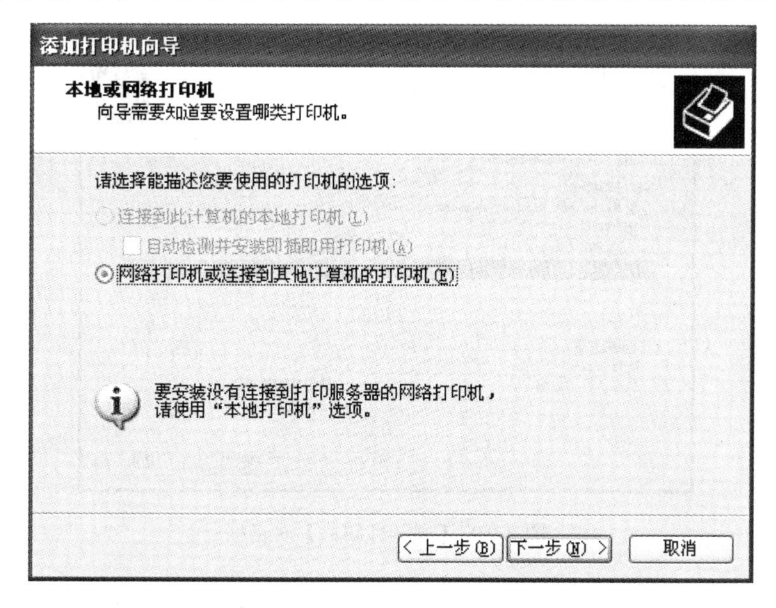

图 6-17　添加网络打印机对话框

（2）单击"下一步"按钮，打开【指定打印机】对话框，如图 6-18 所示。

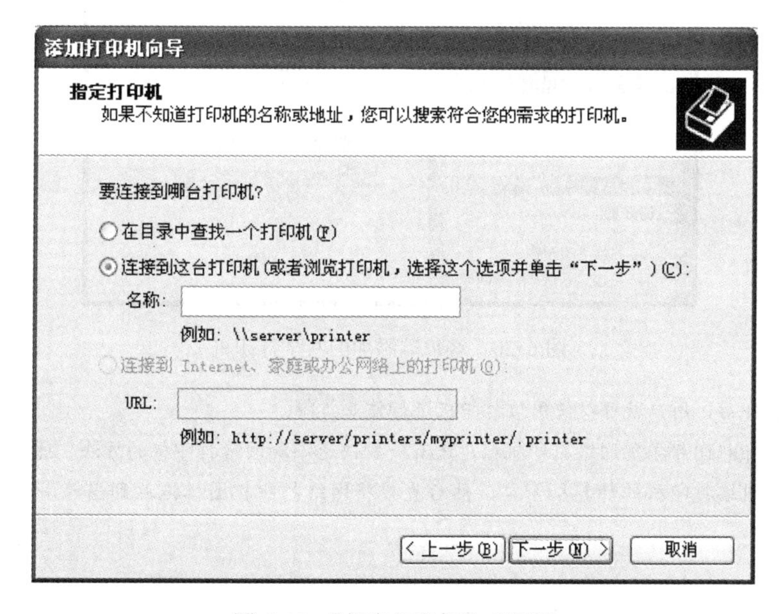

图 6-18 【指定打印机】对话框

（3）如果知道网络打印机的具体位置和名称，直接在【名称】文本框中输入打印机的路径和名称，否则单击【下一步】按钮，打开【浏览打印机】对话框，【共享打印机】列表框中列出了域中所有共享打印机，如图 6-19 所示。选择要添加网络上的打印机，例如，选择"\\wml\HP8100"。

（4）单击【下一步】按钮，打开【默认打印机】对话框，将该打印机设置为默认的打印机，单击【下一步】按钮，完成添加打印机向导，单击【完成】按钮，共享网络上的打印机安装成功。

添加打印机后，在客户机的打印机窗口会显示所添加的打印机图标，并设置为默认打印机，如图 6-20 所示。

图 6-19 【浏览打印机】对话框

图 6-20 客户端添加的共享打印机

添加共享打印后，用户就可以使用该打印机进行作业打印。

除了使用打印机向导添加网络打印机外，还有一种快速添加网络打印机的方法。通过在【网上邻居】浏览，打开含有网络打印机的计算机窗口，然后直接将网络打印机图标拖放到当前用户的【打印机和传真】窗口。

思考与练习

一、填空题

1．常见的 Windows 的应用软件安装程序的文件名是_________。

2．在 Windows XP 中，删除应用程序通常是运行软件本身自带的卸载程序或通过_______________窗口删除程序。

3．安装 Windows XP 组件在_______________对话框选择选项进行安装。

4．安装即插即用型硬件后，计算机系统一般_________检测并安装相应的驱动程序。

5．安装打印机时，一般是打开_______________窗口进行添加。

二、简答题

1．如何安装 Windows XP 组件？

2．什么是本地打印机？什么是网络打印机？

3．对于安装在计算机中硬件，停用与卸载硬件有什么区别？

三、操作题

1．在教师的指导下卸载计算机中安装的 Microsoft Office，选择安装最新版本的 Office 组件如 Office 2007 等。

2．从网上下载 ACDSee 看图软件并进行安装。

3．如果有扫描仪或数码相机，连接到计算机上。

第 7 章　中文输入方法的使用

学习目标

- 了解中文输入法
- 能安装中文输入法
- 能熟练使用一种中文输入法
- 能使用中文输入法建立简单文档
- 设置输入法的属性
- 能从网上下载并安装自己喜欢的中文输入法

对于广大中国计算机用户来说，在计算机使用过程中已经离不开中文及中文输入。熟练使用中文输入是衡量一个用户对计算机操作熟练程度的标准之一。到目前为止，已经有上百种中文输入法。

7.1　认识中文输入法

问题与思考

- 你知道有哪些中文汉字输入方法？
- 你经常使用哪种汉字输入方法输入文字？

中文 Windows XP 系统中内置有多种中文输入法，例如，微软拼音输入法、智能 ABC 输入法、全拼、郑码等。用户也可以安装使用其他汉字输入法，例如，五笔字型输入法、紫光拼音输入法等。用户无论使用哪种输入法，至少应熟练掌握一种中文输入法，才能完成文字的基本录入和编辑工作。

7.1.1　中文输入法分类

当前，汉字输入编码有上百种方案，实际使用的也有几十种，每种输入方法各有特

点，但总的来说可以分为键盘输入法、非键盘输入法和混合输入法三种类型。

1．键盘输入法

键盘输入法就是按照一定的规律将输入的英文字母转化为汉字，它是目前最常用的中文输入法。根据编码方案设计时所依据的不同汉字属性，可将它们分为区位码、音码、形码和音形码四种类型。

- 区位码：根据汉字在汉字集中的位置而进行编码，通过输入的 0～9 数字的组合，把汉字和字符输入到电脑中。优点是：汉字与码组有严格的对应关系，不需进行二次选择。缺点是难于记忆。
- 音码：音码是一种拼音输入法，它是将汉语拼音作为汉字编码，通过输入拼音字母来输入汉字。优点是：一般学过汉语拼音的人就可以输入汉字，易学，直观，不受字体变化的影响。缺点是：一是同音字太多，重码率高，输入效率低；二是对用户的发音要求较高；　三是难于处理不识的生字。常见的音码有全拼、双拼、智能 ABC、微软拼音输入法等。
- 形码：形码是一种字形输入法，它是把汉字拆成若干偏旁、部首及字根，或者拆成笔画，使偏旁、部首、字根和笔画与键盘上的键相对应，输入汉字时通过键盘按字形键入。例如，“好”字是由“女”和“子”组成。它的优点是：码长（所谓码长是一个汉字编码的字符个数）较短、重码（所谓重码是指同一编码对应多个汉字）率低、直观，不受操作者文化程度高低、是否识字和各地方言不同的影响，只要看到字形，就能按规则击键输入。缺点是：有一套汉字的拆分规则要掌握，字根（若干笔画复合连接交叉，形成相对不变的结构）在键盘上的分布规律要记忆，长时间不用会忘掉。常见的形码有五笔字型、郑码等。
- 音形码：音形码是一种音形组合输入法，它将汉字的拼音和字形相结合，各取所长。优点是：吸取了音码和形码的长处，重码率低。缺点是：编码规则复杂难于学习和记忆。常见的音形码有自然码等。

2．非键盘输入法

非键盘输入法是利用人工智能的方式而不使用键盘，对汉字或语音进行模式识别的输入方法。它主要适用于需要进行一定量的文字输入，而又不希望花大量时间去熟练键盘、学习输入法的人。它的特点是既简单又快捷，是未来中文输入的一种发展趋势。常见的非键盘输入法有光电输入法、手写输入法、语音识别输入法等。

- 光电输入法：又称光学字符识别技术，它要求首先把要输入的文稿通过扫描仪转化为图形才能识别，所以，扫描仪是必须的，而且原稿的印刷质量越高，识别的准确率就越高，一般最好是印刷体的文字，比如图书、杂志等，如果原稿的纸张较薄，那么有可能在扫描时纸张背面的图形、文字也透射过来，干扰最后的识别效果。OCR 软件种类比较多，常用的比如清华 OCR，在系统对图形进行识别后，系统会把不能肯定的字符标记出来，让用户自行修改。OCR 技术解决的是手写或印刷的重新输入的问题，它必须得配备一台扫描仪，而一般市面上的扫描仪基本都附带了 OCR 软件。
- 手写输入法：手写输入法是一种笔式环境下的手写中文识别输入法，符合中国人用笔写字的习惯，只要在手写板上按平常的习惯写字，电脑就能将其识别显示出来。手写输入法需要配套硬件手写板，在配套的手写板上用笔（可以是任何类型的硬笔）来书写录入汉字，不仅方便、快捷，而且错字率也比较低。用鼠标在指定区域内也可以写出字来，只是鼠标操作要求非常熟练。手写笔种类最多，有汉王笔、紫光笔、慧笔、文通笔、蒙恬笔、如意笔、中国超级笔、金银笔、随手笔、海文笔等。

- 语音识别输入法：语音识别法是指利用麦克风和相关软件，将口头语言转换为文字并被计算机记录下来。所以，语音识别输入法应该说是最简单易用的一种输入方法了。另外，语音识别所需要的硬件投入也是比较少的，在获得了语音识别软件后，只需配上一个麦克风，就可以开始工作了。现在市场上的语音识别软件基本上使用 IBM 公司研制开发的 ViaVoice 语音识别系统作内核的。常见的还有国内推出的 Dutty++语音识别系统、天信语音识别系统、世音通语音识别系统等。

3. 混合输入法

手写加语音识别的输入法有汉王听写、蒙恬听写王系统等，慧笔、紫光笔等也添加了这种功能。语音手写识别加 OCR 的输入法有汉王的读写听、清华的录入之星中的 B 型（汉瑞得有线笔+ViaVoice +清华 TH-OCR）和 C 型（汉瑞得无线笔+Via Voice+清华 TH-OCR）等。微软拼音输入法，除了可以用键盘输入外，也支持鼠标手写输入，使用起来也很灵活。

不论哪种输入法，都有自己的优点和缺点，可以根据自己的需要挑选，只要用习惯就好了。

7.1.2 常用的中文输入法

在中文 Windows XP 系统中使用的中文输入法很多，常见的有微软拼音输入法、智能 ABC 输入法、全拼、郑码、增强区位输入法，还可以使用外挂的五笔字型输入法（王码）、搜狗拼音输入法等等。下面介绍几种常见的中文输入法及其特点。

1. 微软拼音输入法

微软拼音输入法 3.0 版是一种基于语句的智能型的拼音输入法，分为全拼和双拼输入两种模式，以及整句和词语两种转换方式。可以选用不完整拼音输入，用户不需要经过专门的学习和培训，就能方便熟悉地掌握这种汉字输入方法。微软拼音输入法为用户提供了许多特性，如自学习和自造词功能。使用这两种功能，经过与用户短时间的交流，微软拼音输入法能够学会用户的专业术语和用词习惯。另外，微软拼音输入法还为用户提供了一些新的或改进的特性，如中文混合输入、词语转换方式、逐键提示、候选窗口、模糊音设置等。

2. 智能 ABC 输入法

智能 ABC 输入法是一种拼音输入法，但它比一般的全拼和双拼要快得多。智能 ABC 输入法可以采用全拼、简拼、混拼、笔形、音形和双打等多种输入方式作为文字的录入方式。最大的特点是采用简拼或混拼输入，同时具有自动分词和构词、自动记忆、强制记忆、朦胧回忆、频度调整和记忆、自动识别前加或后加成分并予以自动搭配以及具有一个约 6 万条的基本词库和 17000 条的动态词库的词库系统等智能特色。

3. 五笔字型输入法

五笔字型输入法是众多输入法的一种，它采用了字根拼形输入方案，即根据汉字组字的特点，把一个汉字拆成若干字根，用字根输入，然后由计算机拼成汉字。目前最具代表的王码五笔输入法，另外还有陈桥五笔、万能五笔、极品五笔等输入法。

4. 搜狗拼音输入法

搜狗拼音输入法是 2006 年由搜狐公司推出的一款汉字拼音输入法，是一款免费提供下载使用的软件。主要特色有：

- 网络新词：搜狐公司将此作为搜狗拼音最大优势之一。鉴于搜狐公司同时开发搜索引擎的优势，搜狐声称在软件开发过程中分析了 40 亿网页，将字，词组按照使用频率重新排列。在官方首页上还有搜狐制作的同类产品首选字准确率对比。用户使用表明，搜狗拼音的这一设计的确在一定程度上提高了打字的速度。
- 快速更新：不同于许多输入法依靠升级来更新词库的办法，搜狗拼音采用不定时在线更新的办法。这减少了用户自己造词的时间。
- 整合符号：这一项同类产品中也有做到，如拼音加加。但搜狗拼音将许多符号表情也整合进词库，如输入“haha”得到“^_^”。另外还有提供一些用户自定义的缩写，如输入“QQ”，则显示“我的 QQ 号是 XXXXXX”等。
- 笔画输入：输入时以“u”做引导可以“h”（横）、“s”（竖）、“p”（撇）、“n”（捺）、“d”（点）、“t”（提）用笔画结构输入字符。值得一提的是，竖心的笔顺是点点竖（nns），而不是竖点点。
- 输入统计：搜狗拼音提供一个统计用户输入字数，打字速度的功能。但每次更新都会清零。
- 输入法登陆：可以使用输入法登陆功能登陆搜狗、搜狐、chinaren、17173 等网站会员。
- 个性输入：用户可以选择多种精彩皮肤，更有每天自动更换一款的的<皮肤系列>功能。
- 细胞词库：细胞词库是搜狗首创的、开放共享、可在线升级的细分化词库功能。细胞词库包括但不限于专业词库，通过选取合适的细胞词库，搜狗拼音输入法可以覆盖几乎所有的中文词汇。

5. 紫光拼音输入法

紫光拼音输入法是一个完全面向用户的，基于汉语拼音的中文字、词及短语输入法。紫光拼音输入法力求以拼音方式快速流畅地输入汉字，从而使汉字输入不再烦琐。它提供了输入拼音的同时显示字词和输入拼音后显示字词两种输入风格，具有跟随光标的功能。它提供全拼和双拼功能，并可以使用拼音的不完整输入(简拼)。双拼输入时可以实时提示双拼编码信息，无需记忆。支持翘/平舌音、前/后鼻音以及南方口音的模糊输入。可以单键切换中英文输入状态，对于大小写结合的英文可直接输入，可使用“v”开头来输入网址、Email 地址等英文和符号串。使用特殊输入可方便地输入中文数字和常用单位。NumLock 键开启时可方便输入数字和小数点。为减少在多个重音字中查找，可以使用以词的方式输入字(以词定字)。用户可自己定义特殊的字词和短语(例如，定义“china=中华人民共和国”)，方便输入。

紫光拼音输入法拥有大容量精选词库，收录 8 万多条常用词、短语、地名、人名以及数字。它支持 GBK 大字符集，支持简繁体分别输入。具有强大的用户自定制功能，用户可定制输入习惯、定制双拼编码、定制输入界面、定制模糊音设置、定制中文符号输入、以及定制输入法的智能特性。

紫光拼音输入法还具有智能组词能力、词和短语输入中的自学习能力、智能调整字序以及可以让数字后面跟随输入的符号是英文符号等。

相关知识

计算机汉字处理方法

1. 汉字的输入

进行汉字输入，首先要了解汉字的编码问题，主要是汉字在机内如何表示。通常每个西文字符只占一个字节的存储区。但由于汉字的数目众多（属于大字符集），因此需要采取不同的表示方法。

为统一标准，1981 年我国公布了《通信汉字字符集及其汉字交换标准》(GB2312-80)。在此方案中，共收录了 6763 个常用汉字，其中较常用的 3755 个汉字组成一级字库，按拼音顺序排列；其余 3008 个汉字组成二级字库，按部首顺序排列。有了这个基本集，就可对这一定数量汉字集内的每个汉字编成相应的一组英文或数字代码，使其能直接使用西文键盘输入汉字。

2. 汉字的存储

在实际汉字系统中，都是用两个字节来表示一个汉字，即一个汉字对应两个字节的二进制码，也就是说，用两个字节对汉字进行编码，这样可将汉字编入标准汉字代码中，输入计算机的就是这两个字节的汉字代码，存储亦然。

3. 汉字的输出

确定了汉字的机内码仅仅决定了每个汉字在国标字符集中的位置，但并不能说明每个汉字的形状。因此，要完成汉字的输出任务还需要字型数据。在微机上，大多数的文字或图形的形状都是用“点”来描述的。存储这些点由 1 和 0 来实现，输出时，计算机把 1 解释成“有点”，把 0 解释为“无点”。这样，汉字的点阵数据就与屏幕上的图形对应起来。为了能够显示汉字，在国标集中的每个汉字都需要事先确定其点阵形状，然后点阵转换成对应的数据，一般以文件形式存放到计算机中，就构成了汉字的字型库或简称为字库。

汉字的显示一般需要一系列的步骤。例如，首先将用户从键盘输入的汉字编码（输入码）转化成机内码，然后根据内码从字库中查找到该字的字模数据，再将字模写到屏幕或输出到打印机。

7.2 安装中文输入法

问题与思考

- 除了使用 Windows XP 自带的汉字输入法外，你如何获得其他汉字输入法？
- 你会安装其他汉字输入法？

安装中文 Windows XP 时，安装程序自动安装微软拼音输入法、全拼、郑码和智能 ABC 输入法等，用户可以选择其中的一种进行汉字输入。但仅这几种输入法不能满足用户的要求，例如，有些用户需要使用搜狗拼音输入法、五笔字型输入法等。当用户要使用这些 Windows XP 没有提供的中文输入法时，就需要自己先安装，再来使用该输入法。

提示

要了解当前 Windows XP 安装并能使用的汉字输入法，可以单击任务栏右侧的语言栏图标，在出现的菜单上查看或选择一种中文输入方法。

【例 1】下载目前最新版的搜狗拼音输入法，安装在 Windows XP 系统中。

（1）从网上下载最新的搜狗拼音输入法（当前 4.2 版），运行该应用程序，sogou_pinyin_42.exe 文件，打开【搜狗拼音输入法】安装向导窗口，如图 7-1 所示。

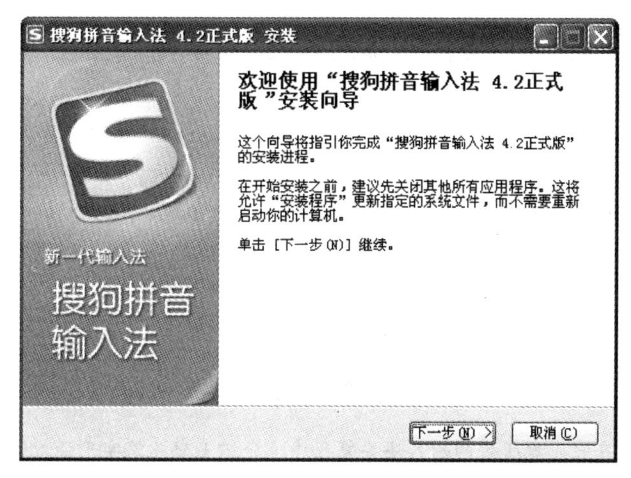

图 7-1 【搜狗拼音输入法 4.2】安装向导窗口

（2）单击【下一步】按钮，出现搜狗拼音输入法 4.2 信息和安装许可协议，同意许可协议后，选择安装文件夹后，单击【下一步】按钮，开始安装搜狗拼音输入法 4.2，如图 7-2 所示。

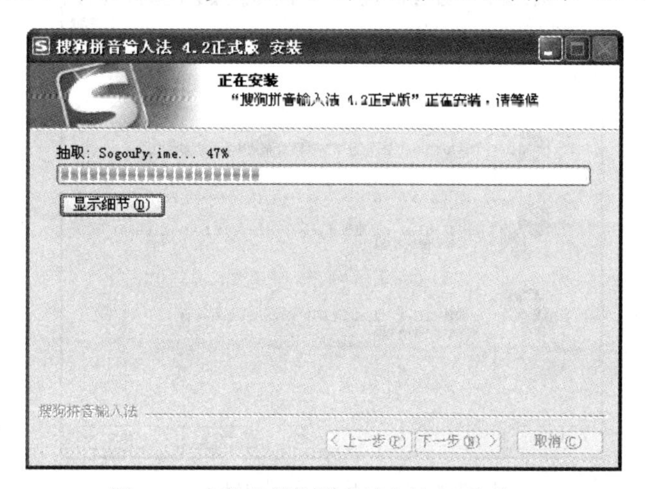

图 7-2 安装【搜狗拼音输入法 4.2】窗口

（3）安装后出现个性化设置向导，可以根据系统提示进行安装，如图 7-3 所示。

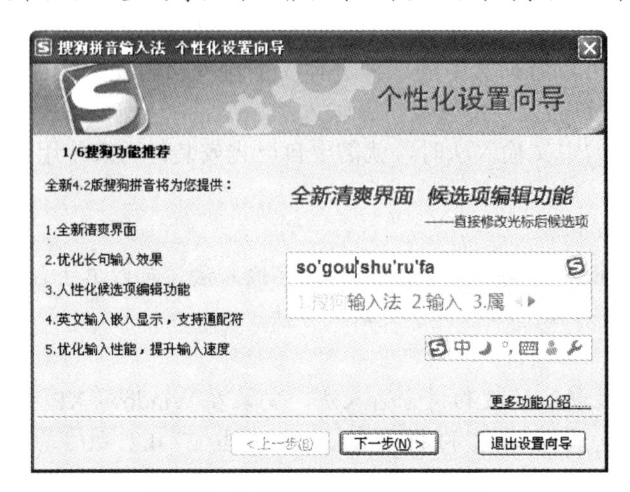

图 7-3 【个性化设置向导】窗口

（4）完成搜狗拼音输入法的安装后，就可以使用该输入法了。

试一试

在教师的指导下安装一种汉字输入方法，如紫光拼音输入法。

相关知识

安装五笔字型输入法

下面通过 Office XP 安装光盘所带的输入法安装程序，介绍王码五笔字形输入法的安装方法。

（1）启动 Office XP 安装光盘，如果本地计算机已安装 Office XP，在安装界面选择【添加或删除功能-更改已安装的功能或删除制定的功能】选项，如图 7-4 所示。

图 7-4 【维护模式】选项对话框

（2）单击【下一步】按钮，出现如图 7-5 所示的对话框，在【要安装的功能】列表框中，选择【Office 共享】→【五笔型输入法】→【五笔型输入法 98 版】选项，然后单击【更新】按钮，系统自动进行安装。

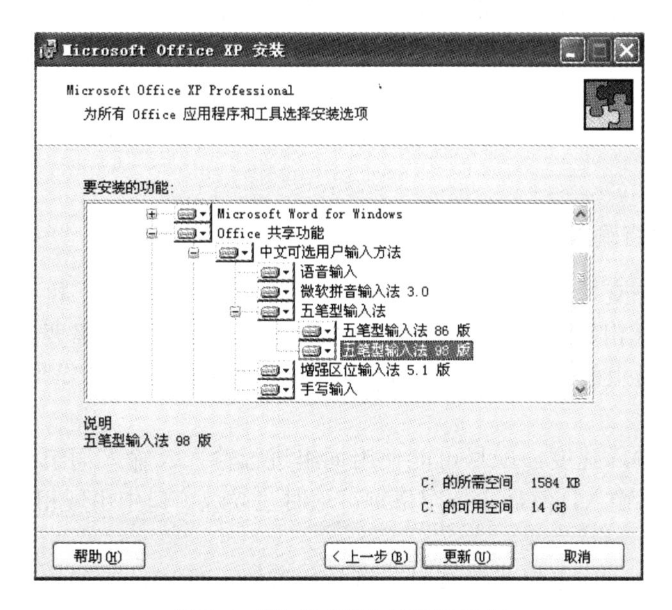

图 7-5 【选择安装】选项对话框

（3）同样的方法，还可以安装光盘提供的微软拼音输入法等。

提示

五笔字形输入法安装后，如果【语言栏】菜单中没有显示，需要按下列操作进行设置：单击【控制面板】中的【区域和语言选项】，在【区域和语言选项】对话框的【语言】选项卡中单击【详细信息】按钮，在打开的【文字服务和输入语言】对话框的【设置】选项卡中，单击【添加】按钮，打开【添加输入语言】对话框，选择【键盘布局/输入法】复选项，从下拉列表中选择【中文(简体)-王码五笔型 98 版】选项，单击【确定】按钮，将输入法添加到【语言栏】中。

7.3　使用中文输入法

- 你的打字速度是通过计算机学习、上网聊天还是其他方式提高的？
- 你会安装使用搜狗拼音输入法吗？

安装并熟悉了各种中文输入法后，就可以使用中文输入法输入汉字了。本节介绍用户最常使用的几种中文输入法。

7.3.1 微软拼音输入法

微软输入法是一种基于语句的汉语拼音输入法，用户可以连续输入汉语语句的拼音，系统自动根据拼音选择最合理、常用的汉字，免去逐字逐词进行选择的麻烦。微软拼音输入法提供了自学习、自造词等功能，这样计算机在与用户经过短时间的交流中，就会适应用户的专业术语和语句习惯，使输入语句的成功率得到较大的提高，从而提高了输入汉字的速度。

1. 使用微软拼音输入法

微软拼音输入法支持全拼输入和双拼输入两种方式。输入汉字拼音之间无需用空格间隔，输入法自动切分相邻汉字的拼音。如果在列出的汉字中没有需要的字，可以通过单击翻页按钮或使用键盘上的“]”、“=”或 PgDn 键向前翻阅；按“[”、“-”或 PgUp 键向后翻阅。

为加快汉字的输入速度，应尽可能使用词组进行输入，输入词组时一次将词组中所有汉字的汉语拼音全部输入，然后再按空格键，这时在候选窗口中出现相应的词组列表，选择需要的词组。

当用户连续输入一连串汉语拼音时，微软拼音输入法通过语句的上下文自动选取最合适的字词。但有时自动转换的结果与用户希望的有所不同，以致出现错字词，可以使用光标键将光标移到错误字词处，在候选窗口中选择正确的字词，修改完后按 Enter 键确认。

使用微软拼音输入法时，如果词库中没有所输入的词组，可以逐个字选择，当输入一次该词组后，它会自动加入到词库中，以后再输入该词组时，该词组会出现在列表中。

例如，下面以输入“青岛国际啤酒节 2008 Qingdao”一段文字为例介绍微软拼音输入法的使用方法。

（1）单击【开始】→【所有程序】→【附件】→【记事本】命令按钮，打开记事本程序。

（2）单击任务栏中的【语言栏】选项，选择【微软拼音输入法】选项。

提示

在任务栏显示语言栏的操作方法是，在任务栏的空白处右击，在弹出的快捷菜单中选择【工具栏】→【语言栏】选项，如图 7-6 所示。

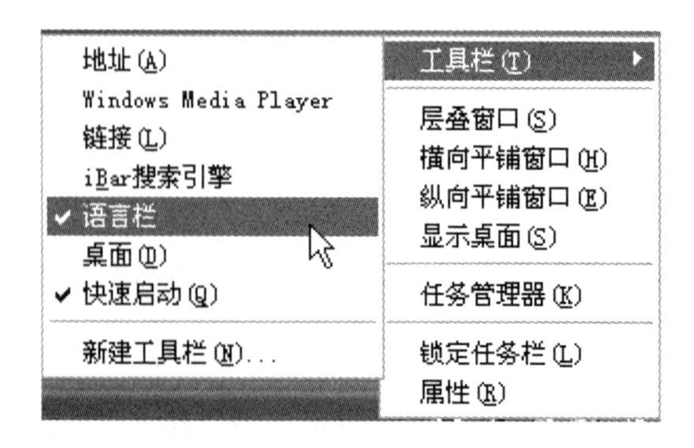

图 7-6 在任务栏显示语言栏

（3）连续按下“青”的拼音字母相应的按键“q、i、n、g”，输入结束后按空格键，在屏幕上出现“清”字。这时“清”字下面有一条下划虚线，等待用户确认，再按下空格或 Enter 键确认，如图 7-7 所示。如果拼音字母输入有错误，按键盘上的 Backspace 键取消输入。

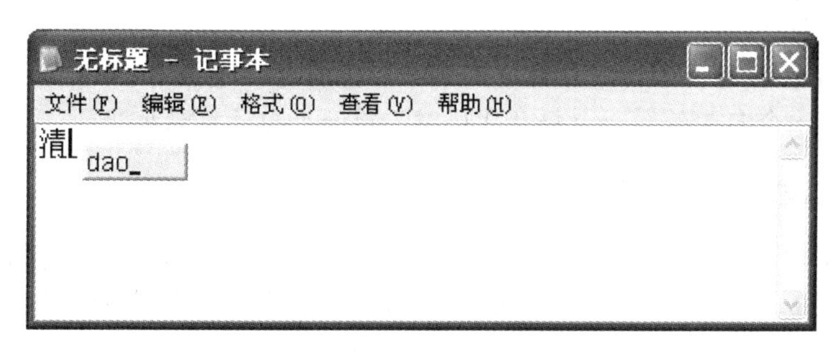

图 7-7　微软拼音法输入汉字

在输入过程中汉字的下面都有一条下划虚线，这时可以对所输入的汉字进行修改。具体方法是：按下键盘的左移动光标键，将光标移到要修改的汉字前面，例如，移到“国”字前面，可以看到候选窗口中的内容也随着光标的移动而变化，如图 7-8 所示。选择所需的词组或汉字后按 Enter 键确认，此时，下划虚线消失，表示这个句子输入结束。

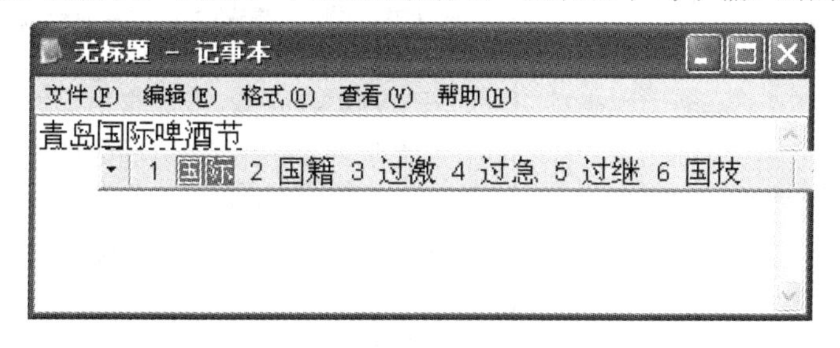

图 7-8　对输入的汉字进行修改

（4）继续输入其他的汉字。输入数字“2008”时直接键入键盘上的数字键。当输入英文“Qingdao”时只要按一下 Shift 键（微软拼音输入法定义的中英文转换快捷键），就可以继续输入“Qingdao”，再按一下 Shift 键可以继续输入其他汉字。

由于微软拼音输入法以语句为基本的输入单位，这是它区别于其他输入法的显著特点，所以在输入语句时，用户不必逐字进行选择确认，而可以连续输入汉语语句的拼音，直到输入完整句子后，再进行选择。例如，可以连续输入“qingdaoguojipijiujie”，按下空格或 Enter 键确认。

使用微软拼音输入法输入汉语语句时，发现有错别字不用忙于修正，而是在确认语句之前对整句一起修改。在输入的过程中，微软拼音输入法会自动根据上下文做出调整，将语句修改为它认为的最可能的情形。经过它的调整，很多错误都会自动被修正了，因此，修改句子最好从句首开始。

提示

（1）快速回到句首

输入完一个句子，按右方向键可以快速回到句首。因为光标移动键的作用是循环的。

（2）零声母与音节切分符

汉语拼音中有一些零声母字，即没有声母的字。在语句中输入这些零声母字时，使用音节切分符可以得到事半功倍的效果。例如，输入“皮袄”时，输入带音节切分符的拼音“pi ao”（中间加一个空格），快速正确输入。

（3）确认的技巧

如果整个句子无需修改，在句尾输入一个标点符号（包括“，”、“。”、“；”、“？”和“！”），在输入下一个句子的第一个拼音代码时，前一个句子自动被确认。

2．微软拼音输入法属性设置

为提高汉字输入的效率，或适合自己的输入习惯，用户可以对微软拼音输入法的属性进行设置。具体操作方法是：单击微软拼音输入法语言栏上的【功能菜单】图标按钮，在弹出的菜单中单击【属性】命令按钮（如图 7-9 所示），打开如图 7-10 所示的【属性】对话框。

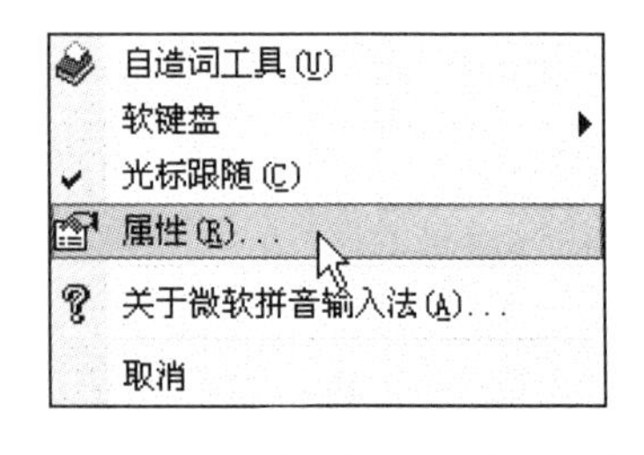

图 7-9 微软拼音输入法功能菜单

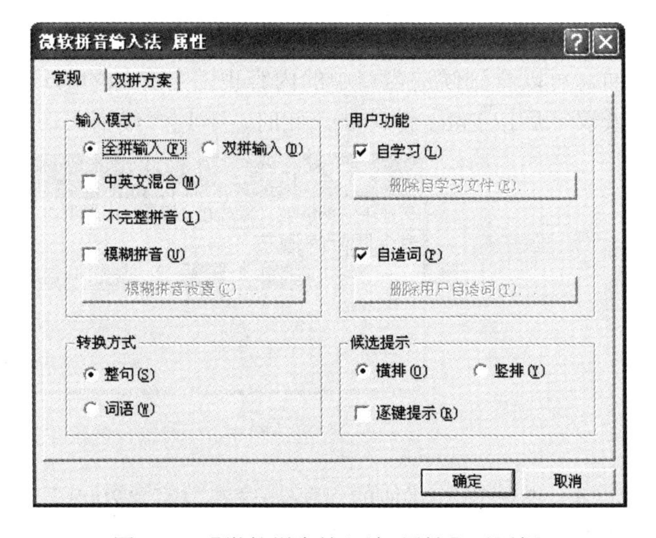

图 7-10 【微软拼音输入法 属性】对话框

在【微软拼音输入法 属性】对话框中，用户可以设置输入模式、转换方式、用户功能、候选提示以及双拼方案等。其中部分属性的含义如下：

- 自学习：微软拼音输入法将记住每次用户更正过的错误，错误重现的可能性将减小。例如“智能输入”在第一次输入时出现“只能输入”。此时只要把光标移到“只能”之前，候选框就会自动弹出汉字序列，从候选窗口中选取“智能”一词，再按 Enter 键确认，输入法就会自行记忆。此后输入“zhinengshuru”，系统就正确转换为“智能输入”。
- 自造词：微软拼音输入法将自动将用户自己所造的词记录到用户词典中。系统允许用户定义长度为 2~9 个汉字的词组。
- 逐键提示：用户每键入一个不同的音节，候选窗口中及时提供同音候选字词，便于用户一边键入，一边选择修改。例如，键入“chaojinvsheng”，则候选窗口提示如图 7-11 所示。

超级女
sheng_
1 女生 2 女声 3 省 4 生 5 声 6 胜 7 升 8 圣

图 7-11　逐键提示候选窗口

对于不同的汉字输入法，都对应不同的属性设置，用户可以对自己使用的中文输入法进行属性设置。

7.3.2　搜狗拼音输入法

搜狗拼音输入法是搜狗（www.sogou.com）推出的一款基于搜索引擎技术的、特别适合大众使用的、新一代的输入法产品。

安装搜狗拼音输入法后，将鼠标移到要输入的地方单击，使系统进入到输入状态，然后按【Ctrl+Shift 键】切换输入法，按到搜狗拼音输入法出来即可。当系统仅有一个输入法或者搜狗输入法为默认的输入法时，按下【Ctrl 键+空格键】即可切换出搜狗输入法。

1. 搜狗输入法的切换

搜狗拼音输入法默认是按下 Shift 键就切换到英文输入状态，再按一下 Shift 键就会返回中文状态。用鼠标单击状态栏上面的中字图标也可以切换。

除了 Shift 键切换以外，搜狗输入法也支持回车输入英文和 V 模式输入英文。在输入较短的英文时使用能省去切换到英文状态下的麻烦。具体使用方法是：输入英文，直接敲回车即可，也可以先输入“V”，然后再输入要输入的英文，可以包含@+*/-等符号，然后敲空格即可。

2. 输入窗口

搜狗输入法的全拼输入窗口如图 7-12 所示。输入窗口很简洁，上面的一排是所输入的拼音，下一排就是候选字，输入所需的候选字对应的数字，即可输入该词。第一个词默认是红色的，直接敲下空格即可输入第一个词。

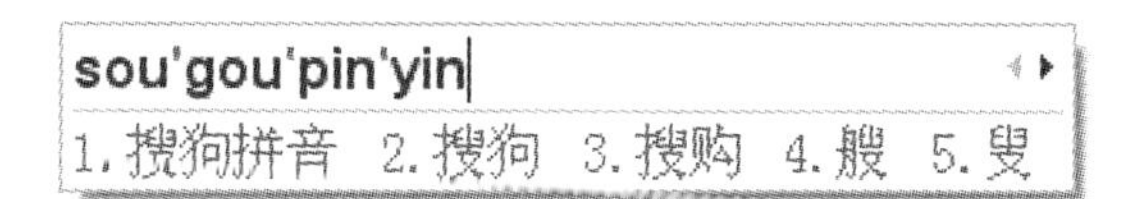

图 7-12　全拼输入窗口

默认的翻页键是【逗号（,）句号（。)】，即输入拼音后，按句号（。）进行向下翻页选字，相当于 PageDown 键，找到所选的字后，按其相对应的数字键即可输入。输入法默认的翻页键还有【减号（-）等号（=)】，【左右方括号（[])】，可以通过【设置属性】→【按键】→【翻页按键】来进行设定。

3. 简拼

简拼是输入声母或声母的首字母来进行输入的一种方式，有效的利用简拼，可以大大的提高输入的效率。搜狗输入法现在支持的是声母简拼和声母的首字母简拼。例如：要输入

“张靓颖”，只要输入“zhly”或者“zly”都可以输入“张靓颖”。同时，搜狗输入法支持简拼全拼的混合输入，例如，输入“srf”、“sruf”、“shrfa”都是可以得到“输入法”。

4. U 模式笔画输入

U 模式是专门为输入不会读的字所设计的。在输入 u 键后，然后依次输入一个字的笔顺，笔顺为：h 横、s 竖、p 撇、n 捺、z 折，就可以得到该字，同时小键盘上的 1、2、3、4、5 也代表 h、s、p、n、z。这里的笔顺规则与普通手机上的五笔画输入是完全一样的。其中点也可以用 d 来输入。由于双拼占用了 u 键，智能 ABC 的笔画规则不是五笔画，所以双拼和智能 ABC 下都没有 u 键模式。例如，输入“你”字，如图 7-13 所示。但树心的笔顺是点点竖（nns），而不是竖点点。

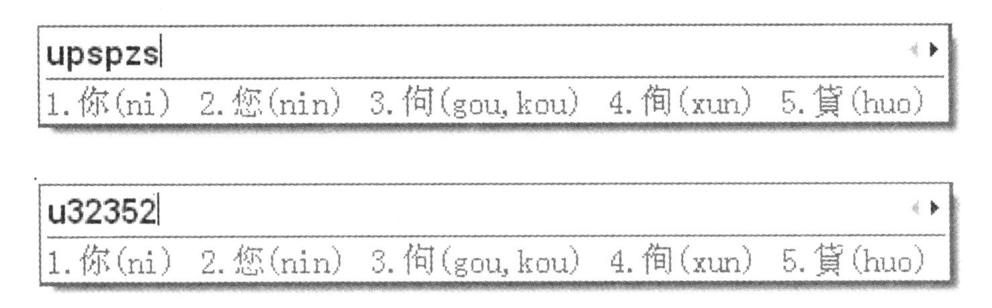

图 7-13　U 模式输入窗口

5. 笔画筛选

笔画筛选用于输入单字时，用笔顺来快速定位该字。使用方法是输入一个字或多个字后，按下 Tab 键（Tab 键如果是翻页的话也不受影响），然后用 h 横、s 竖、p 撇、n 捺、z 折依次输入第一个字的笔顺，一直找到该字为止。五个笔顺的规则同上面的笔画输入的规则。要退出笔画筛选模式，只需删掉已经输入的笔画辅助码即可。例如，快速定位“珍”字，输入了 zhen 后，按下 Tab 键，然后输入“珍”的前两笔“hh”，就可定位该字，如图 7-14 所示。

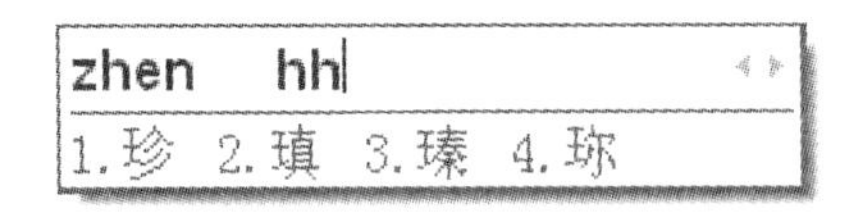

图 7-14　笔画筛选

6. V 模式中文数字

v 模式中文数字是一个功能组合，包括多种中文数字的功能。只能在全拼状态下使用：

（1）中文数字金额大小写：输入“v424.52”，输出“肆佰贰拾肆元伍角贰分”。

（2）罗马数字：输入 99 以内的数字，例如，“v12”，输出“XII”。

（3）年份自动转换：输入“v2008.8.8”或“v2008-8-8”或“v2008/8/8”，输出“2008 年 8 月 8 日”。

（4）年份快捷输入：输入“v2009n12y26r”，输出“2009 年 12 月 26 日”。

7. 网址输入模式

网址输入模式是特别为网络设计的便捷功能，在中文输入状态下就可以输入几乎所有的网址。规则是：输入以 www、http:、ftp:、telnet:、mailto:等开头的字母时，自动识别进入到英文输入状态，后面可以输入如 www.sogou.com、http://www.sogou.com 类型的网址，如图 7-15 所示。

图 7-15　网址输入模式

输入非 www.开头的网址时，可以直接输入例如 abc.abc 就可以了，但是不能输入 abc123.abc 类型的网址，因为句号被当作默认的翻页键。

输入邮箱时，可以输入前缀不含数字的邮箱，例如，weiyi@163.com。

相关知识

搜狗拼音输入法属性设置

在状态条上右击或者单击小扳手图标都可以进入设置属性窗口，如图 7-16 所示。

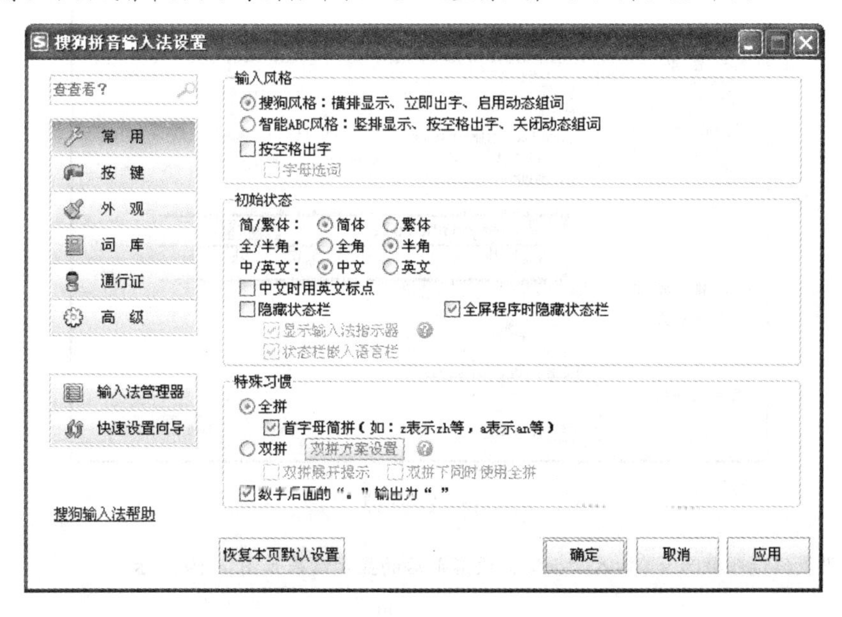

图 7-16 【属性设置】窗口

例如，在【常用】窗口（如图 7-16 所示）中可以设置输入风格、初始状态等。在【按键】窗口（如图 7-17 所示）中，可以设置中英文切换方式、候选字词翻页键以及快捷键等。

搜狗拼音输入法默认的是 5 个候选词，首词命中率和传统的输入法相比已经大大提高，第一页的 5 个候选词能够满足绝大多数时的输入。推荐选用默认的 5 个候选词。如果候选词太多会造成查找时的困难，导致输入效率下降。【外观】窗口的【候选项数】来修改，选择范围可以是 3~9 个，如图 7-18 所示。

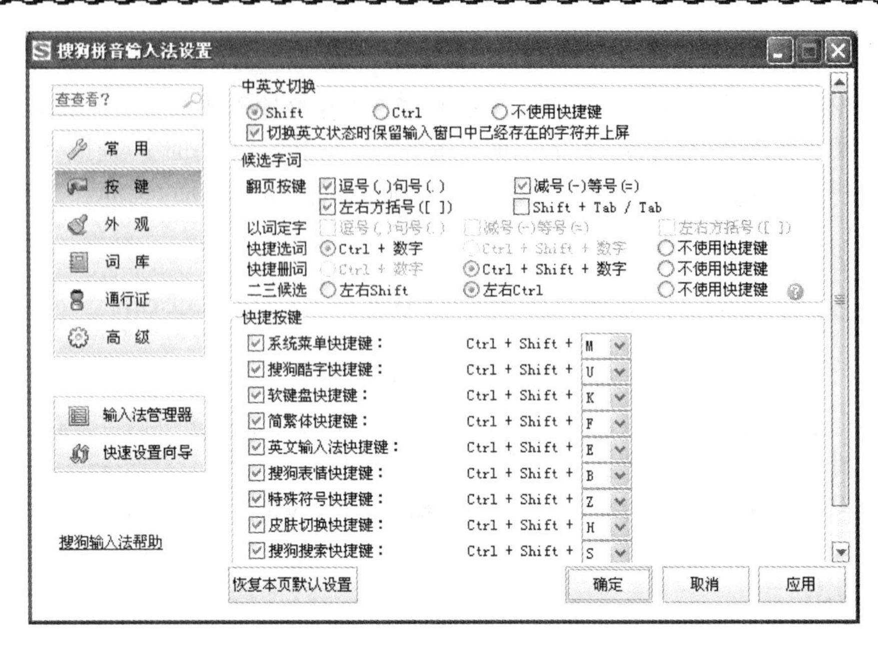

图 7-17 【按键】窗口

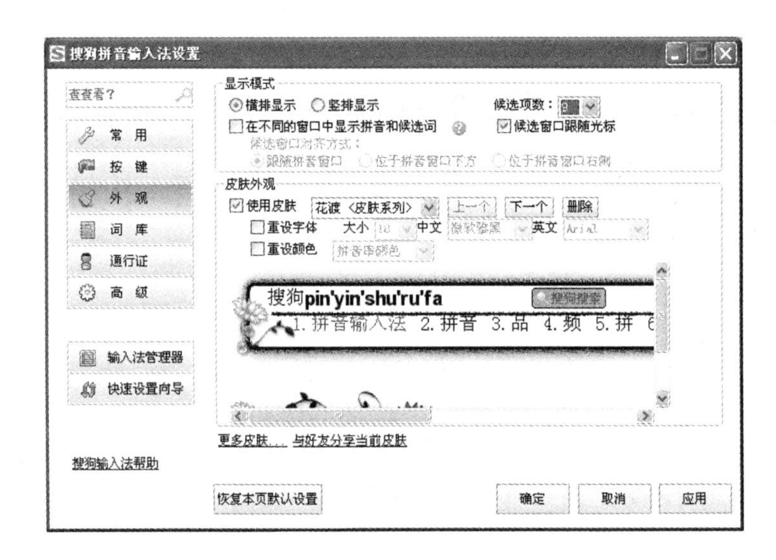

图 7-18 【外观】窗口

例如，设置候选项数为 9，输入“de”，设置前后的显示结果如图 7-19 所示。

5 个候选词：

de
1. 的 2. 得 3. 地 4. 德 5. 嘚

9 个候选词：

de
1. 的 2. 得 3. 地 4. 德 5. 嘚 6. 徳 7. 锝 8. 底 9. 淂

图 7-19 设置候选词个数

搜狗输入法从 3.0 公测第一版开始支持可充分自定义、不规则形状的皮肤，包括输入窗口、状态栏窗口都可以进行自由设计。

7.4　建立简单文档

问题与思考

- 你在使用计算机书写一篇文章的读后感时，通常使用什么编辑软件？
- 你知道 Windows XP 提供哪两个简单文本编辑工具软件？

记事本是一个用来创建简单文档的基本文本编辑器。但由于多种格式源代码都是纯文本的，所以记事本也就成为了使用最多的源代码编辑器。它只具备最基本的编辑功能，所以体积小巧，启动快，占用内存低，容易使用。

记事本的功能虽然连写字板都比不上，但它还是有它自己的特点。相对于微软的 Word 来说记事本的功能确实是太简单了，只有新建、保存、打印、查找、替换这些功能。但是记事本却拥有一个 Word 不可能拥有的优点：打开速度快，文件小。使用记事本一点就能打开文本文件；同样的文本文件用 Word 保存和用记事本保存的文件大小就大不相同，所以对于大小在 64KB 以下的纯文本的保存最好还是采用记事本。

记事本另一项不可取代的功能是：可以保存无格式文件。可以把记事本编辑的文件保存为.html、.java、.asp 等任意格式。因此，记事本可以作为程序语言的编辑器。

【例 2】 使用记事本建立较简单的文档。

单击【开始】→【所有程序】→【附件】→【记事本】命令按钮，打开如图 7-20 所示的【记事本】窗口。

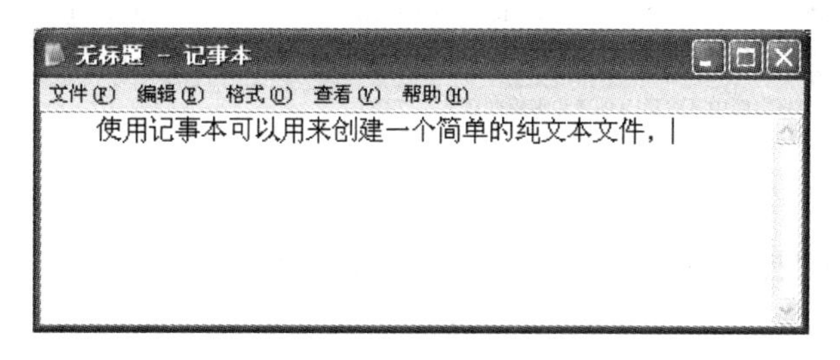

图 7-20 【记事本】窗口

- 通过【文件】菜单可以新建一个文件、打开现有的文件、保存文件、设置打印页面和打印文件等。
- 通过【编辑】菜单，可以撤消对文本最后一次的操作，可以对文本进行剪贴、复制、粘贴、删除和全部选中操作，还可以查找、替换指定的字符串。
- 通过【格式】菜单，可以设置【自动换行】和【字体】。记事本是以行为单位存储用户输入的文字的。如果用户未选择【自动换行】命令，则当用户输入的文本超过窗口的宽度时，窗口会自动向左滚动，使所输入的内容在一行上，只有按回车键时才产生换行。【字体】命令是用来设置记事本文件的字体的，可以对文本进行字体、字形和字号的设置。

试一试

打开记事本，使用搜狗拼音输入法或其他输入法，输入如下一段文字：

极光是一种大气光学现象。当太阳黑子、耀斑活动剧烈时，太阳发出大量强烈的带电粒子流，沿着地磁场的磁力线向南北两极移动，它以极快的速度进入地球大气的上层，其能量相当于几万或几十万颗氢弹爆炸的威力。由于带电粒子速度很快，碰撞空气中的原子时，原子外层的电子便获得能量。当这些电子获得的能量释放出来，便会辐射出一种可见的光束，这种迷人的色彩就是极光。

相关知识

写字板使用简介

Windows XP 提供了两个字处理程序：记事本和写字板。每个程序都提供了基本的文本编辑功能，但写字板的功能比记事本的功能更强。在写字板中不仅可以创建和编辑简单文本文档，或者有复杂格式和图形的文档，还可以将信息从其他文档链接或嵌入写字板文档。可以将使用写字板建立或编辑的文件保存为文本文件、多信息文本文件、MS-DOS 文本文件或者 Unicode 文本文件。

启动写字板的操作方法是：单击【开始】→【所有程序】→【附件】→【写字板】命令按钮，打开如图 7-21 所示的【写字板】窗口。

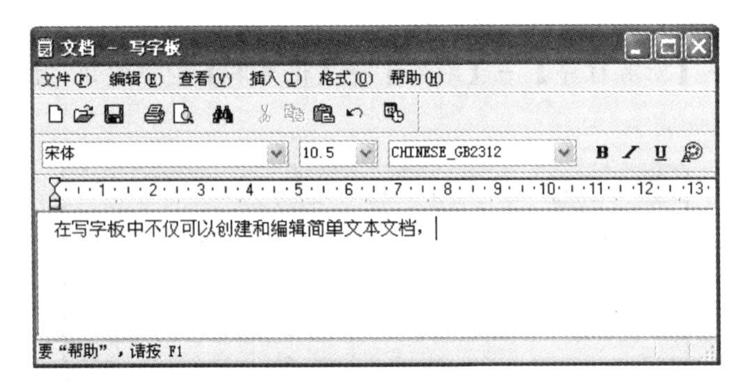

图 7-21 【写字板】窗口

启动写字板后是一个默认格式的空白文档，用户可以直接输入文本并进行编辑，也可以打开一个文档。当编辑文档结束后，可以保存所创建的文档。编辑文档最基本的操作有剪切、复制、粘贴或删除文本；段落缩进；字体、字形或大小的设置；将对象链接或嵌入到写字板中；打印文档等。

如果要打印写字板文档，单击【文件】菜单上的【打印】命令按钮。在【打印】对话框的【常规】选项卡上，选择所需的打印机和首选项，然后单击【打印】按钮。在打印文档之间通过【文件】菜单的【页面设置】命令进行文档的页面设置，通过【打印预览】命令可以查看在打印前的文档显示结果。

通过单击【文件】菜单，然后单击【新建】、【打开】或【保存】，可以创建、打开和保存写字板文档。

7.5　输入法设置

- 如果一种输入法被删除，你能添加回来吗？
- 你会设置输入法切换的快捷键吗？

用户如果要查看当前已经安装的汉字输入法，可以单击语言栏的显示按钮来查看。用户可以添加一个已经安装的中文输入法，对于暂时不用的输入法也可以删除。用户还可以设置默认的输入法，在桌面上显示或隐藏语言栏和设置输入法的快捷键等操作。

7.5.1　添加和删除输入法

1．添加中文输入法

用户在安装了一种输入法之后，如果没有在语言栏上显示出来，这时需要添加输入法。

【例 3】　当前 Windows XP 系统中没有安装【中文(简体)-王码五笔型 86 版】，试添加该中文输入法。

（1）打开【控制面板】，双击【区域和语言选项】按钮，出现【区域和语言选项】对话框，选择【语言】选项卡，如图 7-22 所示。

（2）在【语言】选项卡中单击【详细信息】按钮，出现如图 7-23 所示的【文字服务和输入语言】对话框。

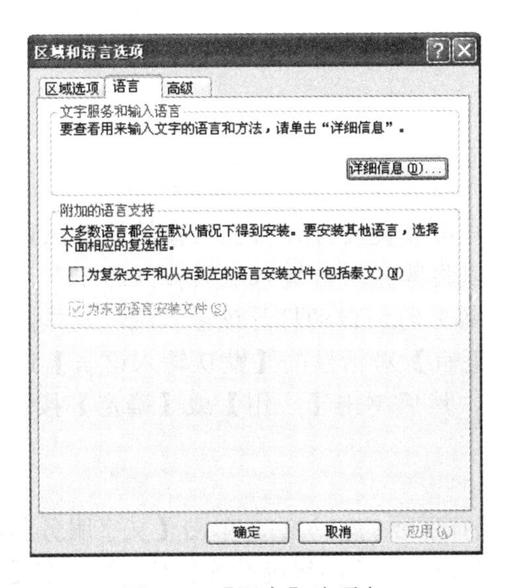

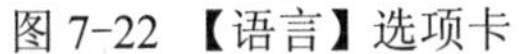

图 7-22　【语言】选项卡

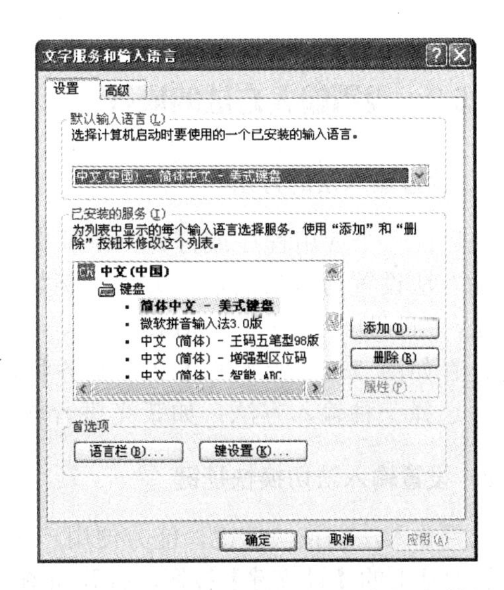

图 7-23　【文字服务和输入语言】对话框

（3）单击【添加】按钮，出现如图 7-24 所示的【添加输入语言】对话框，选择输入语言的种类为【中文(中国)】，并选中【键盘布局/输入法】复选框。

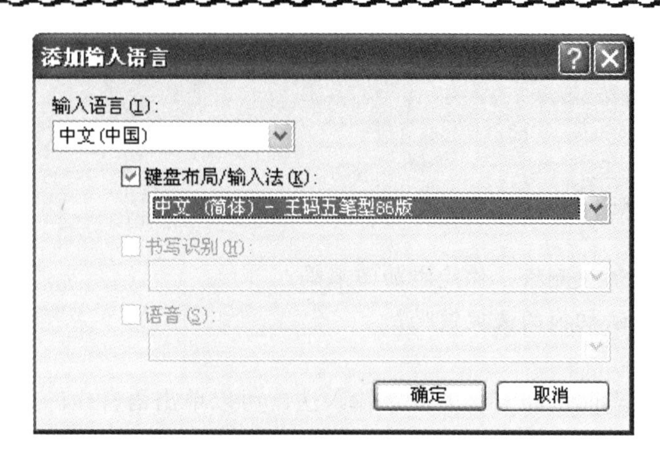

图 7-24 【添加输入语言】对话框

（4）从【键盘布局/输入法】复选框下拉列表中选择一种所需的选项，如选择【中文(简体)-王码五笔型 86 版】，单击【确定】按钮，返回上一级菜单，单击【应用】或【确定】按钮，完成输入法的添加操作。

2．删除中文输入法

如果一种输入法暂时不用，可以将它从语言栏中进行删除。具体操作方法是在【文字服务和输入语言】对话框的【已安装的服务】列表中选择一种输入法（如图 7-23 所示），单击【删除】按钮。

提示

用户删除一种输入法后，该输入法对应的文件并没有从硬盘上真正删除，只是从语言栏中删除了该项。删除的输入法可以再次通过【添加输入语言】对话框进行添加。

7.5.2 设置输入方法的属性

1．设置输入法的方法

当运行一个应用程序或打开一个新窗口时，可以直接打开自己习惯的输入法，可以将该输入法设置为默认的输入方法。例如，可以将紫光拼音输入法设置为用户默认的输入方法，当打开一个程序（Word 文档、记事本等）时，自动打开该输入法。具体操作方法是：在如图 7-23 所示的【文字服务和输入语言】对话框的【默认输入语言】选项列表中，选择一种输入方法，如紫光拼音输入法，然后单击【应用】或【确定】按钮。

2．设置输入法切换快捷键

设置输入法切换快捷键，能方便用户快速选择所要的输入法。单击【文字服务和输入语言】对话框的【设置键】按钮，打开如图 7-25 所示的【高级键设置】对话框。在【输入语言的热键】的选项列表中，可以查看系统当前各项操作的设置。如在不同语言之间的切换快捷键是 Ctrl+Shift；输入法与非输入法之间的切换快捷键是 Ctrl+Space；半角与全角之间切换的快捷键是 Shift+Space。

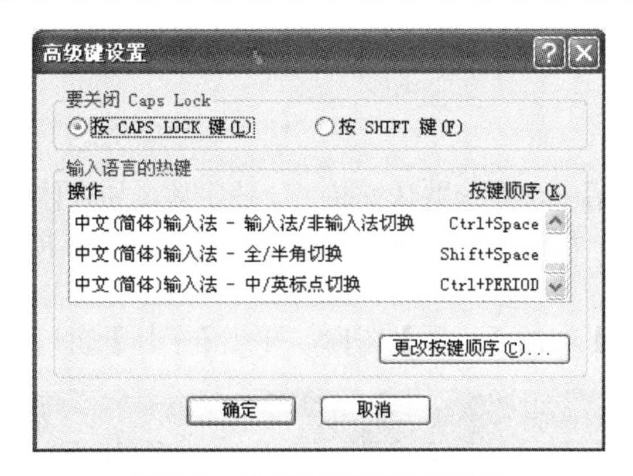

图 7-25 【高级键设置】对话框

同样的方法，用户可以为自己使用的输入法定义快捷键。具体操作步骤如下：

（1）在如图 7-25 所示的【高级键设置】对话框的【输入语言的热键】选项列表中，选中一种输入法，例如，选中【中文(简体)-微软拼音输入法】。

（2）单击【更改按键顺序】按钮，打开【更改按键顺序】对话框，如图 7-26 所示。

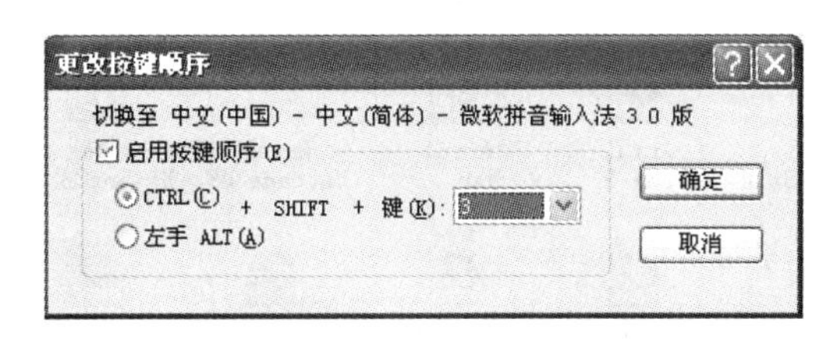

图 7-26 【更改按键顺序】对话框

（3）选中【启用按键顺序】复选项，设置一种按键方式。例如，设置快捷键 Ctrl+Shift+3，单击【确定】按钮。

设置好输入法的快捷键后，当要选择微软拼音输入法时，不必使用 Ctrl+Shift 组合键来逐项选择，可以直接使用快捷键 Ctrl+Shift+3，切换至微软拼音输入法。

试一试

1. 试删除一种中文输入法，如删除【微软拼音输入法】，然后再添加该输入法。

2. 设置【语言栏】的不同状态。单击【文字服务和输入语言】对话框【首选项】中的【语言栏】按钮，在【语言栏设置】对话框中进行尝试设置，观察设置效果。

3. 设置【智能 ABC 输入法】切换的快捷键为 Ctrl+Shift+2。

7.6 安装字体

- 你知道 Windows XP 系统携带了哪些字库？

● 你能从网上下载自己喜欢的字体库吗？

1. 字体的安装

在安装 Windows XP 后中，系统默认安装了一些字体，如宋体、楷体、黑体及一些英文字体等。这些字体能满足一般的需求，对于专业排版和有特殊需求的用户来说，仅有这些字体时不够的，还需要安装一些特殊的字体。安装字体的具体操作步骤如下：

（1）单击【控制面板】中的【字体】图标，打开【字体】窗口，如图 7-27 所示。

图 7-27 【字体】窗口

（2）单击【文件】菜单中的【安装新字体】命令按钮，选择要安装的字体文件所在的驱动器或文件夹，如图 7-28 所示。

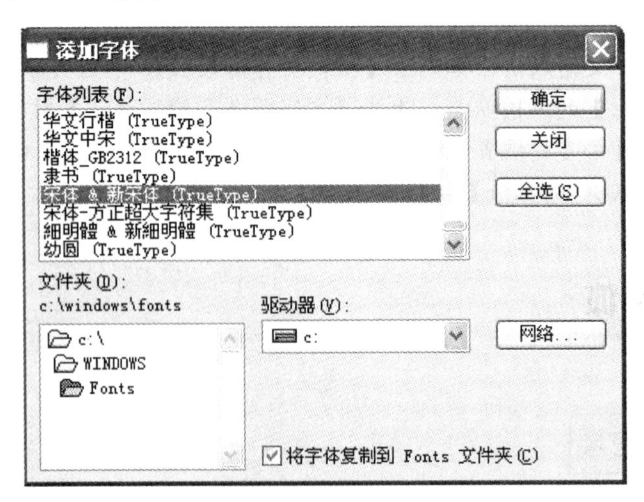

图 7-28 【添加字体】对话框

（3）选择要安装的字体，单击【确定】按钮，新安装的字体出现在字体列表中。

2．查看字体

用户可以查看系统中现有的字体大小、样式等。具体操作方法是在如图 7-27 所示的【字体】窗口中，双击要查看的字体图标，打开字体样本窗口，如图 7-29 所示。可以看到该字体的名称、文件大小、版本信息、不同字号下的字体效果等。

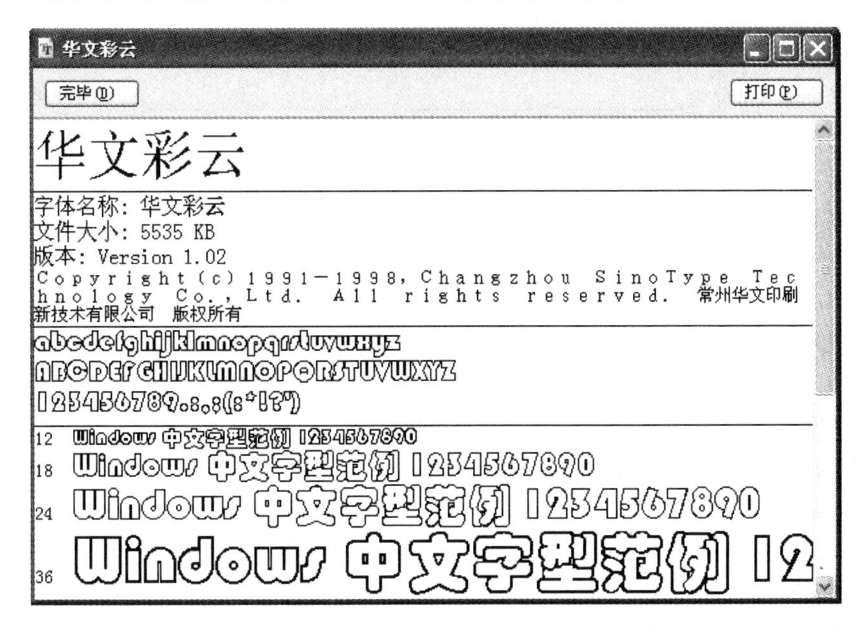

图 7-29 【华文彩云】字体

单击窗口中的【打印】按钮，可以将该字体样本打印出来。

另外，也可以从网上下载字体库，如部分“文鼎”字体，如图 7-30 所示，

文鼎粗楷

文鼎粗鋼筆行楷

文鼎粗隸

图 7-30 部分“文鼎”字体

试一试

1. 你的计算机中已经安装了哪些中文字体？
2. 试从 Internet 上下载字体，如下载 QQ 字体及数字字体并进行安装。

思考与练习

一、填空题

1．中文Windows XP系统中内置有多种中文输入法，例如，_______________、_______________、_______________、_______________等，用户也可以安装使用其他汉字输入法，例如，_______________、_______________等。

2．键盘汉字输入法分为___________、___________、___________和___________四种类型。

3．非键盘输入法有___________、___________、___________等。

4．根据汉字国标码（GB2312-80）的规定，将汉字分为常用汉字（一级）和非常用汉字（二级）两级汉字，共收录了___________个常用汉字，其中一级字库___________个汉字，按_______顺序排列，二级字库___________个汉字，按_______顺序排列。

5．为了添加某个输入法，应在__________对话框的【设置】选项卡进行设置。

6．一种输入法删除后，可以再次通过________________对话框进行添加。

7．设置输入法的快捷键，应该在________________对话框进行设置。

8．如果要安装字体，可以在【控制面板】中通过打开_______窗口进行安装。

二、选择题

1．在Windows XP默认环境中，用于中英文输入方式切换的组合键是（　　）。

A．Alt＋ 空格　　B．Shift+空格　　C．Alt＋Tab　　D．Ctrl＋ 空格

2．在Windows XP缺省状态下，进行全角/半角切换的组合键是（　　）。

A．Alt+.　　B．Shift+空格　　C．Alt+空格　　D．Ctrl+.

3．汉字国标码（GB2312-80）把汉字分成（　　）等级。

A．简化字和繁体字两个

B．一级汉字、二级汉字，三级汉字共三个

C．一级汉字、二级汉字共两个

D．常用字、次常用字、罕见字三个

4．根据汉字国标码（GB2312-80）的规定，总计有一、二级汉字编码（　　）。

A．7445个　　B．6763个　　C．3008个　　D．3755个

5．根据汉字国标码（GB2312-80）的规定，将汉字分为常用汉字（一级）和非常用汉字（二级）两级汉字。一级常用汉字按（　　）排列，二级汉字按（　　）排列。

A．偏傍部首　　B．汉语拼音字母　　C．笔划多少　　D．使用频率多少

6．五笔字形码输入法属于（　　）。

A．音码输入法　　B．形码输入法　　C．音形结合的输入法　　D．联想输入法

三、简答题

1．键盘汉字输入法有几种类型？分别有什么特点？

2．常见的非键盘汉字输入法有哪几种类型？

3．微软拼音输入法有什么特点？

4．如何添加一种中文输入法？

5．如何安装字体？

四、操作题

1．使用记事本或写字板创建一个文档，输入下列一段文字，然后保存起来。

虹是光线以一定角度照在水滴上所发生的折射、分光、内反射、再折射等造成的大气光象，光线照射到雨滴后，在雨滴内会发生折射，各种颜色的光发生偏离、其中紫色光的折射程度最大，红色光的折射最小，其它各色光则介乎于两者之间，折射光线经雨滴的后缘内反射后，再经过雨滴和大气折射到我们的眼里，由于空气悬浮的雨滴很多，的所以当我们仰望天空时，同一弧线上的雨滴所折射出的不同颜色的光线角度相同，于是我们就看到了内紫外红的彩色光带，即彩虹。

霓有时在虹的外侧还能看到第二道虹，光彩比第一道虹稍淡，色序是外紫内红，为副虹或霓。

2．试删除一种中文输入法，然后再添加该输入法。

3．试从 Internet 上下载一种汉字输入法，如长城字体、中国龙字体、QQ 字体等，安装到你的计算机上。

第8章　多媒体软件的使用

学习目标

- 能使用画图工具绘制较简单的图形
- 能使用画图工具处理图片
- 能使用录音机录制并编辑声音
- 能使用媒体播放器播放常见的音视频
- 能根据提供的素材制作较简单的电影

Windows XP 为用户提供了多种媒体工具，包括画图、媒体播放器（包括音频、视频文件的播放、CD、VCD 和 DVD 的播放、Internet 媒体播放）、电影制作等。

8.1　使用画图工具

问题与思考

- 如何快速简便获取屏幕图像或其中的一部分？
- 你是否经常对照片进行处理，如果是的话，使用什么工具软件？

画图是一个位图编辑工具，有很强的图形绘制和编辑功能，可以编辑或绘制各种类型的位图（.bmp）文件。使用画图工具可以绘制出各种多边形、曲线、圆形等标准图形，还可以处理图片（例如，.jpg 文件、.gif 文件），查看和编辑扫描好的照片，既可以将画图中的图片粘贴到其他文档中，也可以用作桌面背景，还可以在图形中插入文本，进行剪切、粘贴、旋转等操作，甚至还可以使用画图程序以电子邮件形式发送图形，使用不同的文件格式保存图像文件。

启动画图程序的操作方法是：单击【开始】→【所有程序】→【附件】→【画图】命令按钮，打开如图 8-1 所示的【画图】窗口。

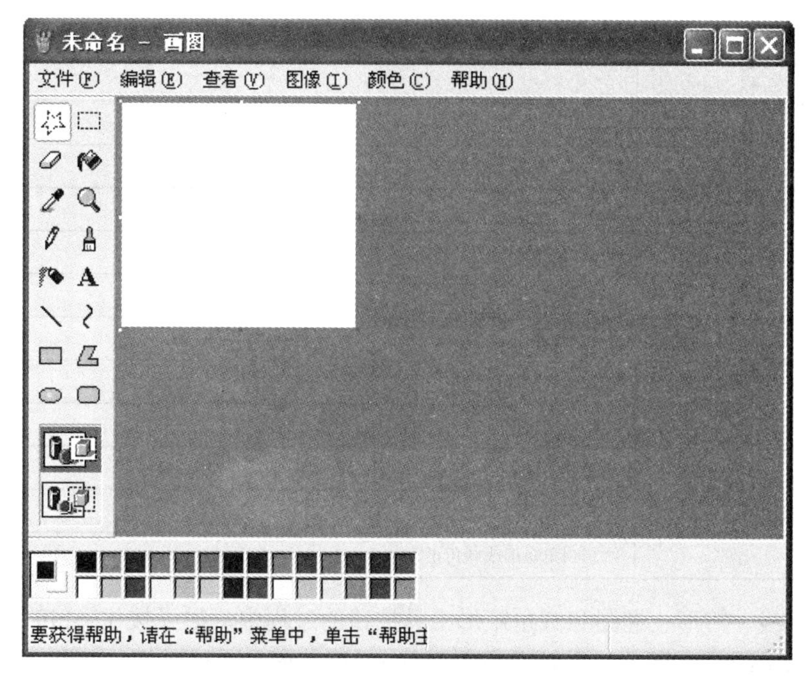

图 8-1 【画图】窗口

画图程序窗口的左侧两列是由许多工具按钮组成的绘图工具箱，下方是颜料盒，又称调色板，含有多种可用的颜色，可用于图形填色、填充模式选择、背景设置等。

提示

位图是一种显示和存储屏幕图像的技术。屏幕上图像的每一个点都对应于缓冲区中的某一单元或单元中的某几位。显示缓冲区中存放着屏幕图像的数字映像，存储方式通常是按彩色编码或黑白灰度等级来存储的。

8.1.1 认识绘图工具按钮

绘图工具箱中有 16 个绘图工具和 1 个辅助选择框组成，其中辅助选择框中提供的选项内容对应所选择的绘图工具。辅助选择框中一般提供可供选择的线条粗细、点的大小、填充方式或绘图模式等。通过这些绘图工具可以完成绘图、编辑和修改等操作。表 8-1 列出了工具箱中绘图工具按钮及其所完成的功能。

表 8-1 绘图工具按钮及其功能

按钮名称	功　　能
任意形状剪裁	选定一个不规则的封闭区域
选定	选定一个矩形区域
橡皮擦	使用背景色擦除屏幕图像上的区域
颜色填充	将一个封闭区域填充为前景色或背景色
取色	从对象或颜料盒中选取一种颜色

续表

按钮名称	功　　能
放大镜	放大显示当前图形的某个区域
铅笔	绘制一个像素宽的线条
刷子	绘制不同大小和形状的图形
喷枪	喷出柔和的前景色，移动速度决定浓度
文字	在图形中加入文字
直线	绘制不同角度的直线
曲线	绘制不规则的曲线
矩形	绘制矩形或正方形
多边形	绘制多变形
椭圆	绘制椭圆或圆
圆角矩形	绘制圆角矩形或圆角正方形

在使用直线、矩形、椭圆和圆角矩形工具按钮的过程中，如果按住 Shift 键不动，则分别只能绘制水平线（垂直线、45 度角倾斜直线）、正方形、圆和圆角正方形。

8.1.2 编辑图片

画图程序除了可以绘制一些简单的图形之外，还可以作为编辑器，对一些图片进行编辑，甚至可以对图片的颜色进行设置，以使图片更加美观。在复制、移动图片区域之前必须先选定要复制或移动的区域。选定区域可以使用选取和任意形状剪裁工具。

【例 1】 在给定的图片中分别选取一个规则区域和不规则区域，复制到另一图片中。

（1）选取一个矩形区域：单击工具箱中的【选定】按钮，然后在图片上拖动鼠标选择区域，此时可以看到一个矩形选择框，如图 8-2 所示，放开鼠标左键即可选定所需区域。

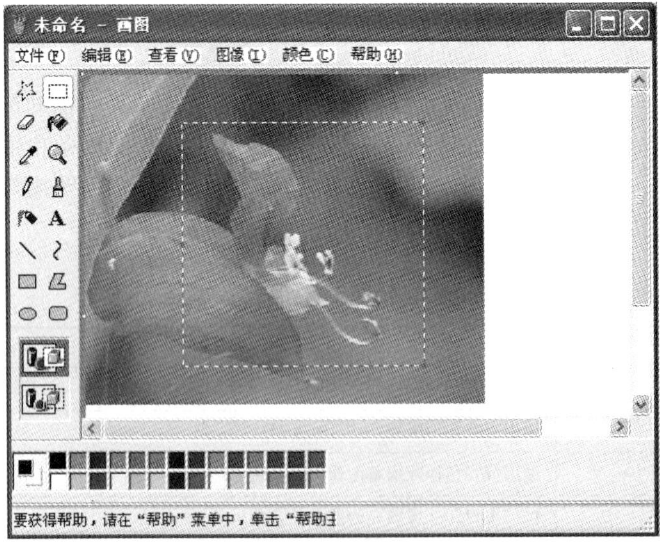

图 8-2　选择矩形区域

（2）选取一个不规则区域：单击工具箱中的【任意形状剪裁】按钮，然后在图片上拖动鼠标，将要选择的区域画出一个闭合区域，放开鼠标左键，出现一个不规则区域的矩形选择框。选择图片区域后就可以移动或复制所选区域的图片了。

（3）移动选定图片：先将鼠标指针指向所选规则或不规则区域，然后拖动鼠标即可移动选定的区域，如图 8-3 所示。

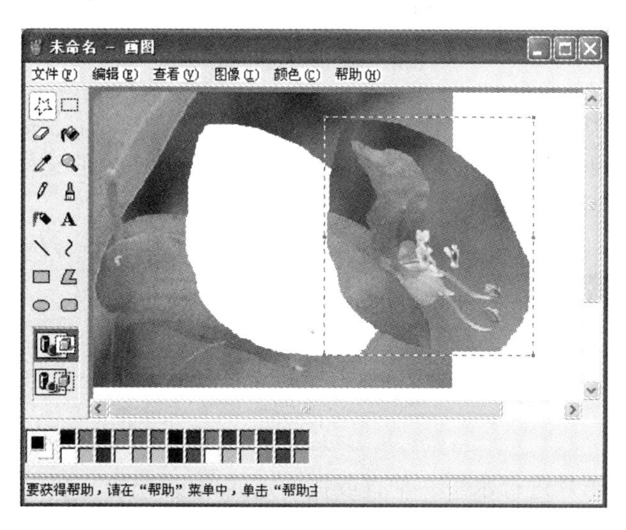

图 8-3　移动选定的不规则区域

复制图片：选定图片后，单击【编辑】菜单中的【复制】命令按钮，然后再单击【编辑】菜单中的【粘贴】命令按钮，选定的图片被复制到画图窗口中，再将复制的图片移动到需要的位置。

按住 Ctrl 键，拖动选定的图片区域，即可复制图片。按住 Shift 键再拖动被选定的图片，则在移动轨迹上复制选定的图片。

拖动复制图片的效果与图片的透明或不透明方式有关。所谓透明是指在将移动或复制的图片重叠在另一图片上时，移动或复制的图片不覆盖原有的图片，这种方式指定现有图片可以透过选定内容显示出来，而且不显示选定区域的背景颜色。不透明是指现有的图片将被移动或复制的图片所覆盖，这种方式指定用所选内容覆盖现有图片，并且使用选定对象的前景色和背景色。

提示

如果要抓取当前屏幕的一部分，按一下 PrtScr 键，在画图中单击【编辑】→【粘贴】，然后再使用画图工具【选定】按钮选取需要的区域，单击【编辑】→【剪切】按钮。再新建一个文件，单击【编辑】→【粘贴】，另保存该文件即可。

如果要抓取屏幕当前激活窗口，先按下 Ctrl 键，再按一下 PrtScr 键，在画图中单击【编辑】→【粘贴】，即可获取当前窗口。

8.1.3　设置颜色

在画图程序窗口的底部有一个颜料盒，如图 8-4 所示。如果没有出现，选择【查看】

菜单中的【颜料盒】选项。颜料盒中有常用的 28 种颜色，左侧方框是当前的前景色和背景色。如果要改变前景色，单击颜料盒中的颜色。如果要改变背景色，右击颜料盒中要使用的颜色。

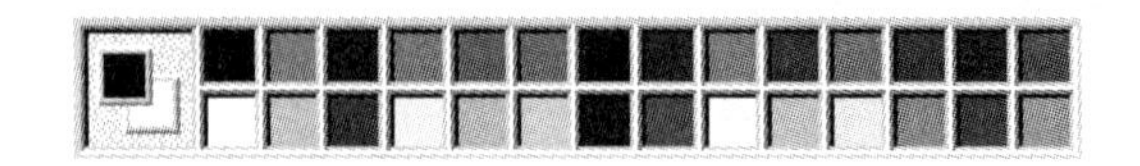

图 8-4 画图程序的颜料盒

除了使用颜料盒中的颜色外，还可以自定义需要的颜色。自定义颜色的操作方法是：选择【颜色】菜单中的【编辑颜色】命令，或直接双击颜料盒中的某种颜色，在打开的编辑颜色对话框中选择需要的颜色，也可以自定义某种颜色。

8.1.4 处理图片

处理图片包括对图片进行翻转/旋转、拉伸/扭曲、反色、设置属性等操作。

1. 翻转/旋转

翻转/旋转是指将图片进行水平、垂直或按一定的角度旋转。具体操作方法是：

选择要进行翻转/旋转的区域，然后单击【图像】菜单中的【翻转/旋转】命令按钮，打开如图 8-5 所示的对话框，根据需要进行设置。

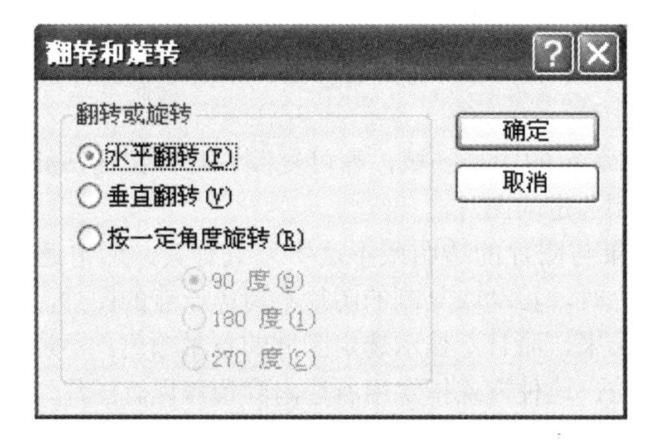

图 8-5 【翻转和旋转】对话框

2. 拉伸/扭曲

拉伸/扭曲是指将图片在一定方向上进行变形操作。拉伸/扭曲操作又分为水平拉伸、垂直拉伸、水平扭曲和垂直扭曲。具体操作方法是：

选择要进行拉伸/扭曲的区域，然后单击【图像】菜单中的【拉伸/扭曲】命令按钮，打开如图 8-6 所示的对话框，根据需要进行设置。

拉伸和扭曲可以同时进行操作。

3. 反色

反色是指使当前选择区域进行颜色反转处理。反转颜色有：黑色和白色反转、暗灰和亮灰反转、红色和青色反转、黄色和蓝色反转、绿色和淡紫色反转。

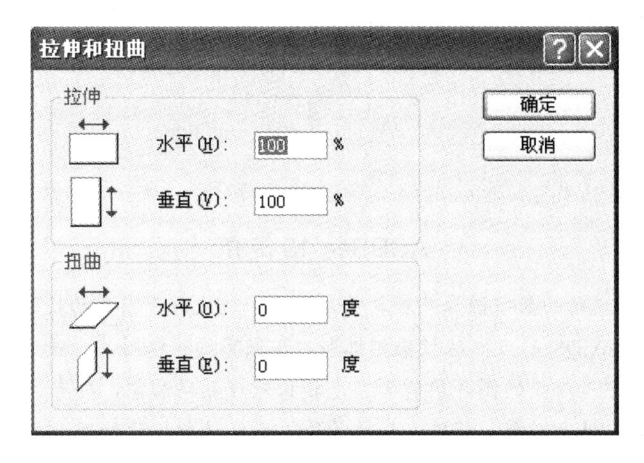

图 8-6 【拉伸和扭曲】对话框

4．设置属性

设置图片的属性是指设置图片的宽度和高度、黑白或彩色等。具体操作方法是：

打开要进行属性设置的图片，然后单击【图像】菜单中的【属性】命令按钮，打开如图 8-7 所示的对话框。用户可以将彩色图片转换为黑白色图片，但不能将黑白色图片转换为彩色图片。

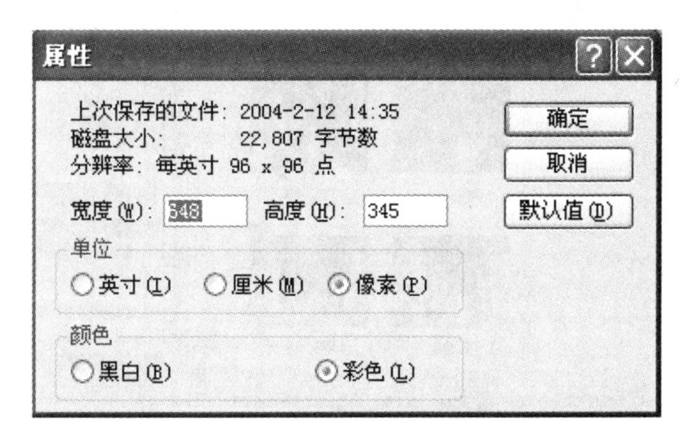

图 8-7 【属性】对话框

提示

编辑完图像之后，可以将它通过电子邮件发给其他用户。操作方法是单击【文件】菜单上的【发送】命令按钮，通过【选择配置文件】对话框选择发送邮件程序，系统默认为 Outlook 程序，然后打开该邮件程序，指定收件人的电子邮件地址、主题，并将图像作为附件，然后按常规发送。

试一试

1．使用画图程序，分别绘制一个圆和一个椭圆，并分别填充红色和蓝色为前景色。

2. 在上题绘制的圆和椭圆底部分别添加文字“圆”和“椭圆”。
3. 找自己的一张照片，使用画图进行修饰。
4. 使用画图获取屏幕上的一个窗口，作为图像保存起来。

相关知识

ACDSee 10 简介

ACDSee 10 是目前流行的数字图像处理软件，它能广泛应用于图片的获取、管理、浏览、优化甚至和他人的分享，使用 ACDSee 可以从数码相机和扫描仪高效获取图片，并进行便捷的查找、组织和预览。ACDSee 是非常得心应手的图片编辑工具，轻松处理数码影像，拥有的功能像去除红眼、剪切图像、锐化、浮雕特效、曝光调整、旋转、镜像等等，还能进行批量处理。ACDSee 还能处理常用的视频文件。

1. 使用 ACDSee 10 浏览图像

ACDSee 10 启动后程序的主界面如图 8-8 所示。

图 8-8 ACDSee 10 主界面

在 ACDSee 10 主界面左侧的【文件夹】列表框中选择指定文件夹后，在中间的窗口中就会显示出该文件夹中所有图片的缩略图，鼠标指向的图片，将被放大显示；单击图片，在【文件夹】列表框下方的【预览】区域可以对该图片进行预览，双击图片便可进行详细浏览。

2. 对图像进行编辑

ACDSee10 不但可以浏览图片，还具有较强的图片编辑功能。常用的编辑功能除了常见的亮度、对比度调整外，还具有自动曝光、色彩、消除红眼、锐化、调整大小、裁剪、旋转/翻转等。

（1）调节图片曝光和颜色

单击图像编辑窗口中【编辑面板：主菜单】中的【曝光】选项，打开【编辑面板：曝光】窗口，设置【曝光】、【对比度】、【填充光线】等选项卡内的具体值，可以改变图片的光线强弱；也可以在【曝光】选项卡的调整内容下方直接单击【完成】按钮，系统会自动判断相片的曝光情况，自动将其调整到合适的光线。

（2）调节图片的色彩

在图像编辑系统中【编辑面板：主菜单】面板中的【颜色】选项进行调整。用户可以通过设置【HAL】、【RGB】、【色偏】进行准确调整，也可以通过【自动颜色】完成图像的自动调整。

（3）除去图片中人物的红眼

如果数码相机没有开启去除红眼功能，拍出来的人物可能有“红眼”现象。这时可以利用 ACDSee10 图像编辑系统中“编辑面板：主菜单”面板中的“红眼消除”选项，去除人物的“红眼”。

在“填充颜色”下拉列表中选择去除红眼后的眼睛颜色，然后在图片中人物眼睛处用鼠标拖动的方法选择人物的眼睛，再通过改变“数量”值，达到去除红眼的目的。最后单击“应用”按钮完成操作。

（4）调整图片大小和对图片进行剪裁

为了使浏览的图片按照用户的需要改变大小，可以选择 ACDSee10 图像编辑系统中【编辑面板：主菜单】面板中的【调整大小】选项进行调整。

在调整图片大小时，可以采取按像素调整、按百分比调整和按实际大小调整三种方式进行，若需要保持原图片的宽、高比例，可选中【保持宽高比】选项。

如果用户需要从原图片中裁剪部分内容，则可以用到 ACDSee10 图像编辑系统中的裁剪功能。单击【编辑面板：主菜单】中的【裁剪】选项，打开裁剪窗口，用鼠标拖动调整控制框及控制点，就可以得到相应的效果，最后单击【完成】按钮结束操作。

ACDSee10 还用其他图像编辑功能，用户可以自行学习，灵活运用。

8.2 使用录音机

- 如何录制自己演唱的歌曲？
- 如何在录制的声音中插入一段音乐？

使用 Windows 提供的录音机，可以录制、混合、播放和编辑声音，也可以将声音链接或插入到另一文档中。启动录音机的操作方法是：单击【附件】→【娱乐】→【录音机】按钮，打开【声音-录音机】窗口，如图 8-9 所示。

图 8-9 【录音机】窗口

- 按钮：录音按钮。
- ：播放控制按钮，分别是后退、前进、播放及停止按钮。
- 显示正在播放的声音波形。

8.2.1 录制和播放声音

使用录音机可以录制来自 CD 音乐、麦克风，以及外接音频信号等声音。下面以使用麦克风为例，介绍录制声音文件的方法。在录制声音之前，应先检查并确认计算机已经装有声卡、音像、麦克风等设备。

【例 2】 使用录音机录制一段声音。

（1）单击【声音-录音机】窗口【文件】菜单中的【新建】命令按钮。

（2）单击●按钮，对着麦克风讲话就可以录音。要停止录音，单击■按钮。

（3）单击【文件】菜单中的【保存】命令按钮，保存所录制的声音文件。

（4）录制的声音以波形文件.wav 保存起来。

如果要测试麦克风是否正常工作，单击【控制面板】→【声音和音频设备】选项按钮，打开【声音和音频设备 属性】对话框，如图 8-10 所示。在【语声】选项卡，单击【测试硬件】按钮，打开【声音硬件测试向导】，开始测试声音硬件设备。

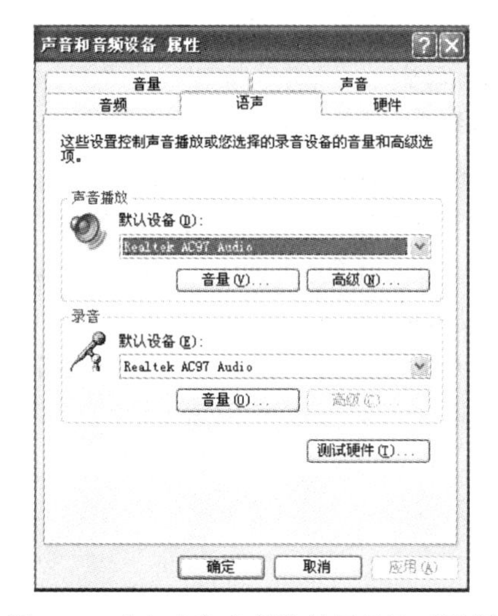

图 8-10 【声音和音频设备属性】对话框

声音文件可以使用媒体播放器播放，也可以使用录音机播放，使用录音机播放声音文件的操作步骤如下：

（1）打开【录音机】窗口，单击【文件】菜单中的【打开】命令按钮，出现【打开】对话框，选择要播放的声音文件，单击【打开】命令按钮。

（2）单击▶按钮开始播放声音，也可以拖动滑块从任意位置播放。

如果要调节音量的大小，单击【声音和音频设备属性】→【音量】按钮，打开【音量控制】窗口，用户可以调节相应的设备音量，如图 8-11 所示。

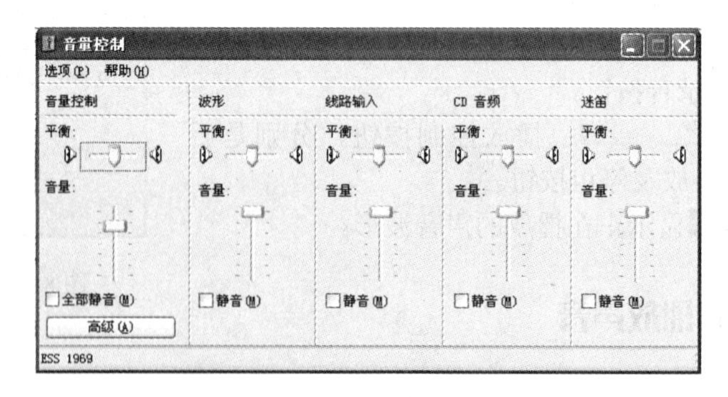

图 8-11 【音量控制】窗口卡

- 音量控制：拖动【音量】滑块可以调节声音的大小；左右拖动【均衡】控制滑块可以调节左右声道的声音大小。
- 波形：用于调节混音输出的大小。
- 线路输入：用于调节合成器的音量大小。
- CD 音频：用于调节 CD 播放器的音量。
- 迷笛：用于调节 MIDI 音乐播放器的音量。
- 静音：关闭系统的声音。

8.2.2　编辑声音文件

使用录音机可以对声音文件进行简单的编辑和处理。例如，删除文件片段、在文件中插入声音、混入声音、改变播放速度、添加回响等。

1. 删除部分声音

在录制声音的过程中，有些多余的声音也录制进来了，如开头空白和一些杂音等。在录制结束后一般都要删除这些多余的声音。

在【录音机】中打开要编辑的声音文件，将滑块移到要剪切的位置，单击【编辑】菜单中的【删除当前位置以前的内容】按钮或【删除当前位置以后的内容】命令按钮，删除指定部分的内容。

2. 插入和混入声音

插入声音是指将一段声音从插入点开始，复制到一段已经存在的声音中，原插入点后的声音片段往后移。混入声音是指将一段新声音片断与原已经存在的声音重叠在一起。插入声音的操作步骤如下：

（1）使用录音机打开要修改的声音文件，将滑块移动到文件中要插入声音文件的位置。

（2）单击【编辑】菜单中的【插入文件】命令按钮，从打开的【插入文件】对话框中选择要插入的声音文件名称。

插入声音文件后，可以试听一下插入的声音效果。

混入声音的操作步骤如下：

（1）使用录音机打开要修改的声音文件，将滑块定位到声音插入点。

（2）单击【编辑】菜单中的【与文件混音】命令按钮，打开【混入文件】对话框，选择要混入的声音文件名称。

混入声音文件后，播放试听混入的声音效果。

试一试

1. 录制一段长度在 60 秒范围之内的声音，并保存起来。
2. 如何录制一段长度大于 60 秒的声音？
3. 对录制的声音，删除开头部分的杂音。

相关知识

千千静听简介

千千静听是一款完全免费的音乐播放软件，集播放、音效、转换、歌词等众多功能于一身，如图 8-12 所示。其小巧精致、操作简捷、功能强大的特点，深得用户喜爱，被网友评为中国十大优秀软件之一，并且成为目前国内最受欢迎的音乐播放软件。

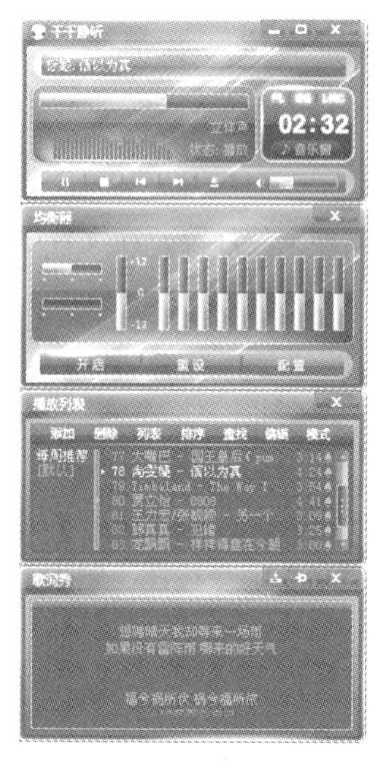

图 8-12　千千静听播放软件

千千静听支持几乎所有常见的音频格式，包括 MP3/mp3PRO、AAC/AAC+、M4A/MP4、WMA、APE、MPC、OGG、WAVE、CD、FLAC、RM、TTA、AIFF、AU 等音频格式以及多种 MOD 和 MIDI 音乐，以及 AVI、VCD、DVD 等多种视频文件中的音频流，还支持 CUE 音轨索引文件。

通过简单便捷的操作，可以在多种音频格式之间进行轻松转换，包括上述所有格式（以及 CD 或 DVD 中的音频流）到 WAVE、MP3、APE、WMA 等格式的转换；通过基于 COM 接口的 AddIn 插件或第三方提供的命令行编码器还能支持更多格式的播放和转换。

千千静听支持高级采样频率转换（SSRC）和多种比特输出方式，并具有强大的回放增益功能，可在播放时自动将音量调节到最佳水平以实现不同文件相同音量；基于频域的 10 波段均衡器、多级杜比环绕、交叉淡入淡出音效，兼容并可同时激活多个 Winamp2 的音效插件。

千千静听倍受用户喜爱和推崇的，还包括其强大而完善的同步歌词功能。在播放歌曲的同时，可以自动连接到千千静听庞大的歌词库服务器，下载相匹配的歌词，并且以卡拉 OK 式效果同步滚动显示，并支持鼠标拖动定位播放；另有独具特色的歌词编辑功能，可以自己制作或修改同步歌词，还可以直接将自己精心制作的歌词上传到服务器实现与他人共享。

此外，还有更多深受用户喜爱的人性化设计：支持音乐媒体库、多播放列表和音频文件搜索；贴心的播放跟随光标功能；多种视觉效果享受，支持视觉效果、歌词全屏显示及多种组合全屏显示模式；可进行专辑封面编辑和自制皮肤的更换；同时具有磁性窗口、半透明/淡入淡出窗口、窗口阴影、任务栏图标、自定义快捷键、信息滚动、菜单功能提示等多种个性化功能。

8.3　使用媒体播放器

问题与思考

- 你平时使用什么多媒体播放软件播放视频？
- 你对 Windows Media Player 了解多少？

Windows Media Player 是 Windows XP 集成的一个多媒体播放软件，可以播放和组织计算机及 Internet 上的数字媒体文件。可以播放 MP3、WMA、WAV 等音频文件，RM 文件由于竞争关系微软默认并不支持，不过在 v8 以后的版本，如果安装了解码器，RM 文件可以播放。视频方面可以播放 AVI、MPEG-1，安装 DVD 解码器以后可以播放 MPEG-2、DVD。用户可以自定媒体数据库收藏媒体文件，支持播放列表、从 CD 读取音轨到硬盘、刻录 CD，v9 以后的版本甚至支持与便携式音乐设备同步音乐。支持换肤、支持 MMS 与 RTSP 的流媒体。内部整合了 WindowsMedia.com 的专辑数据库，如果用户播放的音频文件与网站上面的数据校对一致的话，用户可以看到专辑讯息。支持外部安装插件增强功能。由于 Windows Media Player 各版本界面大同小异，下面以 Windows Media Player 9 为例，介绍使用方法。

8.3.1　认识媒体播放器界面

启动 Windows Media Player 时，单击【开始】→【所有程序】→【附件】→【娱乐】→【Windows Media Player】选项按钮，启动媒体播放器，如图 8-13 所示。

图 8-13　媒体播放器界面

下面简要介绍 Windows Media Player 各个功能区域：

- 任务栏区域：任务栏包含 8 个功能按钮，分别是正在播放、媒体指南、从 CD 复制、媒体库、收音机调谐器、复制到 CD 或设备、精品服务和外观选择器。此区域还包含用于显示或隐藏播放机顶部的菜单栏、显示或隐藏播放机侧面的任务栏和打开 WindowsMedia.com 入门网站的按钮。表 8-2 列出了各功能按钮及其含义。

表 8-2　媒体播放器任务栏功能按钮及其含义

按　钮	含　义
正在播放	观看视频、可视化效果或有关正在播放的内容的信息
媒体指南	在 Internet 上查找数字媒体

续表

按 钮	含 义
从 CD 复制	播放 CD 或将特定曲目复制到计算机上的媒体库中
媒体库	组织计算机上的数字媒体文件以及指向 Internet 上内容的链接，或创建一个播放列表，让其包含用户喜爱的音频和视频内容
收音机调谐器	在 Internet 上查找并收听电台广播，并创建用户喜爱的电台的预置，以便将来可以快速访问这些电台
复制到 CD 或设备	使用已存储在媒体库中的曲目创建（刻录）自己的 CD。还可以利用这一功能将曲目复制到便携设备或存储卡中
精品服务	通过订阅在线订阅服务来访问数字媒体
外观选择器	使用外观，可以更改 Windows Media Player 的外观显示
	显示或隐藏播放机顶部的菜单栏
	显示或隐藏播放机侧面的功能任务栏

- 播放控件区域：播放控件显示在 Windows Media Player 的底部。使用这些控件，可以调节音量以及控制基本的播放任务（如对音频和视频文件执行播放、暂停、停止、后退以及快进等操作）。还有一些其他控件，可以将播放列表中的项目顺序调整为无序状态、更改播放机的颜色以及将播放机切换为外观模式。

用户可以切换媒体播放器的外观模式，从完整模式（如图 8-13 所示）切换到外观模式，单击【切换到外观模式】按钮，播放器的外观模式如图 8-14 所示。单击媒体播放器外观模式上的最小化按钮，则媒体播放器从外观模式切换到最小播放器模式。启用了最小播放器模式并将播放器最小化后，将在 Windows 任务栏中显示播放控件，如图 8-15 所示。单击媒体播放器外观模式上的【返回到完整模式】按钮，则返回到播放器的完整模式。

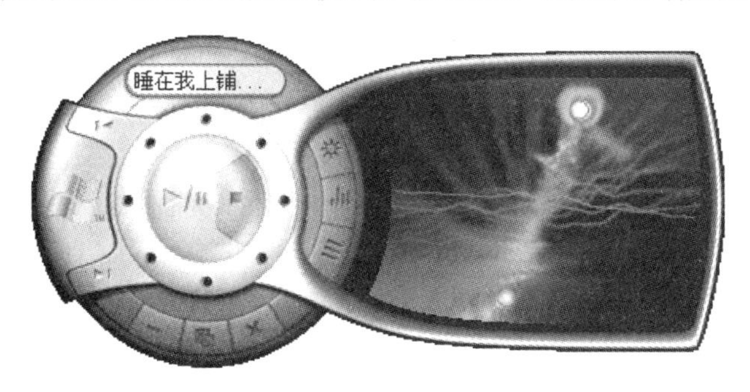

图 8-14 媒体播放器的外观模式

图 8-15 媒体播放器的最小模式

- 快速访问区域：快速访问框区域包含一个下拉列表框，可以从此列表框中选择要播放的播放列表或其他项目（如 CD、DVD 或 VCD）。
- 正在播放区域：正在播放区域包含许多窗口，如可视化效果窗口、媒体信息窗口、播放列表等，用户可以在这些窗口中观看视频、可视化效果、媒体信息、音频和视频控件以及当前播放列表。用户可以根据自己的需要显示或隐藏这些窗口。

- 可视化效果窗口：【正在播放】功能的一个组成部分，显示当前正在播放的视频和可视化效果。视频和可视化效果窗口不能与信息中心视图窗口同时显示。
- 信息中心视图窗口：显示有关正在播放内容的详细信息。要显示信息中心视图窗口，指向【查看】菜单上的【信息中心视图】，然后单击【始终显示】或【仅在详细的媒体信息可用时显示】选项。
- 增强功能窗口：【正在播放】功能的一个组成部分，其中包含许多控件，可以使用这些控件调整图形均衡器级别、视频设置、音频效果、播放速度以及 Windows Media Player 的颜色。要显示或隐藏增强功能窗格，指向【查看】菜单上的【增强功能】，再单击【显示增强功能】选项。
- 媒体信息窗格：显示有关正在播放内容的部分信息。例如，对于从 CD 复制的音乐，媒体信息窗口将显示唱片集画面和唱片集标题。
- 播放列表窗口：显示当前播放列表中的项目。对于 CD，播放列表窗口显示 CD 曲目名称和持续时间。对于 DVD，播放列表窗格显示 DVD 标题和章节名。

8.3.2　播放音乐

如果计算机中已经安装了多媒体硬件设备，就可以使用媒体播放器来播放音频文件。音频文件包括 CD 音乐、MP3、MIDI 等。

1. 播放音乐

【例 3】　使用 Windows Media Player 媒体播放器播放一段 MP3 音乐。

首先启动 Windows Media Player 播放器，然后单击【文件】菜单中的【打开】命令按钮，从【打开】对话框中选择要播放的 MP3 音乐文件，一次可以选择多个要播放的文件，单击【打开】按钮，Windows Media Player 开始播放所选择的曲目，在右侧的播放列表窗口中列出了曲目名单，如图 8-16 所示。

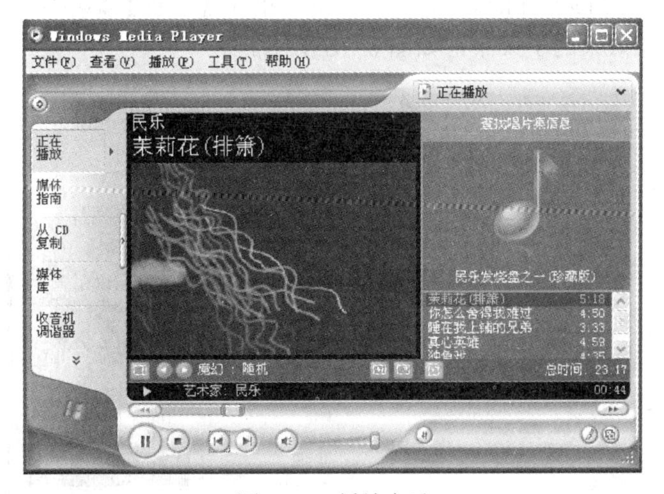

图 8-16　播放音乐

在播放的过程中，可以利用播放控件区域的控制按钮来控制音乐的播放、暂停、跳转、精度、音量等。

如果播放 CD，直接将 CD 放入光驱中，系统自动启动媒体播放器，并开始播放。除非 Windows Media Player 正被使用或不是默认的 CD 播放机。

Windows Media Player 除了播放默认的文件类型外，用户还可以设置播放其他类型的文件，单击【工具】→【选项】→【文件类型】选项卡，如图 8-17 所示，选择可以播放的文件类型。

图 8-17 【文件类型】选项卡

2. 设置可视化效果

在播放音乐的过程中，用户可以设置一些可视化的效果。可视化效果是显示随播放的音频节拍而变换的色彩和几何形状的插件，如线条与波浪、微粒、激光束、音乐色彩等。当 Windows Media Player 处于完整模式时显示可视化效果。当播放器处于外观模式时，只有外观支持可视化效果时才会显示可视化效果。

设置 Windows Media Player 可视化效果的操作步骤如下：

（1）在 Windows Media Player 完整模式下，指向【查看】菜单中的【可视化效果】选项，出现不同可视化效果的子菜单，如图 8-18 所示。

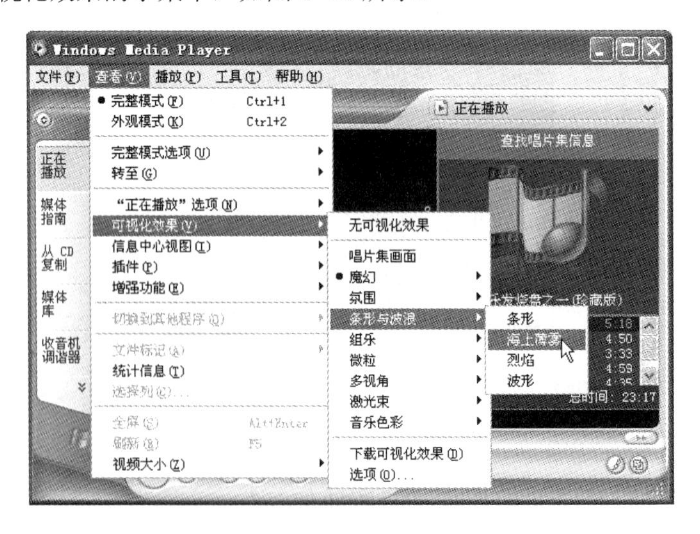

图 8-18 【可视化效果】菜单

（2）选择一种效果，播放音乐后观察效果。

3．添加歌词

在 Windows Media Player 中，用户可以为歌曲添加歌词。添加的歌词分为静态歌词和同步显示歌词。开始播放文件时，静态歌词将整体显示，并持续整个播放过程。下面介绍添加静态歌词的操作步骤如下：

（1）在 Windows Media Player 中，单击【正在播放】按钮。

（2）在播放列表窗口中，右击要添加歌词的文件，在弹出的快捷菜单中单击【高级标记编辑器】命令按钮，打开【高级标记编辑器】对话框，如图 8-19 所示。

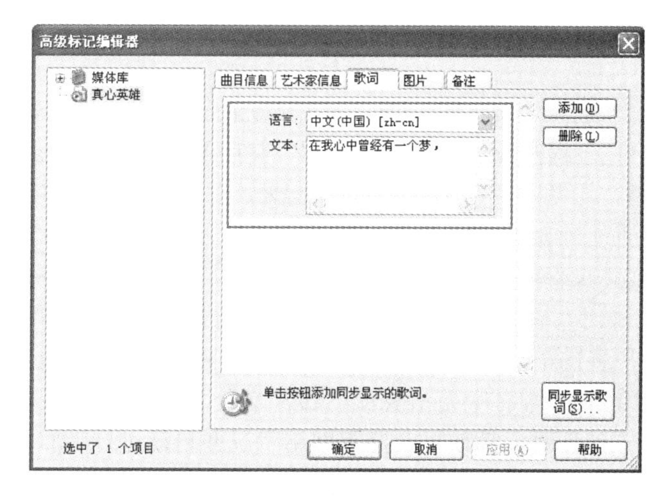

图 8-19 【高级标记编辑器】对话框

（3）单击【歌词】选项卡中的【添加】按钮，在打开的【文本】窗口中输入要添加的歌词。

（4）单击【确定】按钮。

如果添加同步显示歌词，单击【高级标记编辑器】对话框中的【同步显示歌词】按钮，打开【同步显示歌词】对话框，可以添加同步显示歌词。

提示

在播放添加歌词的歌曲时，如果在可视化效果窗口中没有显示歌词，检查【播放】菜单【字幕】开关是否打开。

8.3.3　播放 VCD 和 DVD

使用 Windows Media Player 除了可以播放 CD、MP3 等类型的音乐外，还可以用来观看 VCD 和 DVD。但 VCD 的视频保真度不如 DVD 高。

使用 Windows Media Player 播放 VCD 的方法比较简单，将 VCD 光盘插入 CD-ROM 驱动器， Windows Media Player 正在运行且未播放其他内容，VCD 就会自动开始播放。如果播放器正在播放其他内容，可以单击【播放】菜单上的【VCD 或 CD 音频】命令按钮。

同样的方法，播放 DVD 时，将 DVD 插入 DVD 驱动器，Windows Media Player 将自动开始播放。但要播放 DVD，计算机上必须安装有 DVD-ROM 驱动器、DVD 解码器软件或硬件。如果未安装兼容的 DVD 解码器，播放器不会显示与 DVD 相关的命令、选项和控件，因此也就无法播放 DVD。

提示

如果 Windows Media Player 不能自动播放 VCD 时，说明 Windows 版本不支持自动播放 VCD。要手动播放 VCD，单击播放器【文件】菜单上的【打开】命令，在【打开】对话框中定位到 VCD 驱动器，双击该驱动器的 MPEGAV 文件夹，在【文件类型】下拉列表框中选择【所有文件 (*.*)】选项，然后选择一个扩展名为.dat 的文件，播放器开始播放。

8.3.4 收听广播

如果你使用的计算机已经连接到 Internet，那么可以通过 Windows Media Player 收听广播，许多电台通过流式处理的过程在 Internet 上传送信号。使用 Windows Media Player 不但可以查找和收听各地的电台广播，还可以将喜欢的电台保存起来，以便下次快速收听这些电台的广播。

流式处理是直接通过网络或 Internet 传递音频和视频文件，然后开始播放的一种方法。使用这种方法无需下载整个文件。流式处理的文件播放完后，它不会存储在用户的计算机中。

播放流式媒体文件时，在开始播放之前部分文件将被下载并存储在缓冲中，此过程称为缓冲。随着文件中更多的信息被传入 Windows Media Player，播放机将继续缓冲后面的信息。如果 Internet 上的通信暂时中断信息流，缓冲会使文件播放过程几乎不会被中断或干扰。在对文件进行流式处理时，播放机会监视网络状况并自动进行调整，以确保最佳的接收和播放状态。如果缓冲中的信息播放完，播放就会中断。

1. 收听广播

使用 Windows Media Player 收听广播的操作步骤如下：

（1）将计算机连接到 Internet，启动 Windows Media Player，单击任务栏上的【收音机调谐器】按钮，播放器将自动连接到电台站点，如图 8-20 所示。

图 8-20 【收音机调谐器】窗口

（2）收音机调谐器提供了【特色电台】、【我的电台】、【最近播放的电台】和【查找更多电台】选项列表。用户可以选择一个频道的超级链接，例如，选择【特色电台】列表中的【BBN Chinese】（如图 8-20 所示），单击【播放】按钮，就可以收听该电台的广播了。

2. 搜索电台

用户可以通过【查找更多电台】链接查找更多的电台。例如，通过【查找更多电台】查找【摇滚】方面的电台，操作步骤如下：

（1）单击【收音机调谐器】窗口右侧【查找更多电台】下面的【摇滚】超级链接，在右侧窗口中列出满足要求的电台名称，如图 8-21 所示。

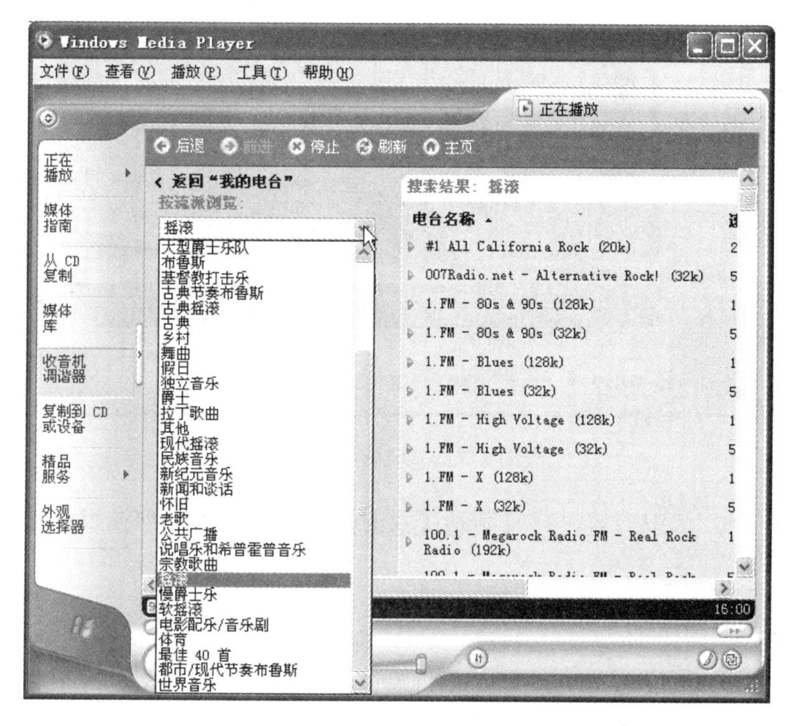

图 8-21　搜索电台

（2）用户也可以从【按流派浏览】下拉列表框中选择一个类别。

（3）选择一个电台，打开它的 Web 站点，然后单击【播放】按钮开始收听。

用户可以将喜欢的电台站点添加到【我的电台】中去，在下次收听时就可以直接打开收听该电台的广播。

8.3.5　从 CD 复制音乐

用户如果想随时播放 CD 上的音乐，可以将 CD 光盘上的曲目复制到硬盘中，选择喜欢的歌曲播放。

1. 复制 CD 上的音乐

复制 CD 上音乐的操作步骤如下：

（1）打开 Windows Media Player，将 CD 放入 CD-ROM 驱动器。

（2）单击任务栏上的【从 CD 复制】按钮，窗口中显示全部的曲目。用户可以只选择其中一部分进行复制。

（3）单击【复制音乐】按钮开始复制，如图 8-22 所示。如果要停止复制，单击【停止复制】按钮。

图 8-22 复制 CD 曲目

在默认情况下，选中的曲目将复制到【我的音乐】文件夹并列在媒体库中，以后可以直接播放这些曲目。

2. 刻录 CD

用户可以利用 Windows Media Player 将媒体库中的曲目刻录成 CD，制作自己的 CD。在刻录 CD 前，必须确保当前使用的计算机上已经安装刻录机。刻录 CD 的操作步骤如下：

（1）打开 Windows Media Player，将空白的可录制光盘 (CD-R) 或可擦写光盘 (CD-RW)放入 CD-ROM 驱动器。如果使用 CD-RW 光盘，单击【删除】按钮，可以先删除光盘上的内容。

（2）单击任务栏上的【复制到 CD 或设备】按钮，打开【要复制的项目】窗口，选择一个要复制的播放列表。

（3）选择要复制的曲目，然后单击【复制】按钮，开始复制选择的曲目。

（4）复制 CD 结束后，在右侧的【CD 驱动器】列表中列出已复制的曲目。

至此，完成刻录 CD 的操作。

试一试

1. 打开 Windows Media Player 播放器，将要播放的音乐文件添加到播放列表中，选择一首进行播放。

2. 设置可视化效果，播放音乐后观察效果。

3. 使用 Windows Media Player 播放 VCD 光盘。

相关知识

暴风影音简介

暴风影音致力于为互联网用户提供最简单、便捷的互联网音视频播放解决方案，实现每个互联网用户轻松看视频的愿望，是中国互联网用户观看视频的首选，如图 8-23 所示。

图 8-23　暴风影音播放器

暴风影音 2008 第一次涵盖了互联网用户观看视频的所有服务形式，包括：本地播放、在线直播、在线点播、高清播放等；数十家合作伙伴通过暴风为上亿互联网用户提供超过 2000 万部/集电影、电视、微视频等内容。暴风成功地实现了自己服务的全面升级，成为中国最大的互联网视频平台。暴风将更加全面地帮助中国 2.4 亿互联网用户进入互联网视频的世界。

暴风影音 2009 进一步加强了视频文件的播放质量和格式的万能支持。不仅新增了 35 种格式支持，使暴风影音的格式支持总量达到了 491 种；同时突出地实现了对不同格式高清影片的智能支持，成为目前最优秀的高清影片播放软件。

（1）强大的本地播放功能

- 绿色更强大：全球第一个支持新格式不受系统干扰的播放器，兼容性更好。
- 更流畅清晰：自动匹配每种格式的最佳播放方案，保证最流畅清晰的播放效果。
- 更具生命力：MEE 媒体专家库可单独动态更新，可第一时间支持最新格式。

（2）强大的本地播放功能

- 高清硬件加速：智能辨识显卡型号，智能选择不同格式的最佳播放效果。
- 音效：多声道及音效调整，声音放大、延迟调节。
- 画面：画面亮度、对比度、色度等视频调节。
- 字幕：手/自动字幕载入、字幕大小、字体等格式调节。
- 个性设置：画面垂直翻转、跳过片头/片尾智能设置。

（3）暴风盒子最好的在线视频播放体验，如图 8-24 所示。

图 8-24　暴风盒子

- 一点即播：在盒子中找到您喜欢的内容，鼠标一点，即可立即进行观看。
- 每月热映推荐：打开暴风盒子，每月最新最热视频立即呈现。
- 剧集记忆播放：播放的同时将全集添加到播放列表中，下次打开还可继续观看。
- 人性化的搜索：搜索结果根据热度及点播次数为您推荐，还可区分专辑和单视频。

8.4　制作电影

问题与思考

- 你制作过电影或 MTV 吗？
- 你对 Windows Movie Maker 了解多少？

使用 Windows XP 为用户提供的 Windows Movie Maker 可以制作数字电影。使用它可以将音频、图片以及视频素材进行编辑和整理，最终制作出电影。用户制作出电影后可以用来进行新闻发布、娱乐、销售产品、交流商业信息或进行远程学习，也可通过电子邮件信件将其发送给他人，或将其公布在某个 Web 服务器上。

8.4.1 Windows Movie Maker 简介

单击【开始】→【所有程序】→【Windows Movie Maker】命令按钮，启动 Windows Movie Maker，界面如图 8-25 所示。

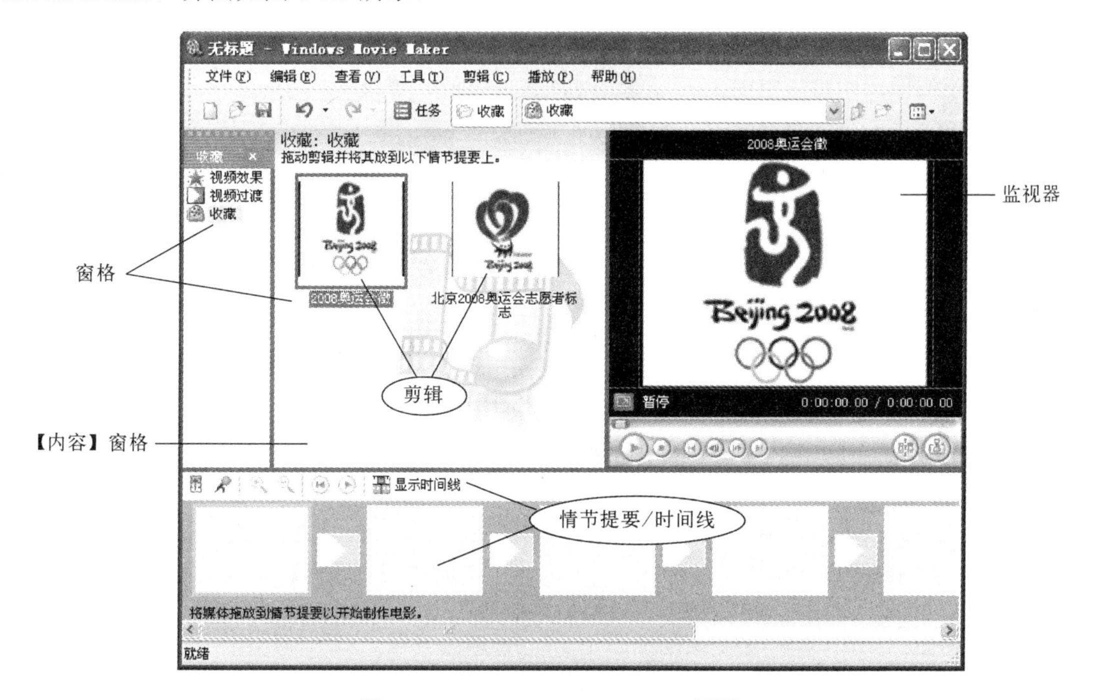

图 8-25　Windows Movie Maker 界面

Windows Movie Maker 用户界面由菜单栏、工具栏、窗格、监视器以及情节提要/时间线区域组成。部分区域的含义如下：

- 窗格：Windows Movie Maker 用户界面的主要功能显示在不同的窗格中，根据所选视图（【收藏】视图（如图 8-25 所示）或【电影任务】视图）的不同，会显示出不同的主窗格。
  - 【电影任务】窗格：单击【工具栏】上的【任务】按钮，则出现【电影任务】窗格，如图 8-26 所示。
  - 【内容】窗格：【内容】窗格显示【收藏】窗格中选定的收藏所包含的剪辑。【内容】窗格显示出所有的视频、音频、图片、视频过渡和视频效果，可将它们添加到情节提要/时间线中，从而包括在电影中。在【内容】窗格中以【详细信息】和【缩略图】两种视图显示剪辑。
- 监视器：监视器中还包含【播放进度条】和【播放控制按钮】，如图 8-27 所示。使用监视器可以查看单个剪辑或整个项目。通过使用监视器，可以在将项目保存为电影之前进行预览。使用播放控制浏览单个剪辑或整个项目，也可以使用监视器上的按钮来执行多种功能，例如，将一个视频或音频剪辑拆分为两个较小的剪辑，或对监视器中当前显示的帧拍照。

● 情节提要：情节提要是 Windows Movie Maker 中的默认视图，如图 8-28 所示。通过使用【情节提要】视图来查看项目中剪辑的排列顺序，还可以对其进行重新排列，利用此视图可以查看已添加的视频效果或视频过渡。另外，还可以预览当前项目中的所有剪辑。情节提要中的所有剪辑即构成了项目。

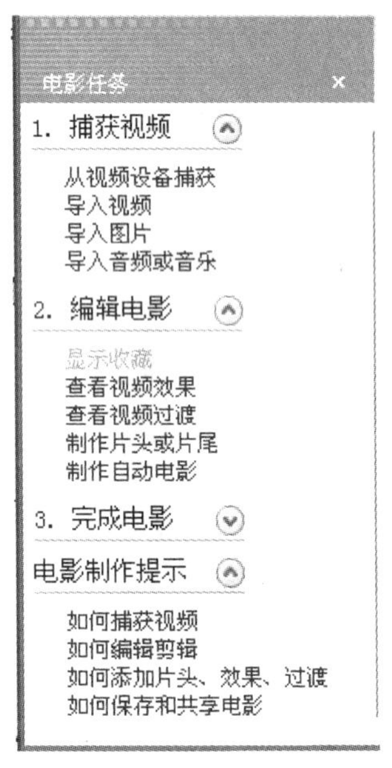

图 8-26 【电影任务】窗格

图 8-27 【监视器】窗格

图 8-28 【情节摘要】视图

● 时间线：通过时间线可以查看或修改项目中剪辑的计时，如图 8-29 所示。使用时间线按钮可执行许多任务，如更改项目视图、放大或缩小项目的细节、录制旁白或调整音频级别等。时间以小时:分钟:秒.百分秒 (h:mm:ss.hs) 的格式显示。要剪裁剪辑中不需要的部分，使用剪裁手柄，该手柄在选中剪辑时出现，也可以预览显示在时间线上的当前项目中的所有剪辑。

时间线显示出以下轨道来指示已添加到当前项目中的文件的类型。

➢ 视频：通过【视频】轨可以看到已在项目中添加了哪些视频剪辑、图片或片头。可以扩展【视频】轨来显示与视频相对应的音频，以及已添加的所有视频过渡。将剪辑添加到时间线后，源文件的名称将出现在该剪辑中。如果为图片、视频或片头添加了视频效果，剪辑上将会出现一个小图标表示该剪辑已添加了视频效果。

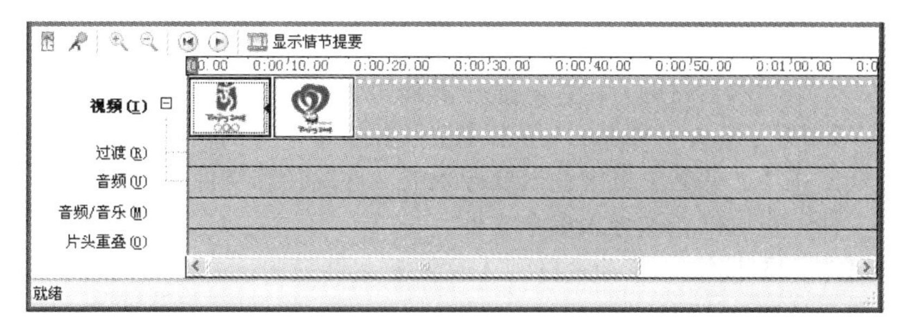

图 8-29 【时间线】视图

- 过渡：通过【过渡】轨，可以看到已添加到时间线的所有视频过渡。只有扩展了【视频】轨后，才会出现此轨道。从【视频过渡】文件夹添加的所有视频过渡都显示在此轨道中。在时间线中添加过渡后，该过渡的名称将显示在时间线中。可以拖动在选中过渡时出现的起始剪裁手柄来延长或缩短其持续时间。
- 音频：通过【音频】轨，可以看到已添加到项目的所有视频剪辑中的音频。同【过渡】轨一样，只有在扩展了【视频】轨后才能看到【音频】轨。如果在此轨道上选择某个音频剪辑并将其删除，则该剪辑的视频部分也将从【视频】轨删除。
- 音频/音乐：通过【音频/音乐】轨，可以看到已添加到项目的所有音频剪辑。音频剪辑的名称显示在剪辑中。如果要在项目或最终电影中只播放音频而不播放视频，则也可以将视频剪辑添加到此轨道中。
- 片头重叠：通过【片头重叠】轨，可以看到已添加到时间线的所有片头或片尾，可以在电影的不同地方将多个片头添加到此轨道中，片头将与显示出的视频重叠。可以拖动在选中片头时出现的起始剪裁手柄或终止剪裁手柄来延长或缩短其持续时间。

提示

【情节提要】视图与【时间线】视图的主要区别是添加到项目的音频剪辑不会显示在【情节提要】视图中，但会出现在【时间线】视图中。

8.4.2　导入素材

在制作电影之前，首先要准备好电影素材，然后将素材导入到 Windows Movie Maker 中。导入的素材可以是音频文件、视频文件和图片等。表 8-3 列出了 Windows Movie Maker 导入内容时支持的文件类型。

表 8-3　Windows Movie Maker 支持的文件类型

文件类型	扩展名
视频文件	.asf、.avi、.wmv
电影文件	Mpeg1、.mpeg、.mpg、.m1v、.mp2
音频文件	.wav、.snd、.au、.aif、.aifc、.aiff
Windows Media 文件	.asf、.wm、.wma、.wmv
静止图像	.bmp、.jpg、.jpeg、.jpe、.jfif、.gif
MP3 格式音频	.mp3

准备好素材后，就可以开始制作电影了。制作电影，首先要导入电影素材，下面以静态图片为背景，介绍导入素材的方法，其操作步骤如下：

（1）打开 Windows Movie Maker，单击【文件】→【导入到收藏】命令按钮，打开【导入文件】对话框，在【文件名】框中输入要导入的文件路径和文件名。在导入文件时，可以一次导入一个文件，也可以一次导入多个文件。

（2）单击【导入】按钮，导入素材到【收藏】文件夹中，并在【内容】窗格显示出导入内容的缩略图，如图 8-30 所示。

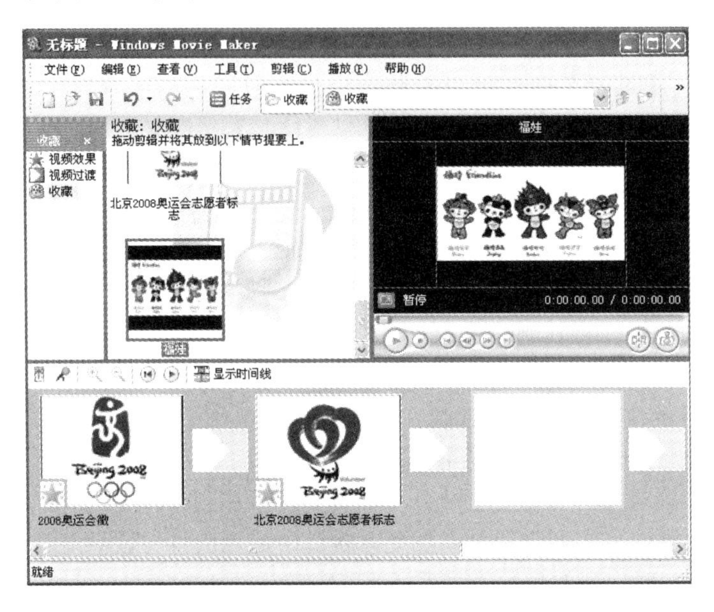

图 8-30　导入的静态图片文件

导入文件的源文件仍保留在被导入时的位置。Windows Movie Maker 并不存储源文件的真正副本，而是创建引用该原始源文件的剪辑并在【内容】窗格中显示出该剪辑。将文件导入项目后，不要移动、重命名或删除原始源文件。如果在将剪辑添加到项目中时，其相应的源文件已被移动或重命名，Windows Movie Maker 将自动尝试确定该原始源文件的位置。如果已经删除了源文件，则必须再次将其存放到计算机上或计算机可以访问的位置。

用户也可以将视频文件导入 Windows Movie Maker。如果在【导入文件】对话框中选中了【为视频文件创建剪辑】复选框，则会根据选择导入的一个或多个视频文件的类型来创建剪辑。

提示

【收藏】包括已导入到或捕获到 Windows Movie maker 中的音频剪辑、视频剪辑或图片。【收藏】可以作为存放剪辑（音频和视频小片段）的容器，有助于组织已导入或已捕获的内容。在 Windows Movie Maker 的【收藏】窗格中可以看到收藏。

8.4.3 编辑剪辑

编辑剪辑操作包括剪裁剪辑、拆分剪辑和合并剪辑。它们的含义如下：

- 剪裁剪辑：剪裁剪辑可以隐藏不在项目中使用的剪辑片段。例如，可将一个剪辑的开始或结尾片段剪裁掉。剪裁并不是从素材中删除信息，可以随时通过清除剪裁点来将剪辑恢复为原来的长度。只有将剪辑添加到情节提要/时间线后才能进行剪裁。
- 拆分剪辑：拆分剪辑可以将一个视频剪辑拆分成两个剪辑。如果要在剪辑中间插入图片或视频过渡，此选项将非常有用。可以拆分当前项目的情节提要/时间线上显示的剪辑，也可以拆分【内容】窗格中的剪辑。
- 合并剪辑：合并剪辑可以合并两个或多个连续的视频剪辑。连续表示剪辑是同时捕获的，因此一个剪辑的结束时间与下一个剪辑的开始时间相同。如果有几个较短的剪辑并要在情节提要/时间线上将它们看作一个剪辑，则可合并剪辑。

1. 剪裁剪辑

剪裁剪辑的操作步骤如下：

（1）单击【查看】菜单中的【时间线】命令按钮（切换到【时间线】视图，如图 8-29 所示），在【收藏】窗格中，单击包含要添加剪辑的收藏，然后单击要在【内容】窗格中剪裁的剪辑。

（2）单击【剪辑】菜单中的【添加到时间线】命令按钮，在时间线上，选择要剪裁的剪辑。

（3）在时间线上，单击【播放指示器】并将它拖到要剪裁剪辑的点，或使用监视器上的播放控制定位到要剪裁剪辑的点。

（4）当【播放指示器】位于要开始播放选定的视频剪辑或音频剪辑的点时，单击【剪辑】菜单中的【设置起始剪裁点】命令按钮。当播放指示器位于要停止播放选定的视频剪辑或音频剪辑的点时，单击【剪辑】菜单中的【设置终止剪裁点】命令按钮。

编辑剪辑操作时还可以通过拖动剪裁手柄来设置起始剪裁点和终止剪裁点。在时间线上选中剪辑时，将出现剪裁手柄，如图 8-31 所示。

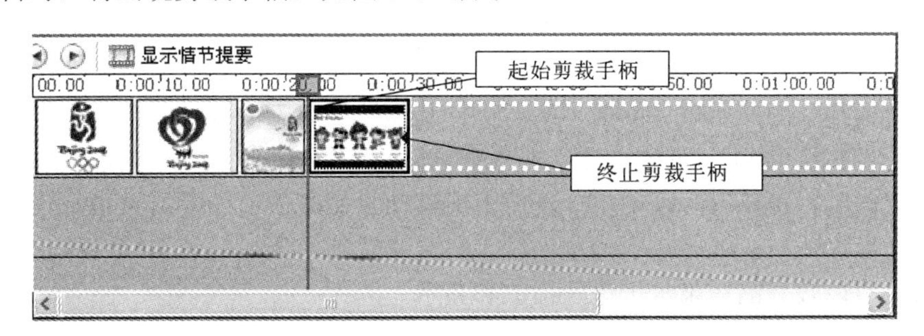

图 8-31 【剪裁剪辑】

2. 拆分剪辑

拆分视频剪辑或音频剪辑的操作步骤如下：

（1）在【内容】窗格中或在情节提要/时间线上，单击要拆分的剪辑。

（2）在【播放】菜单上，单击【播放剪辑】命令按钮，然后再单击【播放】菜单上的【暂停剪辑】命令按钮，使视频在要进行拆分的点暂停。或在监视器上，将播放进度条上的播放指示器移动到要拆分剪辑的位置。

（3）单击【剪辑】菜单中的【拆分】命令按钮。

3. 合并剪辑

合并已拆分的音频剪辑或视频剪辑的操作步骤如下：

（1）在【内容】窗格中或在情节提要/时间线上，按住 Ctrl 键，然后选择要合并的连续剪辑。

（2）单击【剪辑】菜单中的【合并】命令按钮。

新剪辑将使用这组剪辑中第一个剪辑的名称和属性信息，而且时间也进行了相应的调整。

要选择连续的剪辑，可以单击第一个剪辑，按住 Shift 键，然后单击最后一个剪辑。

8.4.4 使用过渡保存项目

项目是指包含添加到情节提要/时间线的音频和视频剪辑、视频过渡、视频效果和片头的顺序和计时信息。保存项目，可以保留当前的工作，然后可在 Windows Movie Maker 中打开该文件进行进一步的修改，也可以从上次保存项目时所处的位置继续编辑项目。在保存项目时，添加到情节提要/时间线中的剪辑的排列顺序以及视频过渡、视频效果、片头、片尾和其他编辑都被保留。

保存项目的操作方法是：单击【文件】菜单中的【保存项目】按钮，在打开的【文件名】框中键入文件名，然后单击【保存】按钮。例如，以文件名“myfilm”保存该项目。

Windows Movie Maker 项目文件以扩展名.mswmm 进行保存。

用户也可以使用新名称来保存现有的 Windows Movie Maker 项目文件。这样就可以使用保存的项目作为创建其他新项目的基础。例如，如果当前项目包含一部电影的简介，使用新的名称保存现有项目，然后继续进行编辑。如果以后要新建一部包含相同简介的电影，可以打开只包含该简介的原始项目文件，然后进行其他编辑而无需重新创建电影简介。

在处理项目时，可以定期在监视器上预览项目来检查编辑情况。使用【播放】按钮可以一帧一帧地移动，也可以一段剪辑一段剪辑地移动。如果使用设置为 640×480 像素的监视器在 Windows Movie Maker 中预览项目，将无法达到最佳视频效果。但是，最终保存的电影中的视频将以较高的质量水平进行播放和显示。

8.4.5 添加视频过渡

视频过渡是控制电影如何从播放一段剪辑或一张图片过渡到播放下一段剪辑或下一张图片。用户可以在情节提要/时间线的两张图片、两段剪辑或两组片头之间以任意的组合方式添加过渡。过渡在一段剪辑刚结束、而另一段剪辑开始播放时进行播放。Windows Movie Maker 包含多种可以添加到项目中的过渡。过渡存储在【收藏】窗格中的【视频过渡】文件夹内。

【例 4】 在 Windows Movie Maker 制作的电影中添加视频过渡。

（1）在情节提要/时间线上，选择要在它们之间添加过渡的两段视频剪辑或两张图片中的第二段剪辑或第二张图片。

（2）单击【工具】菜单中的【视频过渡】命令按钮。

（3）在【内容】窗格中，单击选择要添加的视频过渡，例如，选择【蝴蝶结，垂直】，如图 8-32 所示。

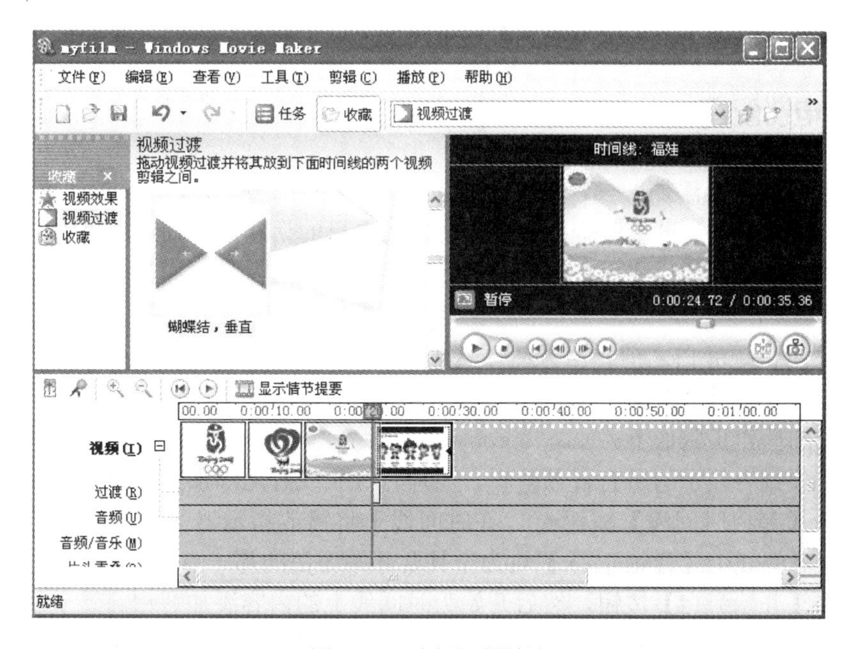

图 8-32　选择视频过渡

（4）在【剪辑】菜单上，单击【添加到时间线】或【添加至情节提要】命令按钮。

（5）单击【播放】按钮，预览使用视频过渡的效果。

可以通过将视频过渡拖到时间线上并将其放在【视频】轨上的两段剪辑之间来添加视频过渡。或者在情节提要上，将视频过渡拖到两段视频剪辑或两张图片之间的视频过渡单元格上。

更改视频过渡的播放持续时间，最长可达两段相邻剪辑中较短剪辑的持续时间。如果在时间线上将要过渡到的视频剪辑或图片拖到要从其开始过渡的剪辑或图片上，则在默认情况下，会在两个剪辑之间添加交叉淡入淡出效果。如果不制作过渡，将在两段剪辑之间直接切换（没有淡入淡出）。

8.4.6　添加片头和片尾

通过使用片头和片尾，用户可以通过向电影添加基于文本的信息来增强其效果，例如，电影片名、制作人、日期之类的信息。除了更改片头动画效果外，还可以更改片头或片尾的外观，这决定了片头或片尾在电影中的显示方式。

添加片头或片尾的操作步骤如下：

（1）单击【工具】菜单中的【片头和片尾】命令按钮。

（2）在【要将片头添加到何处?】页上，根据要添加片头的位置单击其中的一个链接。

（3）在【输入片头文本】页中，输入要作为片头显示的文本。

（4）单击【更改片头动画效果】按钮，然后在【选择片头动画】页上，从列表中选择片头动画效果。

（5）单击【更改文本字体和颜色】按钮，然后在【选择片头字体和颜色】页上选择片头的字体、字体颜色、格式、背景颜色、透明度、字体大小和位置。

（6）单击【完成，为电影添加片头】按钮以在电影中添加片头。

8.4.7 电影配音

在电影中有时需要添加旁白，以便与视频剪辑、图片、片头或已添加到情节提要/时间线的其他项保持同步。通过录制音频旁白，可以用自己的话和声音描述项目中以及最终保存的电影中出现的视频、图片或片头等项的内容。为时间线的内容添加旁白是增强电影效果的另外一种方式。

在开始录制音频旁白之前，必须处于【时间线】视图中，时间线上的播放指示器必须位于【音频/音乐】轨上的空位置。

录制旁白的操作步骤如下：

（1）将在项目中显示的所有视频剪辑、图片、片头或片尾添加到情节提要/时间线。

（2）单击【旁白时间线】按钮，在时间线上将播放指示器（显示为带有垂直线的方块）移动到该时间线上【音频/音乐】轨为空且要开始旁白的那一点。

（3）单击【开始旁白】按钮，然后开始为时间线上的内容添加旁白。

（4）如果选中【将旁白限制在音频/音乐轨上的可用空间内】复选框，则会在到达时间限制后停止为时间线添加旁白。如果取消选中【将旁白限制在音频/音乐轨上的可用空间内】复选框，在完成为时间线上的内容添加旁白之后单击【停止旁白】按钮。

（5）在【文件名】框中，为已捕获的音频旁白键入名称，然后单击【保存】按钮。

所捕获的音频旁白自动导入到当前的收藏中，并且旁白会自动添加到【音频/音乐】轨上最初开始旁白的那一点。

8.4.8 保存电影

项目编辑结束后，可以保存为电影。使用【保存电影向导】可以快速将项目保存为最终电影，项目的计时、布局和内容将保存为一个完整的电影。保存电影时支持的格式有：

- Windows Media 视频文件：.wmv
- Windows Media 音频文件：.wma
- DV/AVI 视频格式：.avi

保存电影的操作步骤如下：

（1）在【文件】菜单上单击【保存电影文件】命令按钮，然后单击【我的电脑】选项。

（2）在【为所保存的电影输入文件名】框中，键入电影的名称，并选择保存位置。

（3）如果要在完成向导后观看电影，选中【单击“完成”后播放电影】复选框。

（4）保存电影后，单击【完成】按钮。

保存电影后，除了可以直接观看外，还可以将电影刻录到 CD 上、以电子邮件附件的形式发送或发送到 Web。

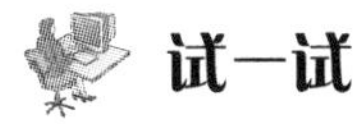

试一试

1. 单击 Windows Movie Maker 中的【播放】按钮，预览你编辑的项目。
2. 分别通过选择视频过渡和通过拖动的方法使用过渡，观察其效果。
3. 给你创建的项目分别添加一个片头和片尾。

相关知识

会声会影 12 简介

会声会影是一套强大的 DVD、HD 高清视频编辑软件，是珍藏旅游纪录、宝贝成长、浪漫婚礼回忆的最佳帮手，可建立高清的 HD 及标准画质影片、电子相簿光碟。利用影片快剪精灵可快速套用范本完成编辑；全新影片小画家让用户在影片中插入签名或手绘涂鸦动画。将影片刻录到 DVD、AVCHD 和蓝光光碟。在 iPhone 和行动装置上分享，或直接上传到 YouTube 或 DVD 播放软件 Corel WinDVD 欣赏高清影片（如图 8-33 所示）。

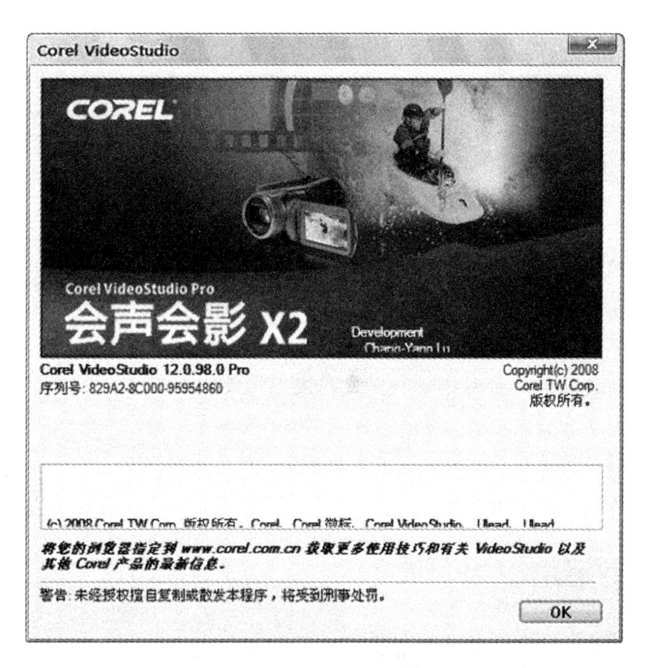

图 8-33　会声会影 12

会声会影 12 的主要功能有：

（1）完整高画质影片剪辑解决方案

- 从摄影机、网络、电视、数位相机和移动装置的 HD 高画质或标准画质影片中，捕获视频和相片
- 藉由完善的编辑工具组，制作出具有个人风格及特色的视频和电子相簿
- 制作出好莱坞式的酷炫动画 DVD 菜单

- 输出 HD 高画质或标准画质的影片——蓝光光盘(BDMV)、AVCHD、DVD、移动装置或 YouTube（如图 8-34 所示）

图 8-34　高画质影片剪辑解决方案

（2）易学、易懂的剪辑操作界面

- 利用弹性使用者界面、清晰的图示及引导式工作流程，建立生动的视频
- 利用影片快剪精灵制作专业影片或电子相簿-适合快速制作专案，是视频编辑新手的理想工具。从精彩的主题范本中选取，让快剪精灵以精彩的方式呈现视频及照片
- 使用 DV-to-DVD 直接刻录向导，直接将视频刻录至光盘，快速将录影带转成 DVD。接上摄录放影机后，只需两个步骤就能完成 DVD 制作（如图 8-35 所示）

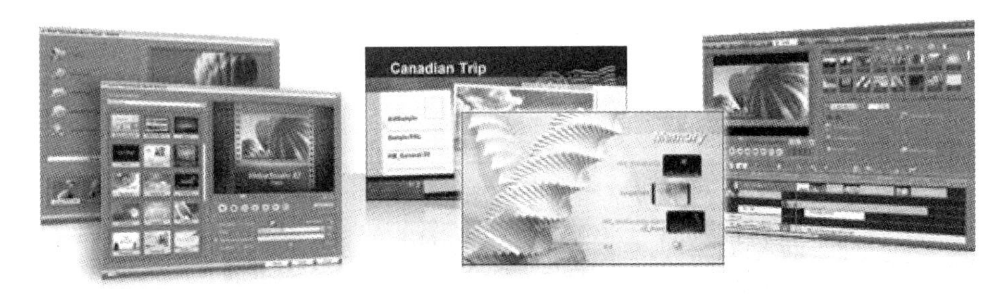

图 8-35　易学、易懂的剪辑操作界面

（3）高级影片剪辑工具

- 在覆叠轨的套用转场特效，创造出精美的覆叠和剪辑效果
- 轻松覆叠素材，快速且精确套用音讯/视频交错淡化特效
- 建立动画标题，以万变的风格新增彩色背景
- 按一下鼠标即能将标准立体声，转变为杜比数位 5.1 环绕音效
- 利用自动色彩及色调修正改善视频品质（如图 8-36 所示）

图 8-36　高级影片剪辑工具

（4）创意剪辑 Fun 心玩

- 使用新的绘图创建器，在视频上手绘、绘图或写字，例如在地图上画出旅行路线
- 自动平移和缩放可自动辨识脸孔，使电子相簿栩栩如生
- 用蓝幕效果工具替换任何彩色背景
- 利用独一无二的 DVD 选单转场特效，建立精美的 DVD 菜单
- 数百种滤镜效果，以及覆叠边框、物件和 Flash 动画，任创意自由翱翔
- 使用 NewBlue 胶片效果让视频充满怀旧电影的气氛（如图 8-37 所示）

图 8-37　创意剪辑

（5）完整的 HD 高画质影片剪辑环境

- 汇入崭新 HD 格式视频，包括 HDV、AVCHD 及蓝光光盘
- 采用独特智慧能代理，编辑顺畅而简单
- 支援双核与四核处理器，可快速编码最新格式，如 H.264
- 制作蓝光及 AVCHD 光盘，以及精美的菜单
- 利用 Corel WinDVD 欣赏 DVD 及 AVCHD 影片（如图 8-38 所示）

图 8-38　完整的 HD 高画质影片剪辑环境

思考与练习

一、填空题

1．Windows 提供了两个字处理程序，分别是__________和__________。

2．Windows XP 提供的一个图像处理程序，通过它绘制一些简单的图形，这个程序是______。

3．使用画图程序选取一个矩形区域，应该使用工具箱中的_________按钮。

4．使用画图程序翻转/旋转图片，可以进行__________、__________或__________方向进行。

5．使用 Windows XP 提供的__________，可以录制、混合、播放和编辑声。

6．使用录音机的____________功能，将一段新声音片断与原已经存在的声音重叠在一起。

7．Windows Media Player 不仅可以播放和复制 CD、创建自己的 CD、播放 DVD，还可以收听____________。

8．使用 Windows XP 为用户提供的____________________可以制作数字电影。

9．Windows Movie Maker 的编辑剪辑包括__________、__________和__________三种操作。

二、选择题

1．多媒体计算机处理的信息类型有（　　）。

A．文字，数字，图形　　B．文字，数字，图形，图像，音频，视频

C．文字，数字，图形，图像　　D．文字，图形，图像，动画

2．下列程序不属于附件的是（　　）。

A．计算器　　B．记事本　　C．网上邻居　　D．画笔

3．在画图程序中绘制一个圆，需要按住（　　）键进行绘制。

A．Ctrl　　B．Shift　　C．Alt　　D．Tab

4．使用画图程序选取一个不规则的区域，应该使用工具箱中的（　　）按钮。

A．　　B．　　C．　　D．

5．使用画图程序，（　　）。

A．可以将黑白图片转换成彩色图片

B．可以将彩色图片转换成黑白图片

C．既可以将黑白图片转换成彩色图片，也可以将黑白图片转换成彩色图片

D．以上都不对

6．使用录音机默认录音的最大长度为（　　）。

A．30 秒　　B．60 秒　　C．90 秒　　D．任意长度

7．下列不是 Windows Media Player 所实现的功能的是（　　）。

A．播放 MP3　　B．播放 VCD　　C．添加歌词　　D．录制电影

三、简答题

1．在画图中如何绘制 45 度角倾斜直线、正方形、圆和圆角正方形？

2．使用录音机如何删除一块含有杂音的声音？

3．如何在 Windows Media Player 中添加视频过渡？

四、操作题

1．使用画图程序打开一幅图片，将图片分别做水平翻转、垂直翻转及按一定角度旋转。

2．使用画图程序将图片分别做拉伸比例和扭曲角度操作。

3．使用画图程序使图片呈反色显示，并将两幅图片进行对比。

4．使用画图程序绘制一个奥运五环标记。

5．使用画图程序分别绘制水平线正方形、圆和圆角正方形。

6．使用录音机录制自己的一段声音，并保存起来。

7．删除声音中有杂音的部分。

8．录制一段声音，分别插入和混入前面录制的声音。

9．使用 Windows Media Player 播放一首 MP3 音乐，并设置可视化效果。

10．使用 Windows Media Player 收听广播。

11．将 VCD 光盘复制到硬盘，使用 Windows Media Player 媒体播放器播放视频文件。

12．收集一些自己的照片，然后制作成数字电影。

第9章　网络资源管理与使用

学习目标

- 能将客户端计算机加入到局域网中
- 能设置共享文件夹和共享打印机，供网上用户使用
- 能将资源添加网上邻居和映射网络驱动器
- 会查看本地计算机上所有共享的网络资源

为了共享网络资源，无论是家庭中的几台计算机，还是办公单位的多台计算机，大都连接成局域网，实现计算机间的互访。将计算机并入局域网后，可以设置共享网络资源、添加网上邻居、使用网络驱动器及共享打印机，充分地利用网络资源进行信息传输。

9.1　将计算机连接到网络

问题与思考

- 将计算机加入到网络中有什么好处？
- 如何将计算机加入到局域网？

如果要将运行 Windows XP 的计算机连接到局域网中，常用的方法是用双绞线的一端与网卡相连，另一端与集线器（Hub）相连，这样就把计算机连接到局域网（LAN）中。用户计算机在安装 Windows XP 时，将自动检测是否已经安装网卡（网络适配器），检测到网卡并安装网卡驱动程序后，将创建本地连接。本地连接是自动创建的，而且不需要单击本地连接就可以启动，它出现在【网络连接】窗口中。

一般情况下，网卡驱动程序安装好之后，系统会自动安装 Microsoft 网络客户端、Microsoft 网络的文件和打印机共享、TCP/IP 协议等，如图 9-1 所示。这些协议对一般用户就足够了，无须添加其他协议。

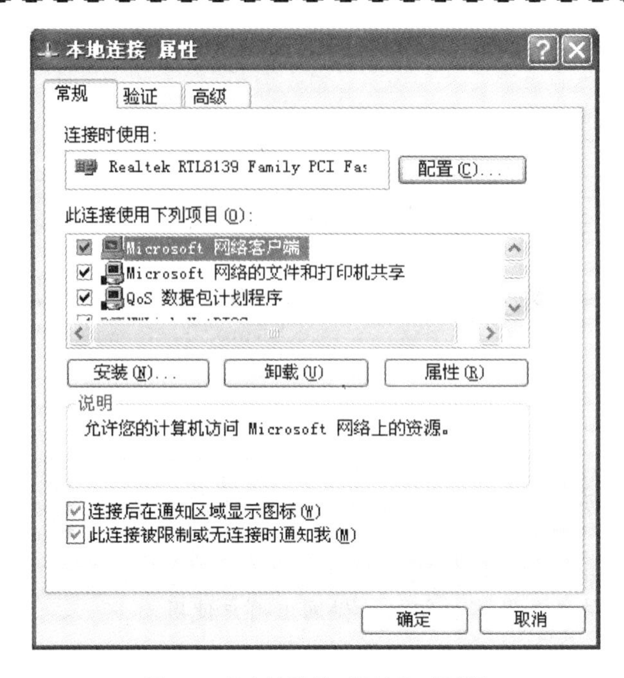

图 9-1 【本地连接 属性】对话框

9.1.1 设置 IP 地址

将计算机接入到局域网后，要想与他人共享网络资源，首要的任务是配置 TCP/IP 协议。在配置 TCP/IP 协议之前，需向网络管理员咨询该客户端的 IP 地址、子网掩码、网关、DNS 服务器的 IP 地址等，然后再开始配置 TCP/IP 协议。

【例 1】 将当前加入到局域网中的计算机配置 IP 地址。假设网管员分配给该机的 IP 地址为 172.31.95.231，默认网关为 172.31.95.254，DNS 服务器地址为 218.58.74.240。

（1）打开【控制面板】，双击【网络连接】图标，出现【网络连接】窗口，如图 9-2 所示。

图 9-2 【网络连接】窗口

（2）右击【本地连接】图标，单击快捷菜单中的【属性】命令按钮，打开【本地连接 属性】对话框，如图 9-1 所示。在【常规】选项卡的【此连接使用下列项目】中选中【Internet 协议(TCP/IP)】选项，单击【属性】按钮，出现如图 9-3 所示的对话框。

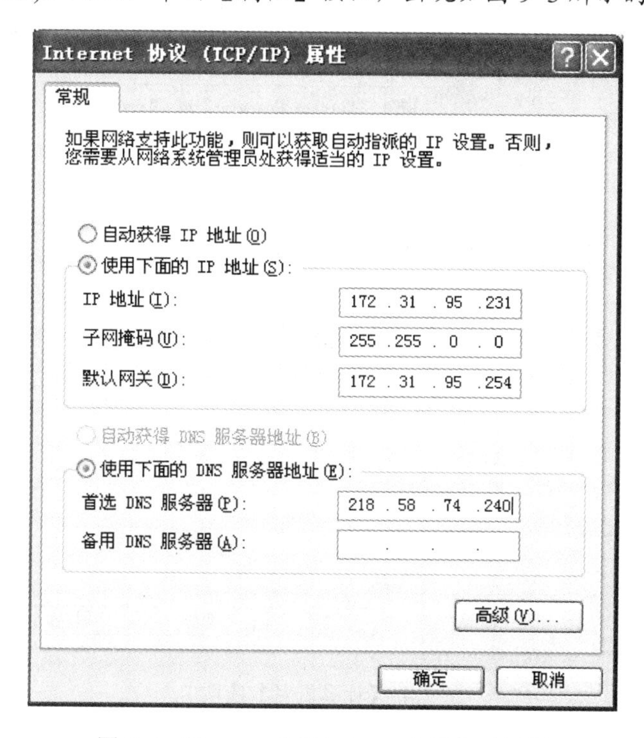

图 9-3 【Internet 协议(TCP/IP)属性】对话框

（3）选中【使用下面的 IP 地址】单选按钮，分别输入 IP 地址、子网掩码、网关、DNS 服务器的 IP 地址等，例如，该机的 IP 地址为 172.31.95.231，默认网关为 172.31.95.254，DNS 服务器地址为 218.58.74.240。

（4）单击【确定】按钮，最后关闭【本地连接 属性】对话框。

如果局域网已经接入 Internet，这时，你的计算机可以连接 Internet。如果要安装网络协议，在如图 9-1 所示的【本地连接属性】对话框中，单击【安装】按钮，选择要安装的网络协议。

9.1.2　设置网络标识

在一个局域网中，每台计算机都必须有一个与其他计算机名不相同的网络标识，这样，网络中的其他用户才能识别该计算机，用户才可以正常登录到局域网中。所谓网络标识就是计算机在网络里的身份标志，它是通过计算机名和其隶属的工作组或域来进行标识的。将计算机加入工作组或域的方法基本相同，下面以加入工作组为例，介绍基本操作方法：

（1）右击【我的电脑】图标，从快捷菜单中单击【属性】命令按钮，打开【系统属性】对话框，选择【计算机名】选项卡，如图 9-4 所示。

（2）单击【网络 ID】按钮，打开【网络标识向导】欢迎界面，然后单击【下一步】按钮，出现如图 9-5 所示的对话框。

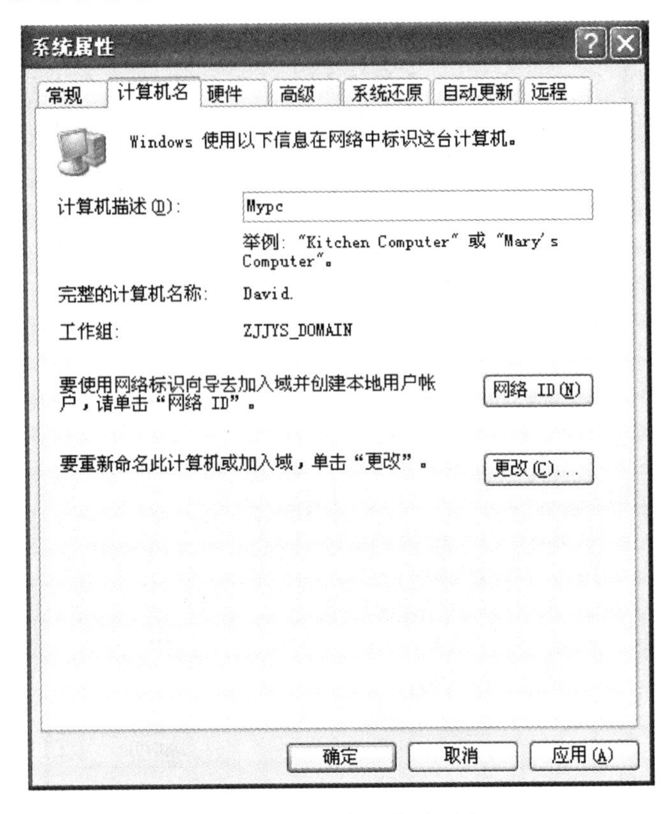

图 9-4 【计算机名】选项卡

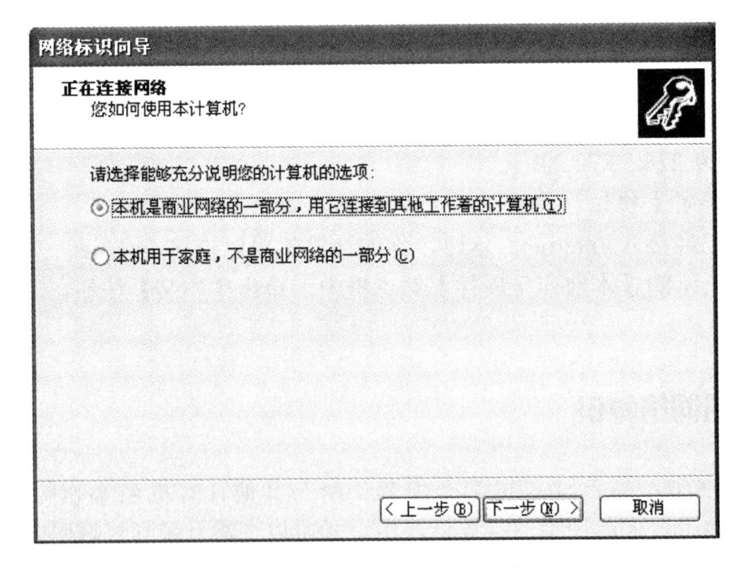

图 9-5 选择使用计算机对话框

（3）选择【本机是商业网络的一部分，用它连接到其他工作着的计算机】单选按钮，单击【下一步】按钮，出现如图 9-6 所示的对话框。

（4）如果是对等网，选择【公司使用没有域的网络】单选按钮，单击【下一步】按钮，出现如图 9-7 所示的对话框。

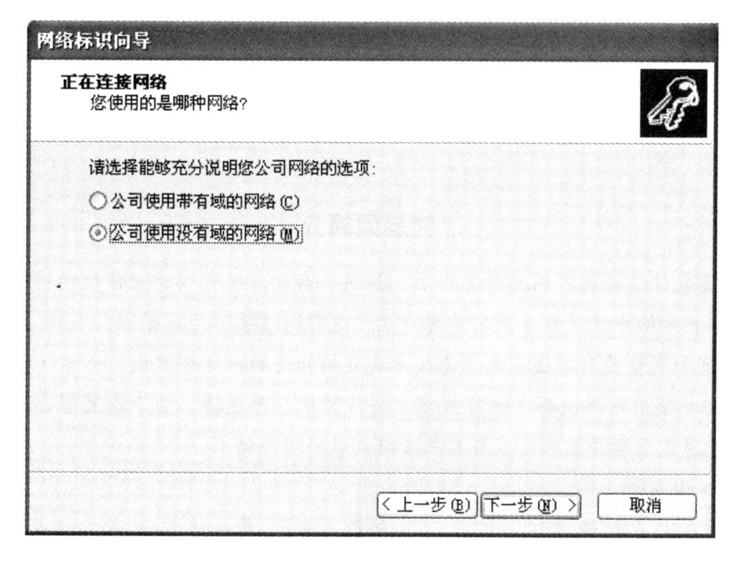

图 9-6　选择使用网络类型对话框

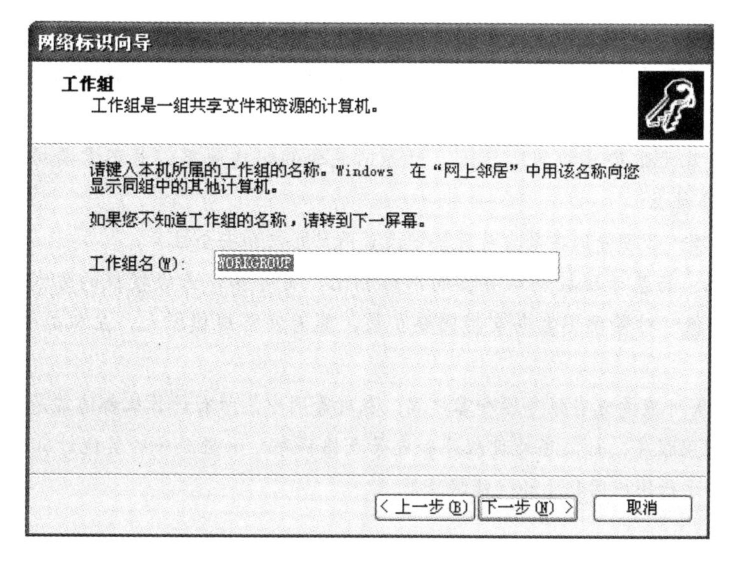

图 9-7　加入工作组对话框

（5）输入工作组名称，然后单击【下一步】按钮，根据提示单击【完成】按钮，重新启动计算机后设置生效。

在域环境中配置网络标识的方法基本相同，加入的局域网必须是带有域服务器。

同一工作组中的计算机不能同名，否则网络将无法正确识别计算机。

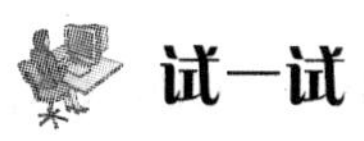

如果你使用的计算机是在学校的局域网中，查看该计算机的 IP 地址、网关、DNS 的服

务器的地址。

相关知识

对等网简介

客户端和服务器软件运行在不同的计算机上，但同一台计算机可同时兼任这两种角色。在小型企业和家庭中，很多计算机在网络中既是服务器又是客户端，这种网络被称为对等网。

最简单的对等网由两台使用有线或无线连接方式直接相连的计算机组成。也可以连接多台 PC 而形成较大的对等网，但需要使用网络设备（如集线器）将计算机相互连接。由于在大型企业中可能需要传输大量的网络流量，因此通常需要使用专用服务器来支持大量的服务请求。

对等网具有如下优点：

- 易于安装：在大多数情况下，可快速、轻松地将计算机连接到集线器或交换机，进而共享资源。
- 用于简单任务：最常见的任务包包括传输文件和共享打印机。如果联网需求不高，则简单的对等网是不错的选择。
- 成本低廉：不需要专用服务器，相对于基于服务器的网络所需的网络设备也更简单，价格更低廉。
- 较为简单：基于服务器的网络相比，对等网包含的组建简单，且不需要搭建服务器。

对等网具有如下缺点：

- 缺乏集中管理：必须分别在每台计算机中设置用户账户和安全性。
- 安全性不高：与基于域控制服务器的网络相比，更容易以未经授权的方式访问资源。
- 可扩展性较低：对等网不容易支持网络扩展。随着网络规模增大，主机数量增多，管理起来将更困难。
- 所有设备都有可能要充当服务器和客户端：在对等网中，所有计算机都通常是工作站，用户在其中运行本地应用程序，如文字处理程序和电子表格程序。如果众多的其他计算机同时访问工作站的资源，用户运行的应用程序的性能将降低。

9.2 共享网络资源

问题与思考

- 为方便网络中其他用户的访问，如何将网络中一台计算机中的文件或文件夹共享？
- 如何将网络中的一台打印机设置共享？

如果用户计算机已经连入局域网，可以将本地计算机中的文件夹、打印机、CD-ROM 等资源共享，以便其他用户访问该计算机中的资源。

9.2.1　共享文件夹

在默认的情况下，Windows XP 提供了【共享文档】文件夹，该文件夹中包含有【共享视频】、【共享图像】和【共享音乐】3 个文件夹，如果将文件或文件夹移动或复制到【共享文档】中，则在该计算机上拥有用户账户的任何人都能访问它。如果连接到网络域，则不可使用这些文件夹。但只有【共享文档】文件夹往往不能满足需要，其实网络中的用户都可以共享存储在计算机、网络和 Web 上的文件和文件夹。当共享文件或文件夹时，其安全性与未共享时相比将会有所下降。可以访问计算机或网络的人可能读取、复制或更改共享文件夹中的文件。因此，应该始终意识到其他人可以访问共享的文件和文件夹，定期查看个人的共享文件和文件夹。

【例 2】 将一个名为【歌曲】的文件夹设置为共享文件夹，便于网络中的其他用户访问，共享名称为 music。

（1）右击要共享的【歌曲】文件夹，从弹出的快捷菜单中选择【共享和安全】命令，打开【歌曲 属性】对话框，选择【共享】选项卡，如图 9-8 所示。

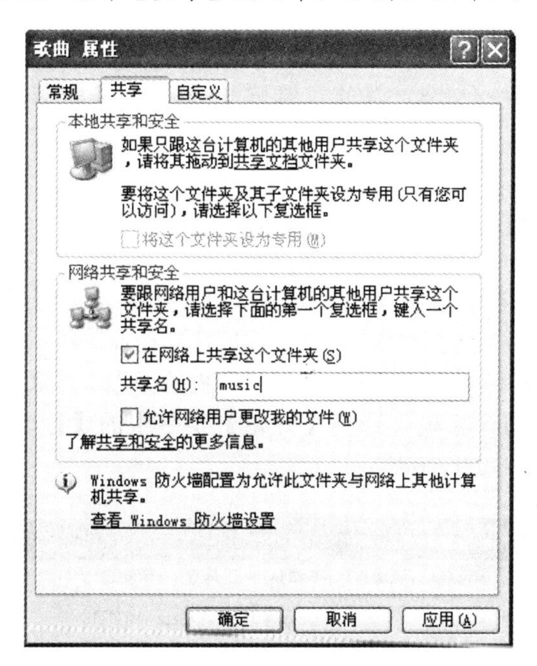

图 9-8　【共享】选项卡

（2）在【网络共享和安全】选项组中选中【在网络上共享这个文件夹】复选框，在【共享名】框中输入一个共享名，如“music”，该名称就是将来在网络看到的名字。如果选择【允许网络用户更改我的文件】复选框，表示网络上的用户不仅能浏览或复制该文件夹中的内容，还可以修改或删除其中的内容。

（3）单击【确定】按钮。

这时可以看到共享文件夹的下边有一个手形符号，表示已经设置为共享，如图 9-9 所示。当对一个磁盘或文件夹设置了共享后，该磁盘或文件夹下的所有子文件夹也将同样被设置为共享。同样的方法，可以设置将 CD-ROM 驱动器设置为共享，即使某一台计算机上没有安装 CD-ROM 驱动器，照样可以使用 CD-ROM 驱动器。

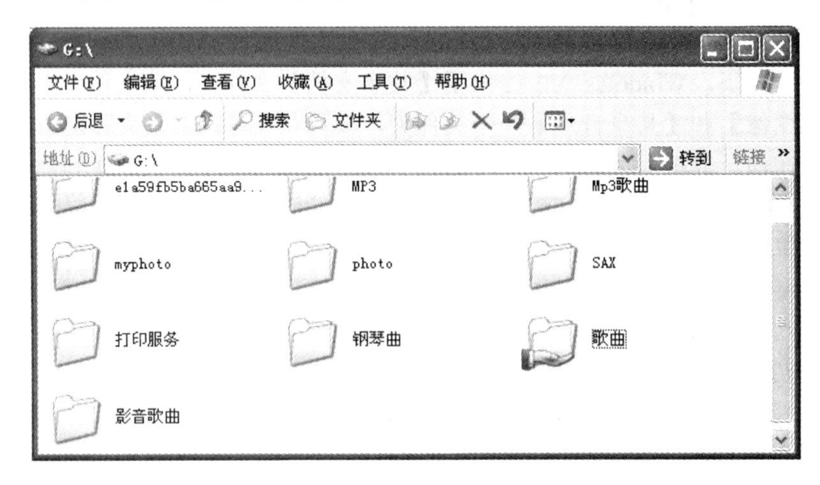

图 9-9 设置的共享文件夹

提示

如果共享文件名后跟一个“$”符号，例如，music$，表示隐藏该共享文件夹，其他用户在网上邻居中却看不到，只有知道共享名的用户才能访问。

9.2.2 共享打印机

如果整个局域网中只有一台打印机，设置该打印机共享，网络中的其他用户就可以使用该共享的打印机。首先将这台打印机共享，然后在其他计算机上添加网络打印机。这样，所有用户都可以方便地使用打印机。设置共享打印机的操作步骤如下：

（1）在安装打印机的计算机上选择【开始】菜单中的【打印机和传真】命令，打开【打印机和传真】窗口，如图 9-10 所示。

图 9-10 【打印机和传真】窗口

（2）右击要共享的打印机图标，从弹出的快捷菜单中选择【共享】命令，打开打印机的【属性】对话框。在【共享】选项卡中选中【共享这台打印机】单选按钮，并在【共享名】文本框中输入共享名，如图 9-11 所示。

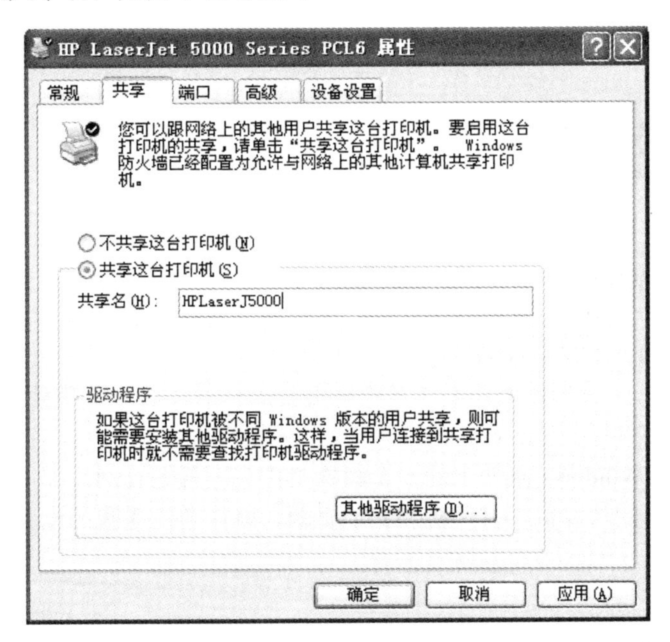

图 9-11 【共享】选项卡

（3）单击【确定】按钮，将该打印机设置为共享。

这样，网络中的其他用户可以通过网络添加网络打印机。

试一试

1. 选择一个文件夹，将其设置为只读共享。
2. 如果你使用的计算机上有打印机，将其设置为共享。

相关知识

网络打印机简介

网络打印是指通过打印服务器（内置或者外置）将打印机作为独立的设备接入局域网或者 Internet，从而使打印机摆脱一直以来作为电脑外设的附属地位，使之成为网络中的独立成员，成为一个可与其并驾齐驱的网络节点和信息管理与输出终端，其他成员可以直接访问使用该打印机。

从技术上看，网络打印机不再只是 PC 的一个外设，而成为一个独立的网络节点，它通过 EIO 插槽直接连接网络适配卡，能够以网络的速度实现高速打印输出。而共享打印是通过 PC 服务器或者共享器实现简单的网络连接，数据传输仍然必须通过打印机的并口来进行，因此速度很低

网络打印机要接入网络，一定要有网络接口，目前有两种接入的方式，一种是打印机自带打印服务器，打印服务器上有网络接口，只需插入网线分配 IP 地址就可以了；另一种是打印机使用外置的打印服务器，打印机通过并口或 USB 口与打印服务器连接，打印服务器再与网络连接。

网络打印对于工作组和部门级打印机来说是一个必备功能，因为网络连接的易管理性和高的传输速率

对于工作组和部门级用户都有非常明显的优势，影响打印机的网络打印功能性能的两个重要方面是网络打印服务器和网络管理软件。

9.3 使用网上邻居

- 如何访问网络中的共享资源？
- 如何将网络上其他机器的共享文件夹映射自己机器上的一个磁盘驱动器？

【网上邻居】是 Windows 桌面上的一个特殊文件夹，通过【网上邻居】可以浏览用户计算机网络上所有共享的计算机、打印机和其他资源，就像通过【我的电脑】浏览本地计算机资源一样便利。

9.3.1 浏览网络资源

双击在桌面上【网上邻居】图标，打开如图 9-12 所示的【网上邻居】窗口，在该窗口显示了网络中最近使用过的共享资源。

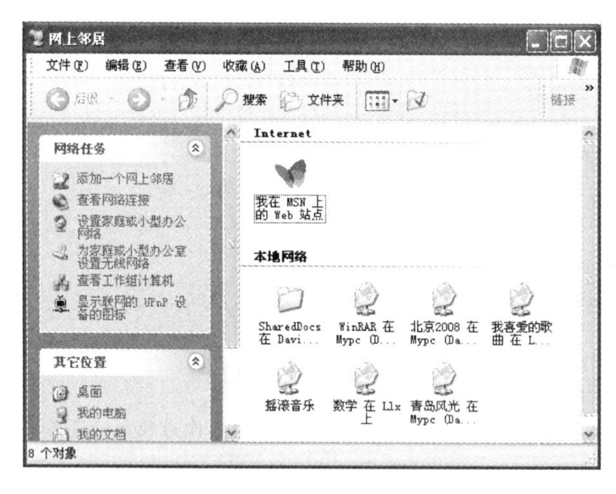

图 9-12 【网上邻居】窗口

在【网上邻居】窗口中，可以方便地浏览其他用户计算机上的共享资源。具体操作步骤如下：

（1）打开如图 9-12 所示的【网上邻居】窗口，双击【查看工作组计算机】选项，显示网络中正在运行的计算机，如图 9-13 所示。

（2）双击要浏览共享资源的计算机图标，例如，浏览计算机 Llx，右侧窗格中显示了 Llx 计算机的共享资源，如图 9-14 所示。此时可以浏览共享的资源，如打开【我喜爱的歌曲】共享文件夹，选择喜爱的歌曲进行播放。

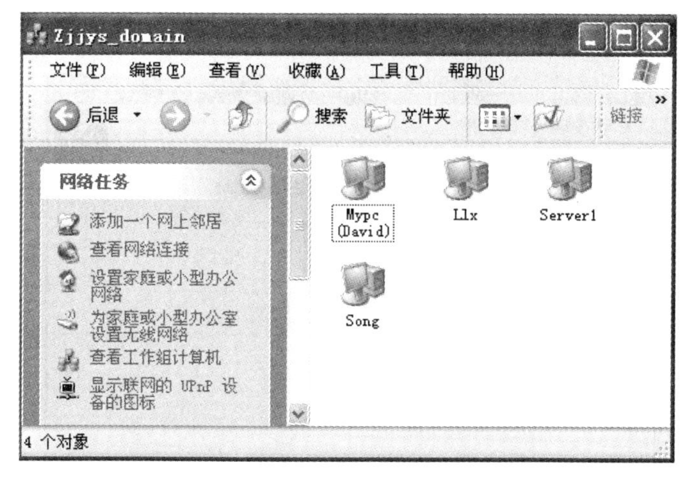

图 9-13　工作组中正在运行的计算机

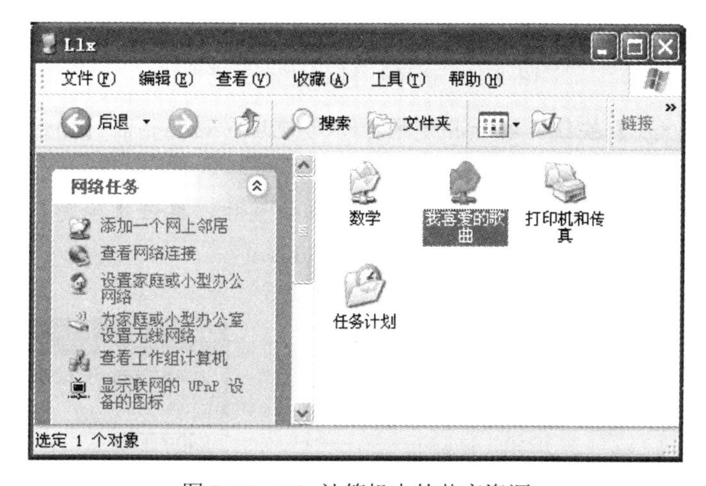

图 9-14　Llx 计算机中的共享资源

提示

Windows 网上邻居互访的基本条件：

（1）双方计算机打开，且设置了网络共享资源。

（2）双方的计算机添加了【Microsoft 网络的文件和打印共享】服务。

（3）双方都正确设置了网内 IP 地址，且必须在一个网段中。

（4）双方的计算机中都关闭了防火墙，或者防火墙策略中没有阻止网上邻居访问的策略。

9.3.2　添加网上邻居

添加网上邻居是为了方便地查找和使用共享资源，通过【添加网上邻居向导】可以创建网络、Web 和 FTP 服务器的快捷方式。

【例 3】 将网络中其他计算机的共享文件夹【我喜爱的歌曲】添加为网上邻居。

（1）在【网上邻居】窗口（如图 9-12 所示）单击【网络任务】窗格中【添加一个网上邻居】选项按钮，打开欢迎使用添加网上邻居向导。单击【下一步】按钮，打开选择创建网上邻居对话框，如图 9-15 所示。

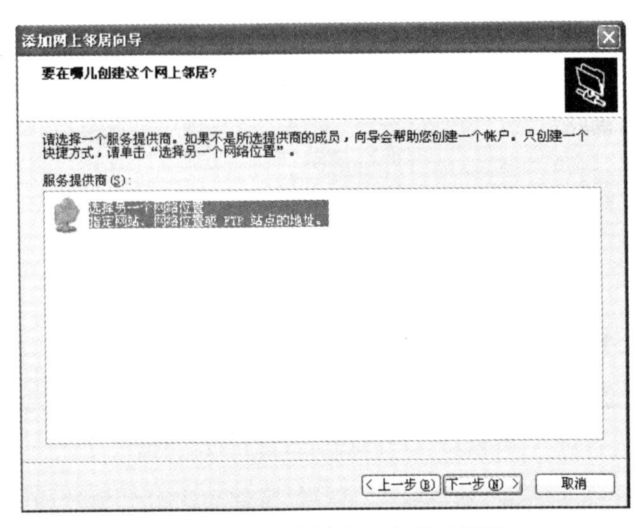

图 9-15 选择创建网上邻居对话框

（2）单击【下一步】按钮，打开指定网上邻居地址对话框，在【Internet 或网络地址】框中输入网上邻居地址，如图 9-16 所示。如果不知道具体地址，单击【浏览】按钮，打开【浏览文件夹】对话框，如图 9-17 所示，查找具体位置后，单击【确定】按钮。

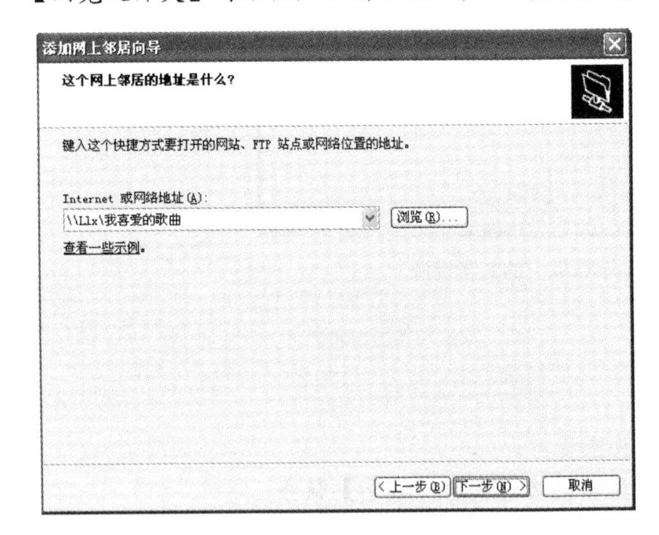

图 9-16 指定网上邻居地址对话框

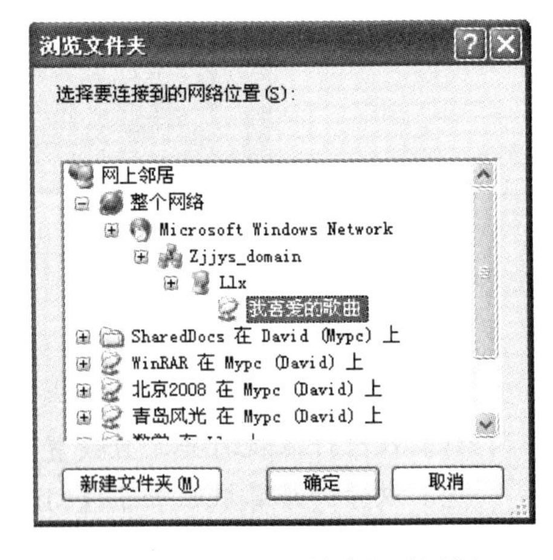

图 9-17 【浏览文件夹】对话框

（3）单击【下一步】按钮，打开指定网上邻居名称对话框，如图 9-18 所示。在【请键入该网上邻居的名称】文本框中输入一个名称，如输入“摇滚音乐”。

（4）单击【下一步】按钮，打开完成添加网上邻居向导对话框，单击【完成】按钮，则在网上邻居中添加了一个【摇滚音乐】文件夹，单击该文件夹可以查看其中的内容。

9.3.3 映射网络驱动器

将局域网中的某个文件夹映射成本地驱动器号，就是说把网络上其他机器的共享的文件夹映射自己机器上的一个磁盘，这样可以提高访问时间。在本地计算机中的【我的电脑】或【资源管理器】来访问。

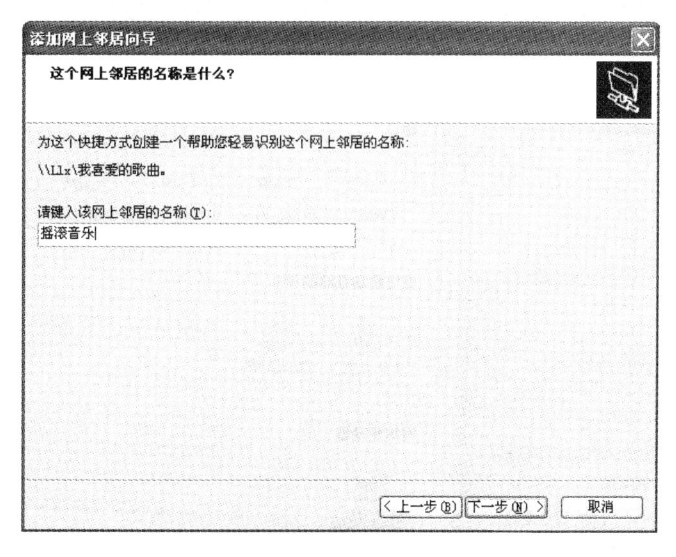

图 9-18　指定网上邻居名称对话框

【例 4】 将网络中其他计算机的共享文件夹【我喜爱的歌曲】映射为一个网络驱动器。

（1）右击桌面上的【网上邻居】图标，从弹出的快捷菜单中选择【映射网络驱动器】命令，打开【映射网络启动器】对话框，如图 9-19 所示。

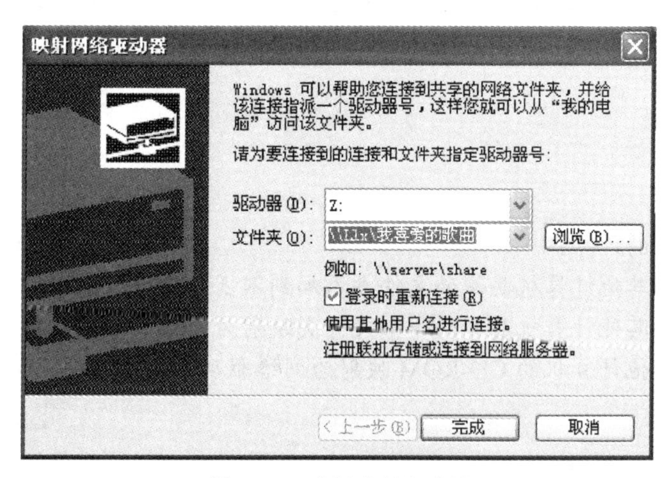

图 9-19　选择映射驱动器

（2）在【驱动器】下拉列表框中选择一个要映射的驱动器盘符。例如，选择要映射的驱动器号为 Z:。在【文件夹】框中输入网络资源的路径，也可以单击【浏览】按钮，在打开的【浏览文件夹】对话框中查找网络资源路径。

如果选择了【登录时重新连接】选项，则在下一次重新开机时，系统将自动重新映射此网络驱动器。

（3）单击【完成】按钮，则在【我的电脑】窗口中增加了一个网络驱动器图标，如

图 9-20 所示。

图 9-20　映射的网络驱动器

映射的网络驱动器与本地驱动器一样使用，如果是磁盘或文件夹，可以对其中的文件进行读取、新建或删除操作，还可以新建文件夹等。

如果用户不再使用与其建立的网络资源时，可以与其断开网络驱动器的连接。断开网络驱动器连接的方法是在【我的电脑】窗口，右击要断开映射的网络驱动器，单击【断开】命令按钮。

试一试

1. 查看网络中的计算机。
2. 将网络中的其他计算机共享的文件夹添加到网上邻居中。
3. 将网络中的其他计算机共享的一个文件夹映射为网络驱动器。
4. 将网络中其他计算机的 CD-ROM 映射为网络驱动器。

相关知识

搜索计算机

在计算机网络中如果只知道计算机的名字，而不清楚其具体地址，可以在网络上搜索计算机。搜索计算机的操作方法如下：

（1）右击桌面上的【网上邻居】图标，从快捷菜单中选择【搜索计算机】命令，打开【搜索计算机】窗口，如图 9-21 所示。

图 9-21　搜索计算机窗口

（2）在【计算机名】文本框中输入要搜索的计算机名，例如，输入 Llx。

（3）单击【搜索】按钮，搜索的结果显示在右侧的窗口中。

如果要同时搜索多台计算机，在各计算机名之间用逗号间隔。

9.4　查看共享网络资源

- 如何了解计算机中有哪些文件或文件夹设置了共享？
- 如何了解共享的文件或文件夹被访问？

在【计算机管理】窗口中可以查看本地计算机中的共享资源信息，并且可以断开共享资源。查看共享资源列表的操作方法如下：

（1）右击桌面上【我的电脑】图标，从快捷菜单中选择【管理】命令，打开【计算机管理】窗口。

（2）单击左侧窗格中【系统工具】→【共享文件夹】→【共享】文件夹，在右侧窗格中可以看到打开的共享资源列表，如图 9-22 所示。

右侧窗格列表显示了有关本地计算机中共享资源的信息，其中【客户端连接】显示的是正在使用该资源的用户数目。

（3）单击左侧窗格中的【会话】文件夹，在右侧窗格中显示正在被连接的资源，如图 9-23 所示。

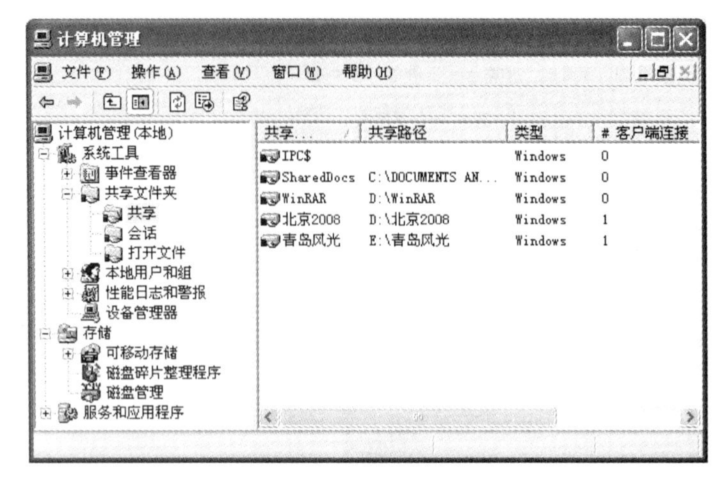

图 9-22　共享资源列表

图 9-23　会话列表

用户可以监视该共享资源的使用情况，如果右击连接的资源，从快捷菜单中选择【关闭会话】命令，可以关闭该共享资源。

（4）单击左侧窗格中的【打开文件】文件夹，在右侧窗格中列表中可以查看本机所有被用户打开的文件夹信息，可以随时关闭这些打开的文件。

试一试

1. 查看本地计算机中所有共享的资源。
2. 如果本地计算机中的共享资源被其他用户访问，试关闭共享资源。

相关知识

360 安全卫士计算机安全防护软件

360 安全卫士是一款由奇虎公司推出的完全免费的安全类上网辅助工具软件，拥有木马查杀、恶意软件清理、漏洞补丁修复、电脑全面体检、垃圾和痕迹清理、系统优化等多种功能，如图 9-24 所示。

图 9-24　360 安全卫士界面

360 安全卫士软件硬盘占用很小，运行时对系统资源的占用也相对效低，是一款值得普通用户使用的较好的安全防护软件。

主要功能有：拦截恶意钓鱼网站，防网银账户、游戏账号、QQ 账号丢失；全面查杀流行木马、恶意软件；发布微软官方漏洞信息、修复系统漏洞，有效防止恶意软件通过漏洞传播等。

（1）常用：电脑体检、查杀流行木马、清理恶评软件、修复系统漏洞、清理系统垃圾、清理使用痕迹。

（2）杀毒：杀毒、在线杀毒、病毒专杀工具、恶评插件专杀工具。

（3）高级：修复IE、启动项状态、系统服务状态、系统进程状态、系统全面诊断 网络连接状态 高级工具集。

（4）保护：实时保护、高级设置、查看历史。

（5）装机必备：装机必备、软件宝库、软件升级、软件卸载、开机加速、高级工具、手机必备、热门游戏。

（6）求助：求助中心。

另外建议 360 安全卫士与卡巴斯基杀毒软件或卡巴斯基互联网安全套装配合使用。

从 2008 年 9 月开始，360 开始与国际著名防病毒软件 ESET NOD32 中国区总代理二版科技合作，通过 360 安全卫士平台，为国内网络用户提供为期半年的 ESET NOD32 防病毒软件。

ESET NOD32 是一款拥有多年历史的老牌防病毒软件，起源于斯洛伐克，目前运营中心设在美国，是全球唯一连续 56 次通过国际权威认证 VB100 的杀毒软件。在国内，ESET NOD32 的用户数量已颇具规模，尤其是在高端用户群中享有很高的声誉。

思考与练习

一、填空题

1．在计算机网络中，通信双方必须共同遵守的规则或约定，称为________。

2. 在计算机网络中，通常把提供并管理共享资源的计算机称为________。

3. 局域网是一种在小区域内使用的网络，其英文缩写为________。

4. 在客户端配置 TCP/IP 协议，主要对__________、__________、__________、__________等 IP 地址进行设置。

5. 在默认的情况下，Windows XP 提供了【共享文档】文件夹，该文件夹中包含有__________、__________和__________3 个文件夹。

6. 既能查看和复制共享文件夹中的内容，又能在其中添加内容，这种共享通常称为________，如果无法修改共享文件夹中的内容，这种共享称为________。

7. 打印机物理连接在本地计算机上的一个 LPT：端口上，这样的打印机称为________打印机，而与网络上其他计算机物理连接的共享打印机称为________打印机。

二、选择题

1. 计算机网络的主要目的是实现（　　）。

A. 数据处理　　B. 文献检索

C. 资源共享和信息传输　　D. 信息传输

2. 计算机网络最突出的优点是（　　）。

A. 精度高　　B. 容量大

C. 运算速度快　　D. 共享资源

3. 用于局域网的基本网络连接设备是（　　）。

A. 集线器　　B. 网卡

C. 调制解调器　　D. 路由器

4. 连入网络的不同档次、不同型号的计算机，它是网络中实际为用户操作的工作平台，它通过计算机上的网卡和连接电缆与网络服务器相连，这指的是（　　）。

A. 网络工作站　　B. 网络服务器

C. 传输介质　　D. 网络操作系统

5. 目前网络传输介质中传输速率最高的是（　　）。

A. 双绞线　　B. 同轴电缆　　C. 光缆　　D. 电话线

6. 下列资源中不能设置为共享的是（　　）。

A. CD-ROM　　B. 打印机　　C. 文件夹　　D. 显示器

7. 如果要隐藏共享文件夹，需要在共享名后添加符号（　　）。

A. @　　B. $　　C. &　　D. #

8. 在网络上要同时搜索多台计算机，各计算机名之间的间隔符是（　　）。

A. 空格　　B. +　　C. ,　　D. .

三、简答题

1. 网络中的每台计算机为什么都必须有一个与其他计算机名不相同的网络标识？

2. Windows XP 提供了【共享文档】文件夹与在网络中设置的共享文件夹有什么不同？

3. Windows XP 中如何添加网上邻居？

4. 如何将网络中的某个共享文件夹映射为网络驱动器？

5. 如何查看本地计算机中的共享资源信息？

四、操作题

1. 如果你使用的计算机是在学校的局域网中，查看你和相邻同学计算机的 IP 地址、网关、DNS 的服务器的地址，找出相同的设置与不同的设置。

2．当前用户计算机上没有安装 CD-ROM，而网络中的 WY 计算机上的 CD-ROM 能正常使用，如何将光盘上的文件复制到本地硬盘中？

3．在 WY 计算机上有一个名为【超级女声】隐藏的共享文件夹，将其添加成名为网上邻居。

4．局域网中有名为 A1、A2、…、A50 的计算机，同时搜索名为 A10、A12、A15 的计算机。

5．将局域网 WY 计算机的共享文件夹【奥运金牌榜】映射为本地计算机的一个网络驱动器。

6．查看本地计算机上的共享资源信息，断开其中的一个共享资源。

7．下载一款免费防治病毒软件，安装到你的计算机上，并对病毒库及时更新，查杀计算机中是否有病毒。

第 10 章　计算机应用管理

学习目标

- 能对磁盘进行格式化、清理磁盘碎片及清理磁盘等管理
- 了解文件或文件夹加密的作用，并能对文件和文件夹进行加密和解密
- 能创建用户账户、设置密码、删除账户等
- 能使用任务管理器对运行的程序或进程进行管理
- 能使用事件查看器查看运行的应用程序、安全性及系统事件的日志

磁盘用来存储计算机系统信息和用户信息文件，由于用户频繁地复制、删除个人文件或安装、卸载应用程序文件，经过一段时间的操作后，在磁盘上会产生大量碎片或临时文件，使计算机的性能下降，需要定期对计算机磁盘进行管理。在计算机操作过程中，用户经常使用任务管理器对正在运行的应用程序进行管理，同时，为增强计算机的安全性，对用户账户进行管理及对文件或文件夹进行加密和解密。

10.1　磁盘管理

问题与思考

- 对于计算机中的硬盘分区后，如何格式化磁盘分区？
- 计算机运行一段时间后容易产生磁盘“垃圾”，如何清理这些“垃圾”，释放磁盘空间？

磁盘管理是操作系统的一个重要组成部分，是用来管理磁盘和卷的图形化工具。Windows XP 操作系统支持基本磁盘和动态磁盘两种类型。

基本磁盘是包含主要分区、扩展分区或逻辑驱动器的物理磁盘，它可以由 MS-DOS 或基于 Windows 的操作系统来访问。动态磁盘是只有 Windows 2000/XP 等才能访问的物理磁盘，它具有一些基本磁盘所没有的特性。动态磁盘内没有分区和逻辑驱动器，它可以只包含动态卷（即“磁盘管理”创建的卷）。使用“磁盘管理”或 Diskpart 命令工具可以将基本磁盘转换为动态磁盘。

10.1.1　认识磁盘管理程序

使用磁盘管理程序，不仅可以查看磁盘的状态，了解磁盘的使用情况及分区格式，还可以对磁盘进行管理，例如，创建磁盘分区或卷，将卷格式化为 FAT、FAT32 或 NTFS 文件系统。

使用磁盘管理程序的操作步骤如下：

（1）打开【控制面板】窗口，双击其中的【管理工具】图标，打开【管理工具】窗口，如图 10-1 所示。

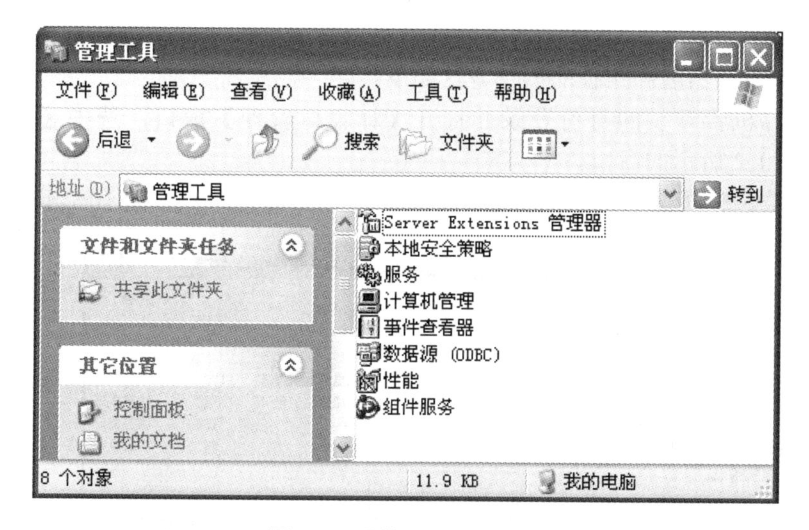

图 10-1　【管理工具】窗口

（2）在【管理工具】窗口中双击【计算机管理】按钮，打开【计算机管理】窗口。

（3）展开【存储】列表，单击【磁盘管理】按钮，如图 10-2 所示。

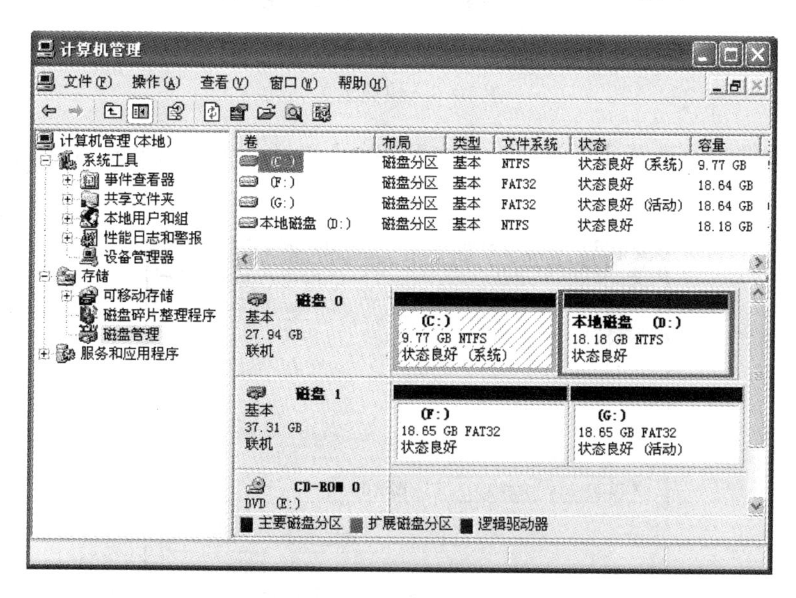

图 10-2　【磁盘管理】窗口

右侧窗口显示当前计算机中的磁盘和它的分区和分卷情况（两块物理磁盘：磁盘 0 和磁盘 1，分别有 2 个分区），通过【查看】菜单选项可以改变【磁盘管理】窗口的显示内容和外观。

在 Windows XP 中，几乎所有的磁盘管理操作都能够通过计算机磁盘管理程序来完成，并且大多是基于图形用户界面的。在磁盘管理中，可以创建、格式化、删除磁盘分区、更改驱动器号等操作。

10.1.2 更改驱动器名和路径

在计算机管理过程中，用户可以通过磁盘管理窗口来创建硬盘分区，或者更改驱动器名和路径。更改驱动器名和路径的操作方法如下：

（1）以计算机管理员的身份登录并打开【计算机管理】窗口，选中【磁盘管理】选项，打开如图 10-2 所示的窗口。

（2）右击要更改的磁盘（例如，选择卷 G），弹出快捷菜单，如图 10-3 所示。

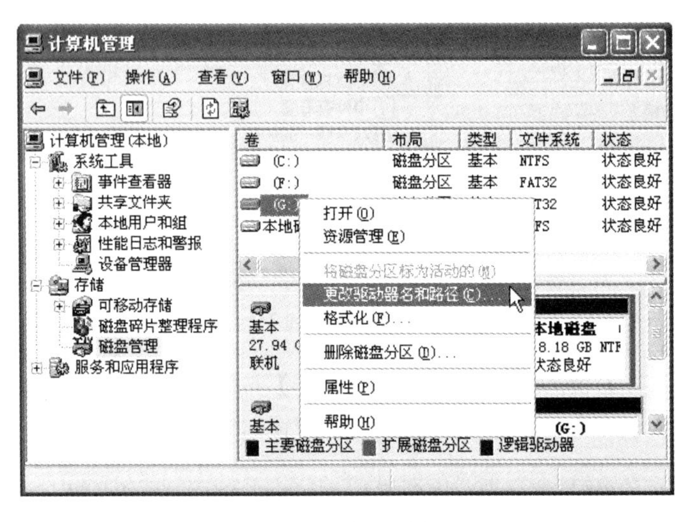

图 10-3 快捷菜单

（3）在快捷菜单上选择【更改驱动器名和路径】命令，打开【更改 G:( )的驱动器号和路径】对话框，如图 10-4 所示。

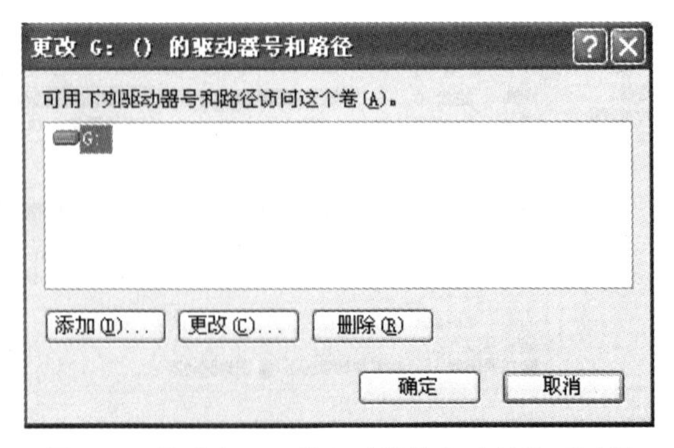

图 10-4 【更改 G:( )的驱动器号和路径】对话框

（4）单击【更改】按钮，打开【更改驱动器号和路径】对话框，如图 10-5 所示。

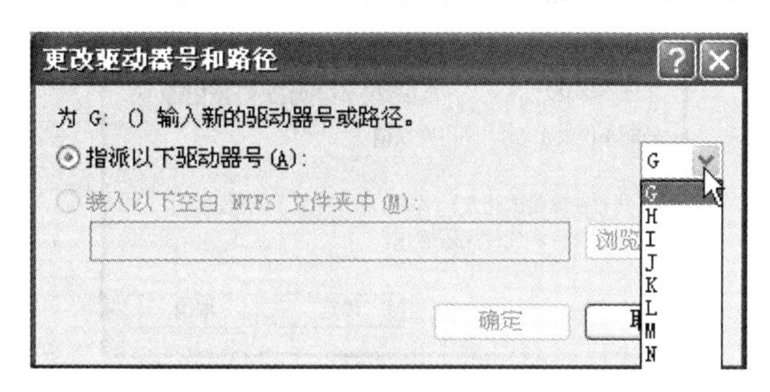

图 10-5 【更改驱动器号和路径】对话框

（5）从右侧的下拉列表中选择一个驱动器号（例如，选择 K），然后单击【确定】按钮，完成更改驱动器号的操作。在【磁盘管理】窗口中可以看到驱动器名 G 更改为 K。

另外，可以将驱动器装入本地 NTFS 卷上的任何空文件夹中。单击【添加】按钮（如图 10-4 所示），选择或创建一个 NTFS 卷上的空文件夹，在该文件夹中装入本地驱动器。磁盘管理把驱动器路径而不是驱动器号指派给该驱动器，装入的驱动器不受驱动器号 26 个的限制。Windows 能确保驱动器路径保持与驱动器的关联，因此可以添加或重新排列存储设备而不会使驱动器路径失效。

提示 不能更改系统卷或启动卷的驱动器号。

10.1.3　格式化硬盘驱动器

磁盘格式化是指对磁盘的存储区域进行划分，使计算机能够准确无误的在磁盘上存储或读取数据，还可以发现并标识出磁盘中坏的扇区，以避免在这些坏的扇区上记录数据。由于格式化删除磁盘上原有的数据，因此，用户在格式化磁盘之前，要确定磁盘上的数据文件是否有用或需要保留，以免造成误删除。磁盘格式化包括对软盘、硬盘或其他可移动存储设备的格式化。由于软磁盘的使用量越来越少，逐渐退出市场，本节只介绍硬盘的格式化。

硬盘格式化可分为高级格式化和低级格式化，高级格式化是指在 Windows XP 系统下对硬盘进行的格式化操作；低级格式化是指在高级格式化前对硬盘进行分区和物理格式化。这里所讲的格式化是指硬盘的高级格式化，是对硬盘选择一种文件系统。

文件系统指文件命名、存储和组织的总体结构。Windows XP 支持三种文件系统：FAT、FAT32 和 NTFS。FAT32 文件系统是由 FAT 派生出来的文件系统，FAT32 比 FAT 支持更小的簇和更大的卷，从而使得磁盘空间的分配更有效率。NTFS 文件系统是一种比 FAT32 和 FAT 更高级的高级文件系统，运行 Windows 2000 和 Windows XP 系统的计算机可以访问 NTFS 分区上的文件。NTFS 还可以提供诸如文件和文件夹权限、加密、磁盘配额和压缩这样的高级功能。

【例 1】 对磁盘中的一个分区进行格式化（非系统区）。

（1）打开如图 10-2 所示的【磁盘管理】窗口，右击要格式化的磁盘，在快捷菜单中选择【格式化】命令（如图 10-3 所示），打开【格式化】对话框，如图 10-6 所示。

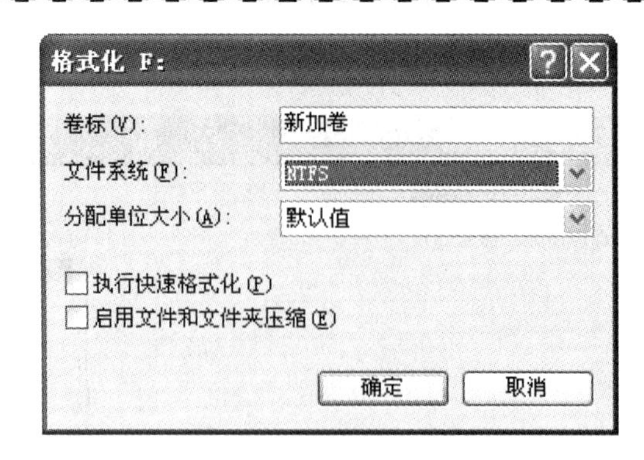

图 10-6 【格式化】对话框

（2）选择格式化选项：

- 【卷标】文本框用于输入该驱动器的卷标，用来标识该启动器的用途。
- 【文件系统】下拉列表框用于选择文件系统类型，如选择 NTFS 系统。
- 【分配单位大小】下拉列表框用于选择存储文件每个簇的大小，一般选择默认项。
- 【执行快速格式化】复选框被选中，在格式化过程中不检查磁盘错误，格式化速度较快。如果磁盘没有坏的扇区，可以选此项。
- 【启用文件和文件夹压缩】复选框被选中，能够节省磁盘空间，但会使系统运行速度变慢。

（3）单击【确定】按钮，系统给出提示信息，以使用户确定是否要格式化磁盘。

磁盘格式化后，原来所存储的文件等信息全部被清除，因此，格式化前一定要慎重。

10.1.4 使用磁盘碎片整理程序

磁盘在经过长时间的使用后，会产生很多零散的空间和磁盘碎片，一个文件会存储在多个不连续的磁盘空间。当某个磁盘包含大量碎片文件和文件夹时，Windows 访问它们的时间会加长，原因是 Windows 需要进行一些额外的磁盘驱动器读操作才能收集不同部分的内容。

查找与合并文件和文件夹碎片的过程称为碎片整理。磁盘碎片整理是指将计算机硬盘上的碎片文件和文件夹合并在一起，以便每一项在卷上分别占据单个和连续的空间。这样，系统就可以更有效地访问文件和文件夹，更有效地保存新的文件和文件夹。通过合并文件和文件夹，磁盘碎片整理程序还将合并卷上的可用空间，以减少新文件出现碎片的可能性。碎片整理花费的时间取决于多个因素，其中包括磁盘的大小、磁盘中的文件数、碎片数量和可用的本地系统资源。

运行磁盘碎片整理程序的操作步骤如下：

（1）单击【开始】按钮，选择【所有程序】→【附件】→【系统工具】→【磁盘碎片整理程序】命令，打开【磁盘碎片整理程序】窗口，如图 10-7 所示。

（2）选择要进行碎片整理的磁盘。在进行碎片整理之前，一般要先进行分析，根据分析的结果决定是否进行碎片整理。如果要进行碎片整理，单击【碎片整理】按钮，开始整理磁盘。

磁盘碎片整理程序可以对使用 FAT、FAT32 和 NTFS 格式的卷进行碎片整理。

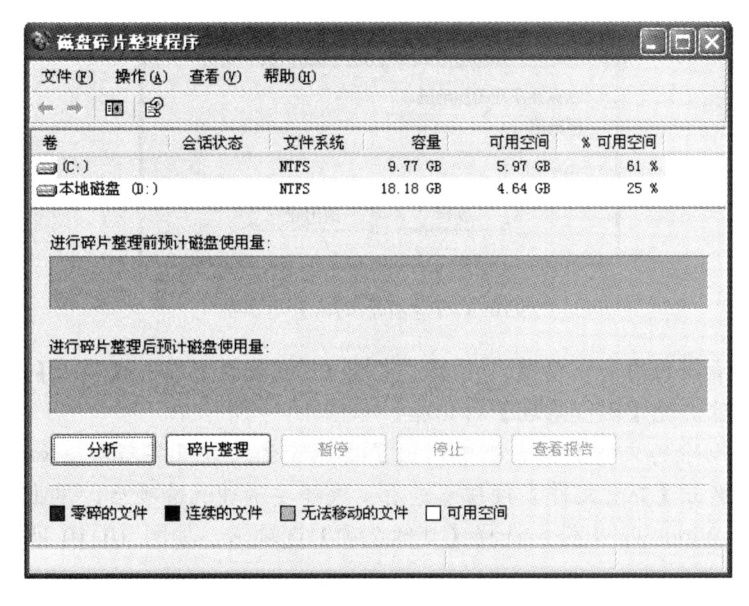

图 10-7 【磁盘碎片整理程序】窗口

提示

对磁盘进行碎片整理，还可以在【计算机管理】中选择【磁盘碎片整理程序】选项来完成。

10.1.5 使用磁盘清理程序

用户在进行 Windows 操作时，有时可能产生一些临时文件，这些临时文件保留在特定的文件夹中，另外对于以前安装的 Windows 组件，以后可能不再使用，为了释放磁盘空间，在不损害任何程序的前提下，需要减少磁盘中的文件数而节省更多的磁盘空间。

磁盘清理程序能够释放硬盘驱动器空间，搜索用户计算机的驱动器，然后列出临时文件、Internet 缓存文件和可以安全删除不需要的程序文件。使用磁盘清理程序能够删除这些文件。

使用 Windows 的磁盘清理向导可以完成以下任务：

- 删除临时 Internet 文件
- 删除所有下载的程序文件（从 Internet 下载的 ActiveX 控件和 Java 小程序）
- 清空回收站
- 删除 Windows 临时文件
- 删除不再使用的 Windows 组件
- 删除不再使用的已安装程序

【例 2】 由于系统运行了很长时间产生了一些磁盘垃圾，启动磁盘清理程序，清理这些垃圾。

（1）单击【开始】按钮，选择【所有程序】→【附件】→【系统工具】→【磁盘清理】命令，打开【选择驱动器】对话框，如图 10-8 所示。

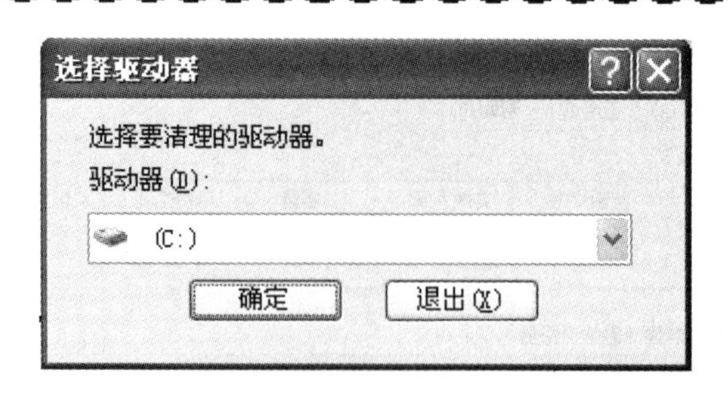

图 10-8 【选择驱动器】对话框

（2）选择要清理的磁盘驱动器。例如，选择 C 驱动器。单击【确定】按钮，系统将进行先期计算，然后出现【磁盘清理】对话框，如图 10-9 所示。

（3）在【要删除的文件】列表框中列出了要删除的文件及字节数。如果要查看文件包含的项目，可以单击【查看文件】按钮来查看。选择要清理的选项后，单击【确定】按钮。

如果要删除 Windows 组件，选择【其他选项】选项卡，如图 10-10 所示，选择要清理的组件。

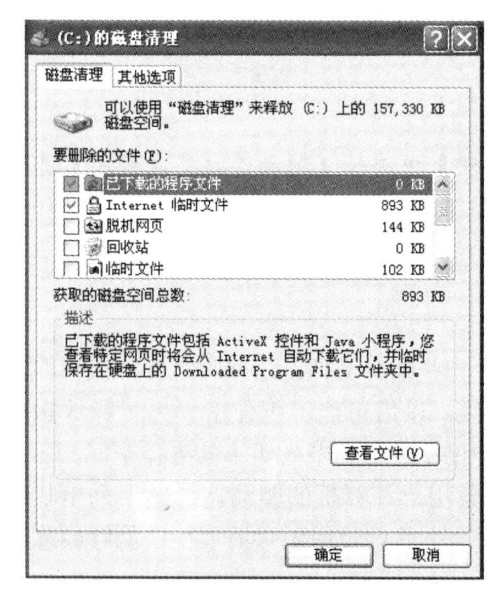

图 10-9 【磁盘清理】对话框

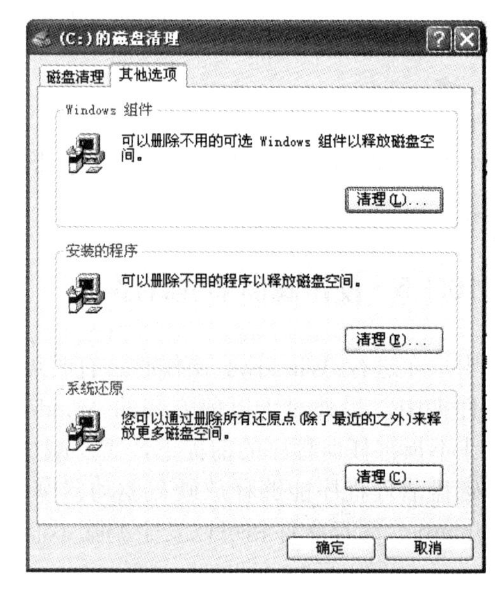

图 10-10 【其他选项】选项卡

试一试

1. 打开【磁盘管理】窗口（如图 10-2 所示），分别查看【文件】、【操作】、【查看】和【窗口】菜单项的组成。

2. 在【磁盘管理】窗口查看磁盘 0 的分区的情况，卷 C 的文件系统类型、状态、容量、空闲空间等。

3. 对 U 盘进行格式化，能否使用 NTFS 格式？

4. 对你使用的计算机进行碎片整理。

5. 对你使用的计算机进行磁盘清理。

相关知识

磁盘管理中常见的基本概念

1. 文件系统

它是在操作系统中命名、存储、组织文件的综合结构。Windows XP 支持的文件系统有 NTFS、FAT 和 FAT32。在安装 Windows、格式化卷或者安装新的硬盘时，都必须选择一种文件系统。

2. FAT

FAT（文件分配表），MS-DOS 和其他基于 Windows 操作系统用来组织和管理文件的文件系统。FAT32 是由 FAT 派生的文件系统。FAT32 比 FAT 支持更小的簇和更大的卷，这就使得 FAT32 卷的空间分配更有效率。

3. NTFS

它是一种运行在 Windows XP 或 Windows 2000 上文件系统。NTFS 比 FAT 和 FAT32 新增了如下功能:

- 域管理。提供活动目录所需要的功能以及其他重要安全性功能，只有选择了 NTFS 作为文件系统才能使用活动目录和基于域的安全性等功能。
- 文件加密、设置文件和文件夹的权限，极大地增强了安全性。
- 稀疏文件。稀疏文件是应用程序所创建的、只需要有限磁盘空间的大型文件。也就是，NTFS 只为写入的文件部分分配磁盘空间。
- 远程存储，从而扩展了磁盘空间。
- 磁盘配额，可用来监视和控制单个用户使用的磁盘空间量。
- 大驱动器的强伸缩性。NTFS 支持的驱动器容量（大于 2 TB）远远大于 FAT 和 FAT32。

使用 convert.exe 可以将 FAT 或 FAT32 分区转换为 NTFS 分区。

4. 基本磁盘

基本磁盘是包含主分区、扩展分区或逻辑驱动器的物理磁盘。使用基本磁盘时，每个磁盘只能创建四个主分区，或三个主分区另加带有多个逻辑驱动器的一个扩展分区。基本磁盘上的分区和逻辑驱动器称为基本卷。基本卷包括基本磁盘上的扩展分区内的分区和逻辑驱动器。只能在基本磁盘上创建基本卷。

5. 分区

分区从实质上说就是对硬盘的一种格式化。创建分区时，就已经设置好了硬盘的各项物理参数，指定了硬盘主引导记录和引导记录备份的存放位置。而对于文件系统以及其他操作系统管理硬盘所需要的信息则是通过之后的高级格式化，即 Format 命令来实现。硬盘分区之后，会形成 3 种形式的分区状态，即主分区、扩展分区和非 DOS 分区。

6. 卷

硬盘上的存储区域。驱动器使用一种文件系统（如 FAT 或 NTFS）格式化卷，并给它指派一个驱动器号。一个硬盘可以包括多个卷，一卷也可以跨越许多磁盘。其中基本卷是驻留在基本磁盘上的主磁盘分区或逻辑驱动器；启动卷是包含 Windows 操作系统及其支持文件的卷；动态卷是驻留在动态磁盘上的卷。

10.2 文件与文件夹的加密和解密

- 如果你的计算机在网络中或与其他人共用一台计算机，是否担心文件资料被别人利用？
- 如何给计算机中的文件或文件夹进行加密？

为了增加数据的安全性，Windows XP 提供了一种文件加密技术，用于加密 NTFS 文件系统上存储的文件或文件夹。对于已经加密的文件，如果其他用户试图打开、复制、移动或重新命名已加密文件或文件夹，系统将拒绝访问。

10.2.1 文件或文件夹的加密

通过设置文件或文件夹的属性来对文件或文件夹进行加密。加密文件或文件夹的操作步骤如下：

（1）右击要加密的文件或文件夹。例如，加密文件夹，在出现的快捷菜单中选择【属性】命令。

（2）在【属性】对话框的【常规】选项卡中单击【高级】按钮，打开【高级属性】对话框，如图 10-11 所示。

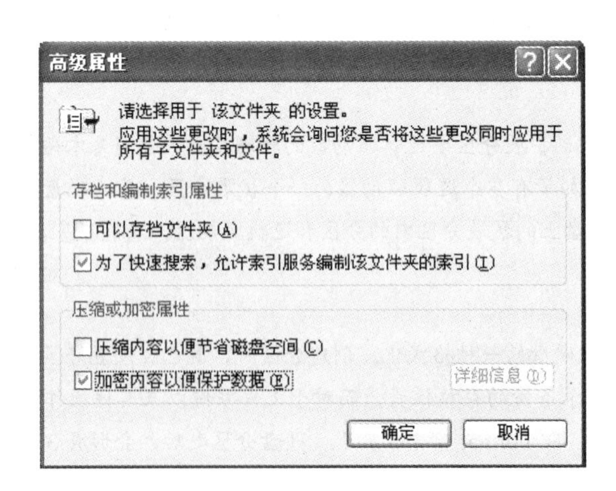

图 10-11 【高级属性】对话框

（3）选中【加密内容以便保护数据】复选框，然后单击【确定】按钮，返回【属性】对话框，再单击【确定】按钮，打开【确认属性更改】对话框，如图 10-12 所示。

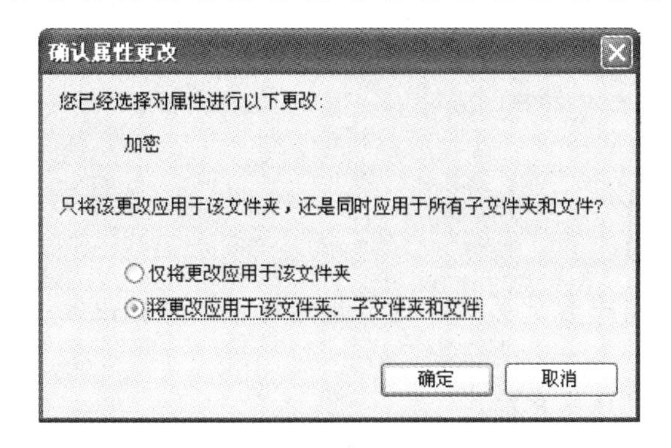

图 10-12 【确认属性更改】对话框

（4）确认在加密文件夹时，是否同时加密文件夹内的所有文件和子文件夹。例如，选中【将更改应用于该文件夹、子文件夹和文件】单选按钮，最后单击【确定】按钮。

对于加密该文件的用户，可以像使用其他文件或文件夹一样来使用。

提示

在使用加密文件和文件夹时，还要注意以下几点：

- 只有 NTFS 卷上的文件或文件夹才能被加密。
- 被压缩的文件或文件夹不可以加密，如果加密一个压缩文件或文件夹，则该文件或文件夹将会被解压。
- 如果将加密的文件复制或移动到非 NTFS 格式的卷上，该文件将会被解密。
- 如果将非加密文件移动到加密文件夹中，则这些文件将在新文件夹中自动加密，但反向操作不能自动解密文件。

10.2.2　文件或文件夹的解密

文件或文件夹的解密是加密的逆过程，具体操作方法是打开解密文件或文件夹的【高级属性】对话框，如图 10-11 所示，取消选中的【加密内容以便保护数据】复选框，系统自动对加密文件进行解密。在解密文件夹时，系统将询问是否要同时将文件夹内的所有文件和子文件夹解密。如果仅解密文件夹，则在解密文件夹中的加密文件和子文件夹仍保持加密；但在已解密文件夹内创建的新文件和子文件夹将不会被自动加密。

想一想

1. 将一个未加密的文件复制到加密的文件夹中，复制后的文件是否自动加密？
2. 将一个加密的文件复制到未加密的文件夹中，复制后的文件是否自动解密？

试一试

选择一个文件夹，对该文件夹进行压缩和加密，观察加密后的文件夹的颜色。

10.3 用户账户管理

- 如果你与他人共用一台计算机，是否想到给自己单独设立一个用户账户用来操作计算机?
- 如何建立计算机用户账户？

在一个单位或家庭中，有时多人使用一台计算机，计算机上的所有信息是公开的，没有任何保密性。为了增加计算机的安全性，Windows XP 允许在一台计算机上定义多个用户账户，给每个用户分配一些特权。当与其他人共用计算机时，每个用户可以定义自己喜爱的桌面外观、拥有自己的【我的文档】文件夹、保护系统的资源等。在本地计算机上有两种类型的可用用户账户：计算机管理员账户和受限制账户，没有账户的用户可以使用来宾（guest）账户。

在安装 Windows XP 过程中创建的 Administrator 账户拥有计算机管理员的特权。在使用过程中添加用户时，需要有计算机管理员的权限，这时添加的用户账户，可以选择其用户权限是计算机管理员还是受限用户。

下面介绍在本地计算机创建和管理用户账户的方法。

10.3.1 创建用户账户

创建用户账户，可以赋予该用户一定的计算机管理权限。例如，建立和使用自己的文件、文件夹，无法安装软件或硬件，但可以访问已经安装在计算机上的程序等，这样不影响其他用户和本地计算机的安全。

【例 2】 为每个使用当前计算机的用户创建一个账户，如创建一个用户账户 wml。

（1）以管理员的身份登录计算机后，打开【控制面板】，双击【用户账户】图标，打开【用户账户】窗口，如图 10-13 所示。

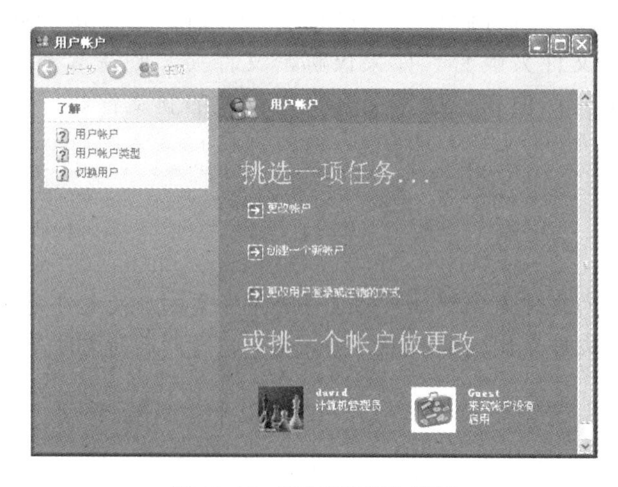

图 10-13 【用户账户】窗口

（2）单击任务列表中【创建一个新账户】命令，出现【为新账户起名】窗口，输入新用户账户名称（例如，输入 wml），如图 10-14 所示。

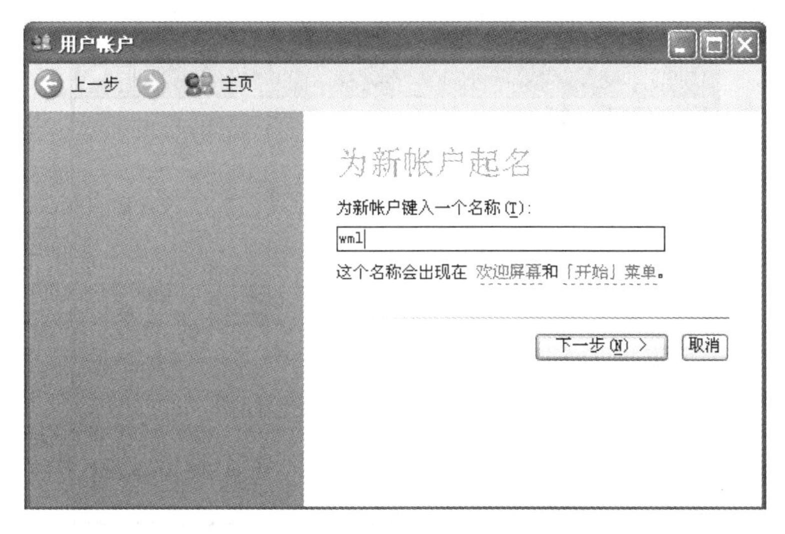

图 10-14 【为新账户起名】窗口

（3）单击【下一步】按钮，出现【挑选一个账户类型】窗口，如图 10-15 所示。

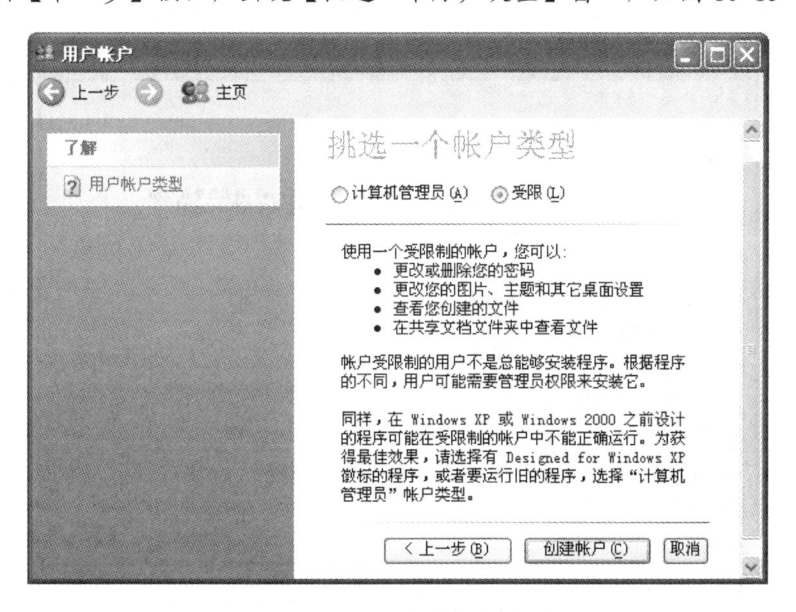

图 10-15 【挑选一个账户类型】窗口

（4）选择账户类型，例如，选择【受限】，然后单击【创建账户】按钮。

这样就创建了一个新账户用户，在返回的用户账户窗口中可以看到新建的 wml 受限账户，可以使用该用户账户来登录计算机了。

10.3.2 设置用户账户密码

创建新用户账户后，为保护系统的安全及用户个人的信息资料，通常还要设置用户账户密码。设置用户账户密码的操作方法如下：

（1）打开如图 10-13 所示的【用户帐户】窗口，选择一个要更改的账户，例如，选择 wml 账户，出现如图 10-16 所示的窗口。

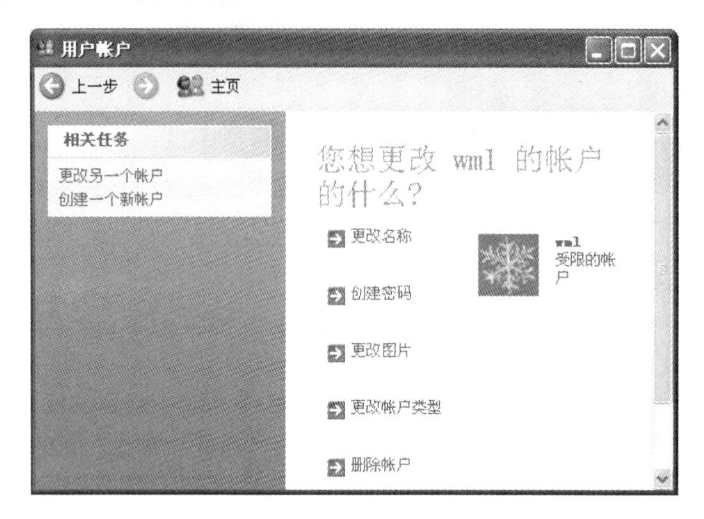

图 10-16　wml 账户窗口

（2）单击【创建密码】选项，打开如图 10-17 所示的创建密码对话框。

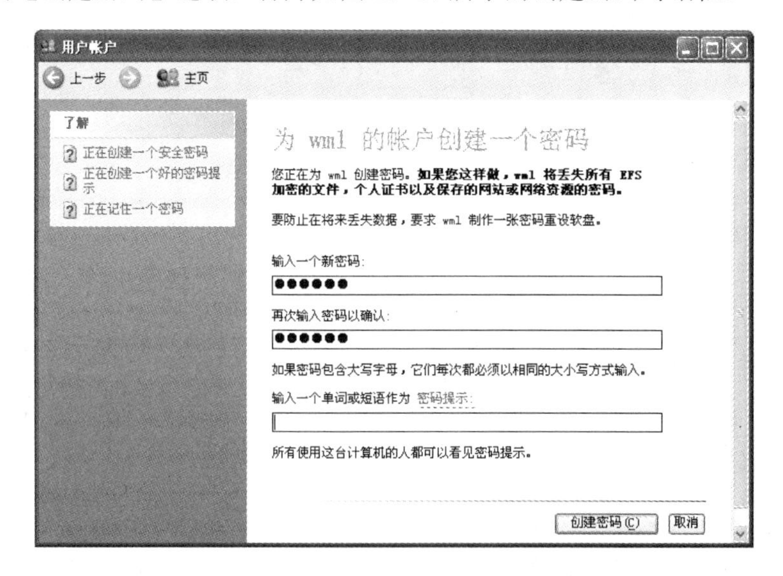

图 10-17　设置用户账户密码窗口

（3）输入密码（密码可以是英文字母、数字或其他符号，英文字母要区分大小写），然后单击【创建密码】按钮，单击【创建密码】按钮，返回更改用户账户窗口，这时窗口中【创建密码】选项替换为【更改密码】选项，同时增加了【删除密码】选项。

这样在使用该用户账户登录或切换用户时，系统都要提示输入密码，只有密码正确才能进入系统。

同样的方法，可以更改用户账户的名称、更改密码、删除密码、更改图片、更改用户账户类型。

提示

拥有计算机管理员账户的用户可以创建和更改计算机上所有用户的密码，拥有受限账户的用户仅能创建和更改自己的密码，以及创建自己的密码提示。

10.3.3　删除用户账户

如果某个用户账户不再使用，可以删除该用户账户。只有管理员身份的用户才能删除其他用户账户，具体操作方法如下：

（1）打开如图 10-13 所示的【用户账户】窗口，选择一个要删除的账户，例如，选择 wml 账户，出现如图 10-18 所示的窗口。

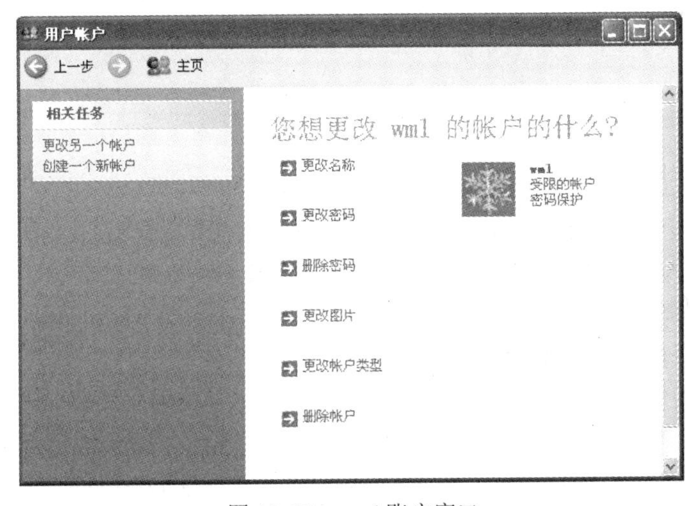

图 10-18　wml 账户窗口

（2）单击【删除账户】选项按钮，打开如图 10-19 所示的删除账户对话框。

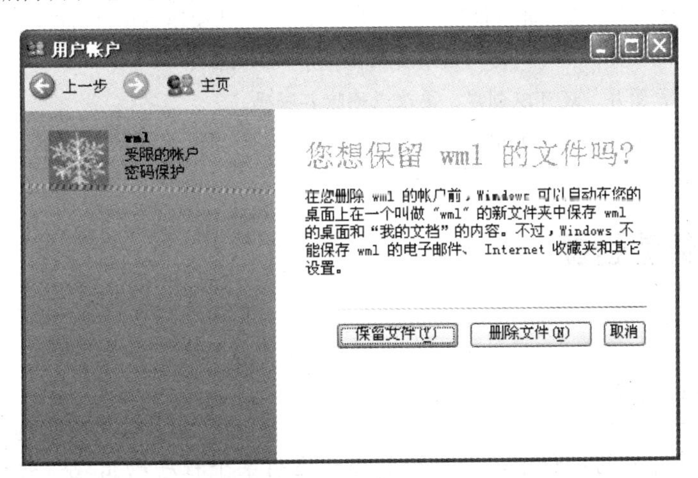

图 10-19　删除账户窗口

（3）选择是保留文件还是删除该账户的所有文件。单击【保留文件】按钮，将该账户的桌面及【我的文档】中的内容保存起来再删除账户。单击【删除文件】按钮，将该账户的所有文件全部删除。例如，单击【删除文件】按钮，出现是否真正删除该账户提示信息，单击【删除账户】按钮就可以删除该用户账户。

试一试

1. 分别创建一个计算机管理员 Jack 和受限的用户账户 Henrry。
2. 更改用户账户 Henrry 的密码。
3. 使用用户账户 Jack 登录计算机，然后再切换到 Henrry 用户账户。
4. 更改 Henrry 的名字为 Hello，并更换一幅图片和更改密码。
5. 删除上述创建的两个用户账户。

相关知识

用户账户类型

1. 计算机管理员账户

计算机管理员账户是专门为可以对计算机进行系统更改、安装程序和访问计算机上所有文件的人而设置的。只有拥有计算机管理员账户的人才拥有对计算机上其他用户账户的完全访问权。该用户：

- 可以创建和删除计算机上的用户账户。
- 可以为计算机上其他用户账户创建账户密码。
- 可以更改其他人的账户名、图片、密码和账户类型。
- 无法将自己的账户类型更改为受限制账户类型，除非至少有一个其他用户在该计算机上拥有计算机管理员账户类型。这样可以确保计算机上总是至少有一个人拥有计算机管理员账户。

2. 受限制账户

受限制账户禁止更改大多数计算机设置和删除重要文件。使用受限制账户的用户：

- 无法安装软件或硬件，但可以访问已经安装在计算机上的程序。
- 可以更改其账户图片，还可以创建、更改或删除其密码。
- 无法更改其账户名或者账户类型。

10.4 任务管理器

问题与思考

- 你在使用计算机的过程中，是否遇到由于运行某个程序而出现“死机”的现象？
- 如何终止某个应用程序的运行？

任务管理器为用户提供了正在计算上运行的程序和进程的相关信息及 CPU 和内存使用

情况。使用任务管理器可以监视计算机性能，查看正在运行的程序的状态，并终止已停止响应的程序。

启动任务管理器的操作方法是：右击任务栏，在弹出的快捷菜单中选择【任务管理器】选项，打开如图 10-20 所示的【Windows 任务管理器】窗口。

图 10-20　【Windows 任务管理器】窗口

10.4.1　管理应用程序

在【Windows 任务管理器】窗口的【应用程序】选项卡，可以查看系统当前正在运行的程序及其状态。用户可以关闭正在运行的应用程序或切换到其他应用程序及启动新的应用程序。

在系统运行过程中，如果某个应用程序出错，长时间处于没有响应状态，则用户可以选择该程序，单击【结束任务】按钮，终止该程序的运行。在【应用程序】选项卡上，单击要切换到的程序，然后单击【切换至】按钮，所选取的程序就会成为当前的活动窗口。单击【新任务】按钮，打开【创建新任务】对话框，在【打开】框中键入或选择要添加程序的名称，然后单击【确定】按钮。启动一个新任务。

10.4.2　管理进程

进程是指一个正在运行的程序或一种服务。在【进程】选项卡中，显示了各个计算机上正在运行的进程信息，包括进程的名称、用户名以及所占用的 CPU 使用时间和内存的使用情况，如图 10-21 所示。

如果要查看更详细的进程信息，选择【查看】菜单中的【选择列】命令，打开如图 10-22 所示的【选择列】对话框，选择要添加的列。

图 10-21 【进程】选项卡

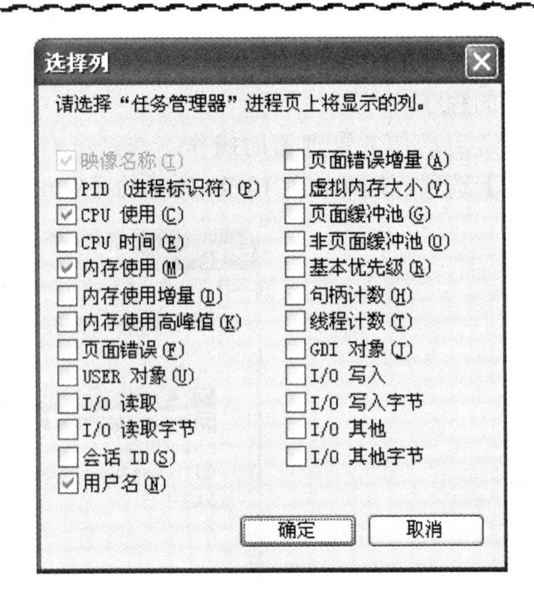

图 10-22 【选择列】对话框

同在【应用程序】选项卡中一样，用户也可以关闭不需要或已经停止响应的进程。

提示

按下 Ctrl+Alt+Del 键，出现【Windows 任务管理器】窗口。

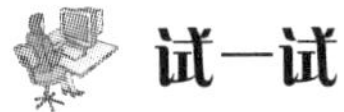

试一试

1. 打开【Windows 任务管理器】窗口，选择一个正在运行的程序，并终止该程序的运行。
2. 选择一个进程，结束该进程的运行。
3. 在【性能】选项卡查看计算机的性能情况。

10.5 使用事件查看器

问题与思考

- 如何查看记录计算机运行应用程序的情况？
- 如何查看系统日志？

使用事件查看器可以用来维护计算机上运行的应用程序、安全性及系统事件的日志，收集关于硬件和软件问题的信息，以及监视 Windows 安全事件。打开【事件查看器】窗口的操作方法如下：

（1）打开【控制面板】，双击【管理工具】图标，打开【管理工具】窗口。

（2）在【管理工具】窗口中双击【事件查看器】图标，打开【事件查看器】窗口，如图 10-23 所示。

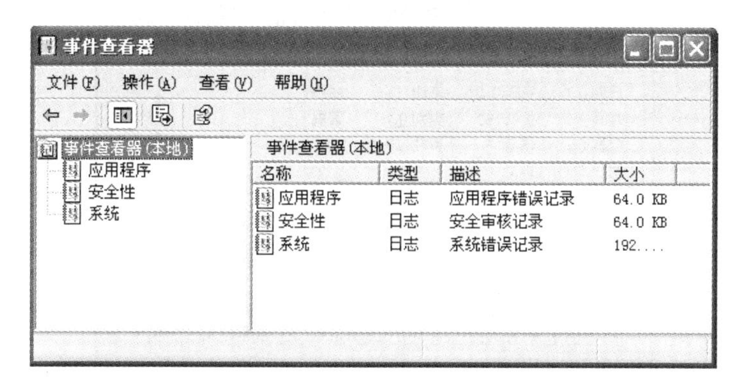

图 10-23 【事件查看器】窗口

运行 Windows XP 版本计算机的事件查看器包含应用程序、安全性和系统 3 种类型的日志记录事件。

10.5.1　查看应用程序日志

应用程序日志包含由应用程序或系统程序记录的事件。单击【事件查看器】窗口中的【应用程序】选项，在右侧窗格中列出了应用程序事件日志列表，如图 10-24 所示。

事件查看器

文件(F)　操作(A)　查看(V)　帮助(H)

事件查看器(本地)　应用程序　安全性　系统

应用程序　265 个事件

类型	日期	时间	来源	分类
信息	2006-4-23	9:00:15	SecurityCenter	无
信息	2006-4-22	21:25:49	MsiInstaller	无
错误	2006-4-22	21:25:49	MsiInstaller	无
警告	2006-4-22	21:24:52	MsiInstaller	无
信息	2006-4-22	20:18:26	MsiInstaller	无
警告	2006-4-22	20:17:34	WinMgmt	无
警告	2006-4-22	20:17:34	WinMgmt	无
信息	2006-4-22	20:16:22	ESENT	常规
信息	2006-4-22	20:16:22	ESENT	常规

图 10-24　应用程序事件日志

在【类型】栏中可以看到所有记录的事件日志类型，并记录了每条日志的类型、发生的日期、时间及来源等。Windows XP 有信息、错误、警告、成功审核和失败审核 5 种事件日志记录。

- 信息：描述了应用程序、驱动程序或服务的成功操作的事件。
- 错误：指可能导致像数据丢失或功能丧失的重要问题，
- 警告：可能导致错误发生的事件。例如，当磁盘空间不足时。
- 成功审核：指成功的审核安全访问尝试。例如，用户成功登录。
- 失败审核：指失败的审核安全登录尝试。

如果要查看某条日志的详细内容，双击该日志，打开【事件 属性】对话框，如图 10-25

所示。在该对话框中可以看到该事件的详细信息。

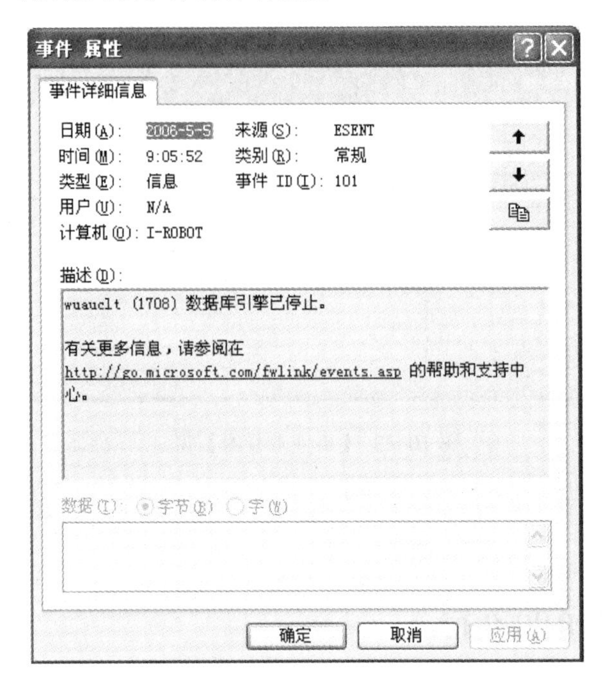

图 10-25 【事件 属性】对话框

10.5.2 查看安全性日志

安全性日志记录诸如成功和失败的登录尝试等事件，以及记录与资源使用相关的事件，如创建、打开或删除文件或其他对象。单击【事件查看器】窗口中的【安全性】选项，这时在右侧窗格中可能没有列出任何日志。在默认情况下，安全性日志是关闭的，要设置本地安全策略，操作方法如下：

（1）打开【控制面板】，双击【管理工具】图标，打开【管理工具】窗口。

（2）在【管理工具】窗口中双击【本地安全策略】图标，打开【本地安全设置】窗口，如图 10-26 所示。

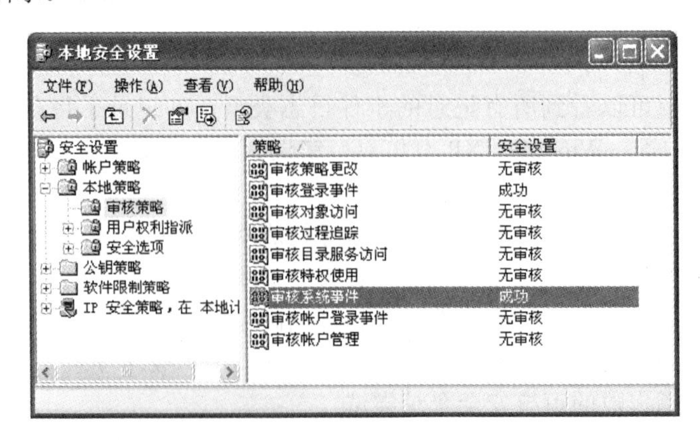

图 10-26 【本地安全设置】窗口

对需要审核的安全策略进行设置。

10.5.3　查看系统日志

系统日志包含 Windows XP 系统组件记录的事件。例如，在启动过程中加载驱动程序或其他系统组件失败将记录在系统日志中。单击【事件查看器】窗口中的【系统】选项按钮，在右侧窗格中列出了系统事件日志列表，如图 10-27 所示。

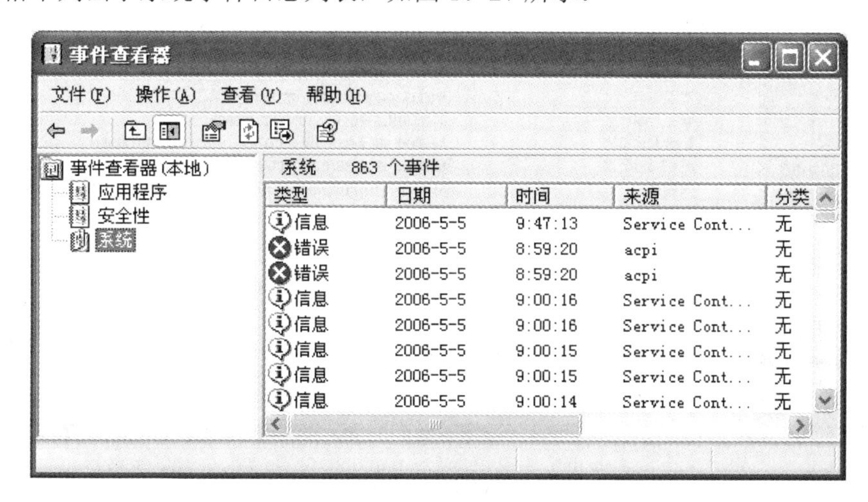

图 10-27　系统事件日志

当启动 Windows XP 时，系统事件日志服务自动启动。所有用户都能查看应用程序和系统日志，只有管理员才能访问安全性日志。

试一试

1. 打开【事件查看器】窗口，选择一个应用程序，并查看它的详细事件日志。
2. 设置本地安全策略，然后查看安全性日志。

相关知识

Windows 优化大师简介

Windows 优化大师同时适用于 Windows 2000/XP 操作系统平台，能够为系统提供全面有效、简便安全的优化、清理和维护手段，让电脑系统始终保持在最佳状态（如图 10-28 所示）。随着 Windows 的 Vista 版本的推出，最新的优化大师版本已经可以兼容 Vista。

近来流氓软件的猖獗，优化大师特推出流氓软件清除大师，不定期的升级特征库，可以查杀卸载近 300 种流氓软件及恶意软件。

Windows 优化大师主要构成有：Windows 优化大师、Wopti 流氓软件清除大师、Wopti 进程管理大师、Wopti 内存整理、Wopti 文件加密、Wopti 文件粉碎、用户手册等，从系统信息检测到维护、从系统清理到流氓软件清除，Windows 优化大师提供比较全面的解决方案。

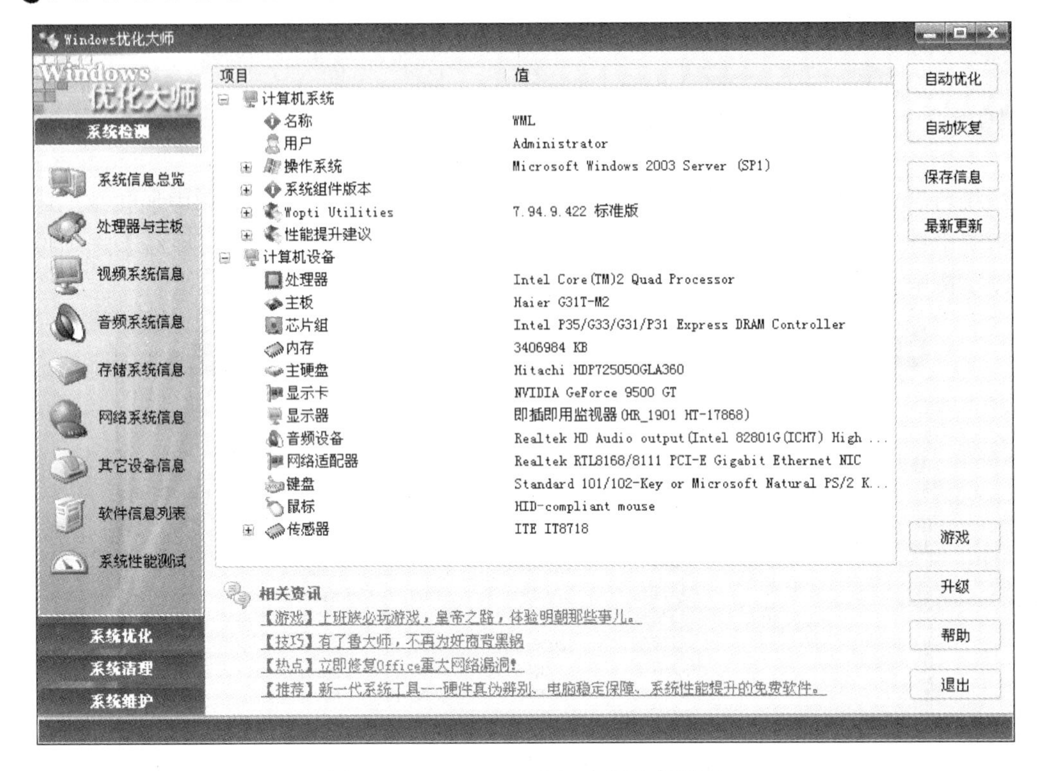

图 10-28 Windows 优化大师运行界面

Windows 优化大师主要功能有：

（1）自动优化：由 Windows 优化大师根据检测到的系统软件、硬件情况自动将系统调整到最佳工作状态。

（2）自动恢复：将系统恢复到优化前的状态。

（3）网上升级：通过 Internet 检查 Windows 优化大师是否有新版本并提供下载服务。

（4）注册表清理：Windows 优化大师向注册用户提供注册表冗余信息分析扫描结果的全部删除功能，并允许注册用户按住 Ctrl 或 Shift 键对待删除项目进行多项选择或排除后进行清理。

（5）垃圾文件清理：Windows 优化大师向注册用户提供垃圾文件分析扫描结果的全部删除功能，并允许注册用户按住 Ctrl 或 Shift 键对待删除项目进行多项选择或排除后进行清理。

（6）Windows 系统医生：Windows 优化大师向注册用户提供 Windows 系统医生的全部修复功能。

（7）冗余动态链接库分析：Windows 优化大师向注册用户提供冗余动态链接库分析结果中允许清理的项目全部选中并清理的功能。

（8）系统信息检测：Windows 优化大师根据系统性能检测结果向注册用户提供性能提升建议。

（9）ActiveX/COM 组件清理：Windows 优化大师向注册用户提供 ActiveX/COM 组件清理的全部删除功能。

（10）备份与恢复模块：对于文件恢复，允许注册用户按住 Ctrl 或 Shift 键对待恢复项目进行多项选择或排除后进行恢复。

从系统信息检测到维护、从系统清理到流氓软件清除，Windows 优化大师提供比较全面的解决方案。最新版本的 Windows 优化大师运行时将自动检测用户的操作系统，并根据用户不同的操作系统向用户提供不同的功能模块、选项以及界面。

思考与练习

一、填空题

1．磁盘管理是操作系统的一个重要组成部分，Windows XP 操作系统支持__________和__________两种类型。

2．Windows XP 支持的分区格式有 FAT、________________、________________。

3．在【计算机管理】窗口中展开____________列表，选择____________选项对磁盘进行管理。

4．在磁盘管理中不能更改的驱动号是____________。

5．Windows 提供了一个工具软件，它能有效地收集整理磁盘碎片，从而提高系统工作效率，该工具软件是____________。

6．在对磁盘进行碎片整理之前，一般要先进行__________，根据结果决定是否进行碎片整理。如果要进行碎片整理，单击__________按钮，开始整理磁盘。

7．在文件或文件夹的__________对话框可以对文件或文件夹进行加、解密。

8．Windows XP 中的用户账户类型分为____________、____________和来宾账户。

9．Windows XP 中必须具有_______________权限的用户才能创建用户账户。

10．使用事件查看器查看应用程序事件日志，该事件日志记录分为________、________、________、________和________5 种类型。

二、选择题

1．Windows XP 能够访问的物理磁盘是（　　）。

A．基本磁盘　　B．动态磁盘

C．基本磁盘和动态磁盘　　D．逻辑磁盘

2．Windows XP 支持的文件系统是（　　）。

A．FAT 或 FAT32　　B．NTFS

C．FAT32　　D．FAT、FAT32 或 NTFS

3．在磁盘管理中，不能进行的操作是（　　）。

A．格式化磁盘　　B．安装 Windows 系统

C．删除磁盘分区　　D．更改驱动器号

4．在磁盘管理中对硬盘进行格式化，下列操作不能进行的是（　　）。

A．启用文件的加密功能　　B．选择文件系统类型

C．快速格式化　　D．指定分配单位大小

5．Windows 的磁盘清理程序不能实现的功能是（　　）。

A．清空回收站　　B．删除 Windows 临时文件

C．删除不再使用的 Windows 组件　　D．恢复已删除的文件

6．以下关于对文件或文件夹加、解密的说法，不正确的是（　　）。

A．只有 NTFS 卷上的文件或文件夹才能被加密

B．加密一个压缩文件或文件夹，则该文件或文件夹将不会被解压缩。

C．如果将加密的文件复制或移动到非 NTFS 格式的卷上，该文件将会被解密。

D．如果将非加密文件移动到加密文件夹中，则文件将在新文件夹中自动加密。

7．下列有关任务管理器的说法，不正确的是（　　）。

A．使用任务管理器可以中止一个应用程序的运行，但不能创建新任务

B．使用任务管理器可以对进程进行管理

C．使用任务管理器可以了解 CPU 的使用的情况

D．使用任务管理器可以监视计算机性能

三、简答题

1．什么是基本磁盘？

2．如何将驱动器装入本地 NTFS 卷上的空文件夹中？

3．磁盘在经过长时间的使用后，为什么要定期对磁盘进行碎片整理？

4．为什么要定期对磁盘进行清理？

5．如何对一个文件夹进行加密？

6．计算机管理员账户有哪些权限？

7．如果一个应用程序长时间没有响应，应如何中止该应用程序的运行？

8．在计算机管理过程中，为什么要使用事件查看器？

四、操作题

1．打开【磁盘管理】窗口，查看计算机中磁盘分区的情况，所有卷的文件系统类型、状态、容量、空闲空间等。

2．如果有驱动器号为 D 和驱动器号为 C 的 NTFS 卷，在驱动器 C 中新建一个空文件夹 C:\NEW，并装入 D 驱动器。

3．在驱动器 C 中双击 C:\NEW，查看是否能访问 D 驱动器；更改驱动器号 D，通过文件夹 C:\NEW 能否继续访问驱动器号 D。

4．对计算机进行碎片整理。

5．在选择一个文件夹，对该文件夹及其子文件夹进行加密，观察加密后的文件夹的颜色。

6．分别创建一个计算机管理员 GLY 和受限的用户账户 SX。

7．更改用户账户 SX 的密码。

8．使用用户账户 GLY 登录计算机，不要关闭计算机，使用切换用户功能切换到 SX 用户账户。

9．删除上述创建的 GLY 和 SX 用户账户。

10．先运行一个应用程序，如 Word 再使用 Windows 任务管理器终止该应用程序的运行。

11．在进程中添加【CPU 时间】和【内存使用高峰值】复选项，观察各进程情况。

12．在 Windows 任务管理器的【联网】选项卡中查看计算机上运行的网络状态。

13．使用事件查看器，查看一个应用程序的详细事件日志记录。